未读

A三DR

探索家

THE UNFEATHERED BIRD

KATRINA VAN GROUW

羽下之鸟

鸟类骨骼解剖图鉴

[英]卡特里娜·范格鲁 著　沈成 译

海峡出版发行集团 | 海峡书局
THE STRAITS PUBLISHING & DISTRIBUTING GROUP

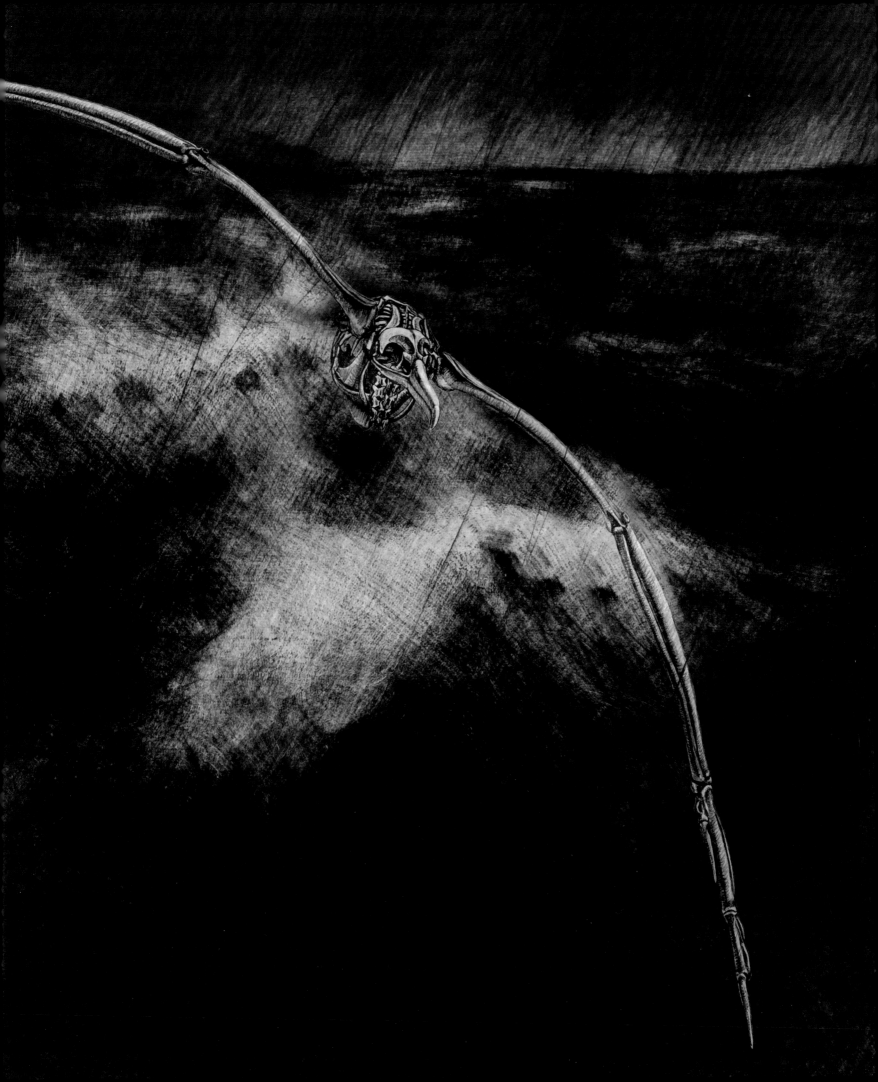

图书在版编目（ＣＩＰ）数据

羽下之鸟 /（英）卡特里娜·范格鲁著；沈成译
. -- 福州：海峡书局，2024.4
书名原文：The Unfeathered Bird
ISBN 978-7-5567-1182-6

Ⅰ.①羽… Ⅱ.①卡… ②沈 Ⅲ.①鸟类—图谱
Ⅳ.①Q959.7-64

中国国家版本馆CIP数据核字(2024)第005545号

著作权合同登记号：图字13-2023-118号

出 版 人：林　彬
责任编辑：廖飞琴　杨思敏
特约编辑：王羽嚞
封面设计：吾然设计工作室
版式设计：鲁明静
美术编辑：梁全新

羽下之鸟
YU XIA ZHI NIAO

作　者：［英］卡特里娜·范格鲁
译　者：沈　成
出版发行：海峡书局
地　址：福州市白马中路15号海峡出版发行集团2楼
邮　编：350001
印　刷：北京雅图新世纪印刷科技有限公司
开　本：889mm×1194mm，1/12
印　张：25.5
字　数：120千字
版　次：2024年4月第1版
印　次：2024年4月第1次
书　号：ISBN 978-7-5567-1182-6
定　价：268.00元

关注未读好书

客服咨询

献给艾米

绿阔嘴鸟
Calyptomena viridis
头骨。

一 目 录 一

致　谢

本书始于二十五年前。具体来说，大致包含几个阶段：只是单纯地进行研究，几乎没有想过会产生什么成果的五年；灵感闪现的一瞬间；希望能够说服别人出版这本书是个好主意的十五年；以及为此异常努力耕耘的几年。

出版商就像公交车——等了很久一辆都没影儿，然后接连来了两辆。本书的情况也是如此。因此，我首先要感谢伊恩·兰福德和兰福德出版社——第一家对《羽下之鸟》抱有信心的出版商，尽管我们的合作关系最终没有达成。当然，我要衷心感谢普林斯顿大学出版社的罗伯特·柯克，这是第二家信任这本书的出版商。我们只是偶然会面，但那一天对我来说实在是幸运的一天。我想感谢普林斯顿大学出版社里每一个帮助和支持过我的人，有几个人应该特别提及：文字编辑珍妮弗·巴克尔、装帧设计师罗琳·贝茨·唐克尔，以及责任编辑马克·贝利斯。

在此，我必须向读者保证，在创作本书的过程中，没有一只鸟受到伤害。我完全仰赖那些自然死亡并恰好被发现的鸟，以及许许多多将这些鸟捡来给我的好心人。感谢这些善意，同时也感谢那些容忍我令人不快行为的人。

我的第一个长期伙伴肯尼斯·詹姆斯·弗格森，他曾经忍受难闻的气味以及满屋子的海鸟，恐怕他永远都无法从起居室地上的天鹅事件中恢复过来。戴夫·巴特菲尔德日常承担起将苏格兰高地的每一只死去的鸟儿都找到并捡回来的任务，给它们贴上标签并藏到家中的冰柜里，仿佛邻居送来的馅饼一样。英国皇家鸟类保护协会苏格兰高地地区的布莱恩·埃瑟里奇则贡献了那些被戴夫漏掉的鸟类尸体。马克·达格代尔展示了对我工作的热情，在散发恶臭的非洲沼泽里，他蹚入齐腰深的水中，给我带回来一只腐烂的鹈鹕。为了让我能够把它合法地弄回英国，戴维·诺曼和伊恩·沃利斯做了大量的文书工作。戴维·博尔顿、基斯·格兰特、彼得·波茨、吉尔·福特和休·罗也带给我另外一些被发现的死鸟。我从可爱的露西·加勒特那里收到一只死去已久的鹱，作为她从遥远的印度洋岛屿带回来的伴手礼。阿德里安·斯凯里特费尽心思地帮我在塞舌尔群岛找到一只军舰鸟尸体。

诺曼·麦坎奇、已故而伟大的唐·夏普、巴里·威廉斯、詹姆斯·迪金森，以及巴斯·珀迪克——所有这些专业的动物标本剥制师都好心地从他们自己的冷库中拿出许多标本给我。巴斯给予我的帮助数不胜数，不仅提供了工具和材料，还与约翰·宾克一起，借给我一整箱鸟类的头骨。我还从理查德·史密斯、约翰·盖尔和乔治·贝卡罗尼那里借来了鸟类头骨。巴里的儿子卢克·威廉斯自愿提供他的一群甲虫来清理那些最小的鸟类标本。当然还有新西兰的标本剥制师诺埃尔·海德，在我需要的时候，他刚好有一具新鲜的几维鸟尸体。

还要感谢那些鸟类繁育者、养鸽爱好者、家禽养殖者，以及其他一些本地鸟类和异国珍禽饲养者：汉斯·布尔特、克雷格·斯坦伯里、塔可·韦斯特休伊斯、科林·罗纳德、基斯·维克尔夫、西奥·约肯斯、汉斯·林纳尔达以及鹰保育信托基金会的坎贝尔·默恩。英国大鸨保护组织的阿尔·道斯和戴维·沃特斯把一袋湿淋淋、腐烂成汤的大鸨处理成一具干净并且精心组装好的全身骨骼标本，用于他们教育项目的展示，还像款待来访的皇室成员一般款待我和我的丈夫。同时我无法忘记斯科特·戴森，在我找这位鸵鸟养殖者要一些富余的鸵鸟身体部位时，他毫不犹豫地答应了我的请求。如果这里不提一下我妈妈，我就惹上麻烦了。这么多年来，她在她的冰柜里帮我保存了很多鸟的尸体，甚至在她的冰柜发生故障的时候，还把这些鸟分存到邻居家里。在我没完没了地参访博物馆期间，妈妈还帮我照顾我的狗"羽毛"。

我也得到许多更为"传统"的帮助。马丁·斯平克和乔纳森·埃姆斯是两幅画作的拥有者，为了让我能够扫描这两幅作品，他们不惜拆掉了画框。水生野生动物艺术家戴维·米勒，给了我更多海雀在水下的照片，我甚至不知道如何是好了。而每次我那些画都要从储物箱里溢出来时，戴维的夫人丽萨总是用最快的快递寄来更多。还要感谢牛津大学爱德华·格雷研究所的图书管理员索菲·威尔科克斯和英国自然历史博物馆特林分馆的艾莉森·哈丁，此外还要感谢许许多多一直鼓励我最终完成这本书的同事和朋友。

我绘制的所有画作都源自真实的标本。有时候照片也会作为辅助参考，但我从来不会用照片代替实物。我尽可能地按照家中为这本书取材所备的骨骼来画。这样，我就有把握知道是否漏画了骨骼以及鸟的姿势是否正确。但不可避免的是，我经常且必须要使用博物馆的标本。因此，要特别感谢玛尔高莎·诺瓦克-肯普和马特·洛，感谢他们允许我多次参观牛津和剑桥的大学博物馆的科研藏品，他们的热情让我感到宾至如归；感谢布鲁塞尔的乔治·朗格莱和巴黎的克里斯蒂娜·勒菲弗；以及特林分馆鸟类学藏品部的乔·库珀和我的丈夫海恩，我的丈夫在莱顿担任鸟类和哺乳动物藏品部管理员时也给了我很多帮助。

还要感谢芝加哥菲尔德自然博物馆的戴维·威拉德，将几件标本借给我们并寄送到英国。还有汤姆·特龙博内、保罗·斯维特、彼得·卡佩恩诺罗以及马特·尚克利，感谢他们提供了来自美国自然历史博物馆的一些标本照片。最后，但并非最不重要的感谢要给予夏威夷毕晓普博物馆的凯特林·埃文斯——我很抱歉最后并没有使用你的旋蜜雀，而是用了钩嘴鹛。

每一本书背后都有配偶和伙伴作为支柱。是他们承担家务、给予鼓励，擦干伴侣的泪水，没完没了地被要求讨论工作并且提供意见，承受着由压力导致的坏脾气洪流，把自己的生活搁置在一边，仿佛它不那么重要。我的丈夫海恩·范格鲁就是这样的人，甚至做得更多。实在太多。

如果这本书能被誉为一本伟大的书而不仅仅是一本好书，那要归功于海恩。他改变了这一切。海恩承担了所有的标本制备工作，让我有时间写作和绘画。是他煮洗并且清理了骨骼。是他从腐烂成汤的大鸨中筛拣出骨骼。是他制作了近五十具姿态精美绝伦、栩栩如生而且准确无误的骨骼标本。是他帮我为死鸟拔毛、剥皮并且将其安置在奥杜邦式金属丝支架[1]上让我绘制。海恩建议我将驯养的家禽包含进来，并且找了许多联系人和同事，请他们提供一些稀有的驯养品种作为这些家禽的范例，而这些品种的骨骼解剖研究几乎从未有过。

一次又一次，我们为所发现的一些鲜为人知的解剖学特征兴奋不已，并彼此分享这份兴奋。因为有海恩在我身边，这本书的任务成为一场冒险，我对自己的标准也越来越高。

如果有一本书可以被描绘成一部爱的著作，那么这本书就是如此——它包含了二十五年来我对自己想法的热爱，我们对鸟类的共同喜爱，以及我的丈夫对我的挚爱。

有关鸟类名称的说明

《羽下之鸟》全书中各个章节提到鸟类类群（称作"分类单元"）时，都会使用它们的学名。尽管我尽可能地试着使其通俗易懂，但我认为在本书中谈一谈有关各个类群的专业术语，以及如何识别这些术语是很必要的。并不是所有的分类单元都在本书中用到了，但我还是在这里把它们都列出来：

界（KINGDOM）——**动物界**：所有的动物。

门（PHYLUM）——**脊椎动物门**：拥有脊柱的动物（哺乳动物、鸟类、爬行动物等）。

纲（CLASS）——**鸟纲**：所有的鸟类。

目（ORDER）——以"-iformes"为后缀：例如**雁形目 Anseriformes**（包括雁鸭类游禽和叫鸭）。

科（FAMILY）——以"-idae"为后缀：例如**鸭科 Anatidae**（包括雁鸭类游禽，即各种雁、天鹅、鸭）。

亚科（SUBFAMILY）——以"-inae"为后缀。只有那些比较大并且物种多样的科才会被分为不同的亚科和族：例如**鸭亚科 Anatinae**（包括各种鸭）。

族（TRIBE）——以"-ini"为后缀：例如**鸭族 Anatini**（包括各种钻水鸭）。

属（GENUS）——总是以大写字母开头。被称作"属名"。复数写法是"genera"：例如**鸭属 Anas**（一类彼此间非常相似的钻水鸭）。

种（SPECIES）——总是以小写字母开头。称作"种加词"（种小名）。总是将属名或者（在不会造成歧义的情况下）将属名的首字母写在种加词的前面。可以把属名和种加词想成物种的"姓"和"名"。例如 *Anas platyrhynchos*（绿头鸭）或者 *A. platyrhynchos*。

亚种（SUBSPECIES 或 RACE[2]）——某个物种的一个在地理分布上独特的种群。一般表示为学名中的第三个词，并且也以小写字母开头：例如**绿头鸭指名亚种 *A. p. platyrhynchos***。这个种群栖息分布在古北界和新北界的大部分地区，是瑞典生物学家卡尔·冯·林奈在1758年所描述的一个亚种。由于它是第一个被描述的亚种，并且亚种加词和种加词相同，因此也被称作指名亚种。

林奈第一个采用了以一个属名加一个种加词的方式给生物命名的系统（这套系统被称为双名命名法，简称"双名法"）。在此之前，人们都用俗名称呼动物和植物的名字，不同地区都有不同的俗名，所以不可能知道人们所说的是不是同一种生物。林奈的这个方法是天才之举。选用拉丁语是因为它是一种可以被广泛理解的语言（尽管大部分鸟都有希腊语名的拉丁语版本），这个系统被沿用至今，为所有生物提供了一个（词汇）稳定、（格式）统一、（含义）清晰的身份名称。

至少可以说，这项创举是所有分类学家梦寐以求的圣杯。

但实际情况和理想略有不同。根据最新的分类理论和方法，学名不是一成不变的，而是处于不断变化的状态。在我们明晰地确定每个物种或者种群之间的关系之前，学名将会继续不断地演变。有时，人们趋向把一些类群合并在一起，让物种更少，族群更多；有时，我们会把它们分成更多不同的物种。所以很重要的一点是，即使已有学名，也要知道是依循哪个学派的观点。

尽管对于分类学的发展变化，我个人一直保持着不偏不倚的立场，但在本书中，我所采取的名称依据了爱德华·C.迪金森编著的《霍华德和摩尔世界鸟类名录大全（第三版）》（*Howard and Moore Complete Checklist of the Birds of the World*，2003）中的名称。

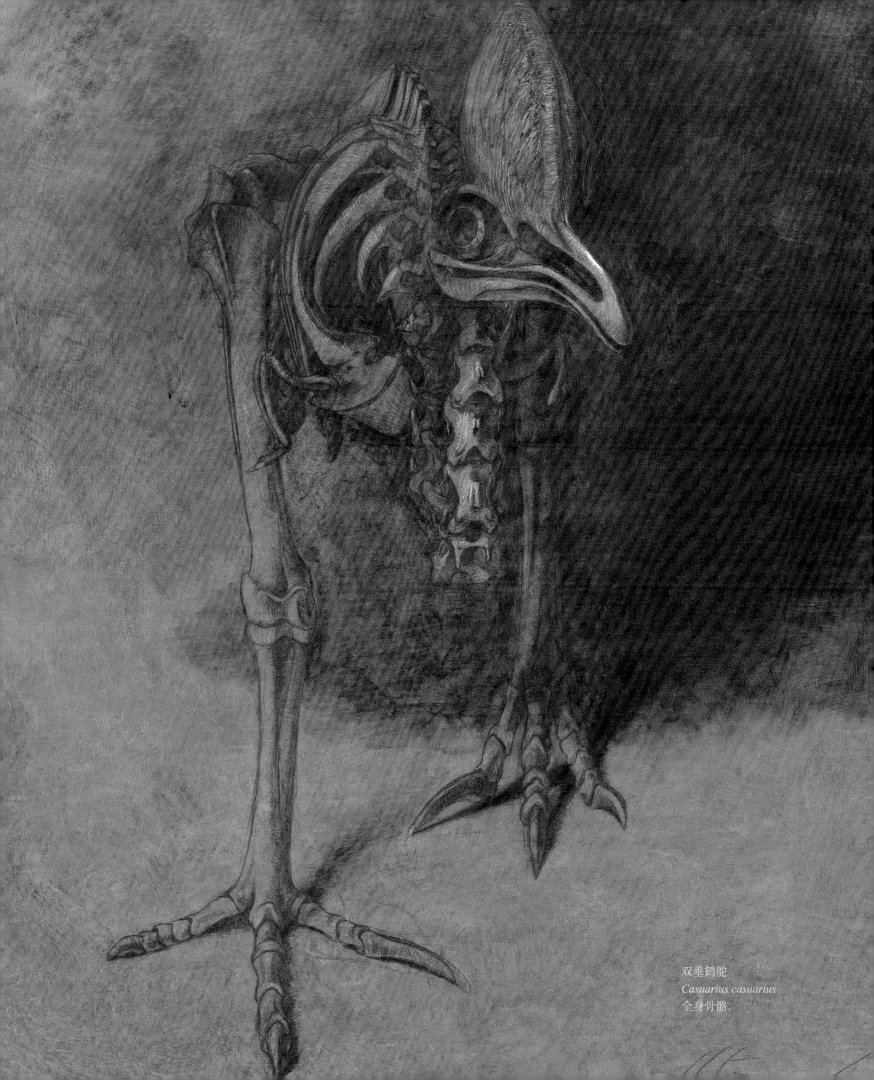

双垂鹤鸵
Casuarius casuarius
全身骨骼。

引　言

这并不是一本鸟类解剖学的书。

也就是说，你并不会在其中读到晦涩的拉丁文或科学术语。本书不会让你学到多少关于鸟类足的深跖腱或者内耳的比较形态学知识。书中不涉及任何骨骼系统之下的结构——没有器官也没有组织，没有内脏也不会提到砂囊。这里也不会提及生物化学，至多有一点点生理学的知识。

实际上，这是一本真正的关于鸟类外在的书，讲述它们的外观、姿势和行为如何影响内部结构以及被内部结构所影响。

最初这本书只是为了那些艺术工作者而作，但很快我就认识到它会吸引更广泛的读者。之前没有过类似的作品。现代鸟类学教科书有时会以一些粗糙的素描来展示鸟类的部分结构，有些甚至会展示骨骼系统或者体腔内的结构图。但是这些图解与艺术作品大相径庭——枯燥、学术，一点儿也不赏心悦目。传统的这类绘图作品更加注重审美层面，但有时候对于一般的鸟类爱好者来说有些过于"高雅"。在展示整个骨骼系统时，它们的魅力往往就被抵消了：骨骼呈现的是现实中最不可能的姿势，与它们活着时的样子大相径庭。考虑到过去的解剖学家几乎都没见过这些鸟活着的样子，这并不奇怪。

本书试图把最新的鸟类学野外研究知识，与最好的传统插图对细节的关注和视觉美感结合起来，第一次以自然中的行为姿态来展示许多种类的内部结构。

书中包括了大部分现生鸟类类群，尤其是那些解剖结构特别有趣的，但很可惜本书并不可能把所有种类都囊括进来。家禽也占据一席之地，并且在本书中为我们带来一些最奇特和最不可思议的启示。

大多解剖学著作（至少在鸟类学这方面）都如同一片片迷雾森林，充斥着"基翼突"和"枕凹"这样的术语，读者经常会对这些著作敬而远之。我一直试图揭开这个至今仍笼罩在唬人术语之中学科的神秘面纱，并且反其道而行之。当涉及细节的时候，我会用插图说话，而我的文字描述则集中在鸟类对特殊的生活环境所表现出的最明显适应性特征上。

目前大自然有一种根据环境自我重塑的趋势。例如，有蹼的足利于游泳，钩子状的喙利于撕裂肉，这类特征在不同的类群中独立出现，而它们之间并不一定有相近的亲缘关系。这一现象被称为"趋同演化"——对于分类学家来说，这是最可怕的噩梦。现在能够真正给出有关演化关系线索的，是那些并不受到特定环境或生存方式所影响的适应性特征，大多是一些精细微小的部分，比如上颚的结构、肠道的卷曲方式或者是某一处特别的肌腱或肌肉。比较解剖学曾经是解决分类系统问题的主要"武器"，现在只是分类学家"武器库"中不起眼的一部分，卵清蛋白、DNA杂交、消化酶、羽毛结构以及鸣声特征等也在其中，这还仅是举几例而已。

那么，我们现在是否差不多正在建立一套被普遍接受的鸟类的"自然"分类系统呢？

并不见得。

我希望《羽下之鸟》这本书能够稳稳当当地立于有关鸟类分类争议的泥潭之上。毕竟，这里要关注的内容是外在的表观和适应性，而不是去探寻演化的路径。这样做应该会令人愉快。这当然也导致了一个问题：我该使用哪一套规则系统呢？无论如何，我都不想让自己和读者们一遍遍地在每个分类单元中遭受折磨困扰。我选择了一个并不那么正统的答案：将现代分类系统颠倒过来，将章节的划分基于一种只关注外在表观结构特征的系统上——世界上真正最早的有关自然世界的科学分类体系：林奈自然系统。

　　因此，我依照趋同演化的理论，将猛禽、游禽、陆禽等归类分组，放在本书第二部分各章节的标题之下。并且，我试着将外表看上去类似的类群放在相邻的小节，以便进行比较。因此，与鹤相邻的是鹳，与雨燕相邻的是燕子。而它们之间实际的亲缘关系将会在正文中详细探讨。

　　顺便一说，第二部分是真正以林奈的风格，将每个章节部分非常"具体明确"地给予标题，一组一组地审视每一个鸟类类群；第一部分则是内容简短很多的"总论"，论述所有鸟类共同的解剖学特征。

　　我努力让《羽下之鸟》这本书成为一部艺术与科学结合、新知识与旧观点兼具并深入浅出的作品。我不妥协，也不辩解，我希望这本书能够拥有自身独特的定位。

重足恐鸟
Pachyornis elephantopus
留存的足的局部，侧面观。

第一部分

总论

躯干

所有的鸟类都由会飞行的祖先演化而来。不会飞的鸵鸟、企鹅、渡渡鸟，乃至很久以前已经灭绝的巨鸟——恐鸟和象鸟也不例外。

飞行对动物的身体构造有着非常明确具体的要求。骨骼系统必须轻质，并且要有大而扁平的表面以附着肌肉，还要拥有极好的刚度和强度，以便在空中飞行时支撑动物的整个重量。这样的构造是高度特化的，其构造蓝本一旦满足需求，就几乎没有什么变动的空间。因此产生了一个悖论：尽管鸟类是所有脊椎动物中的最大的一个纲，拥有将近一万个物种，但它们的基本构造相当一致，同时又拥有一些非常令人惊奇的变化。

对飞行的适应性是影响鸟类身体结构的最大因素，几乎可以解释鸟类所有的解剖特征，甚至包括那些看上去和飞行完全不相干的特征。举例来说，因为翅膀代替了前肢，鸟类需要有两条强壮的后肢并且调整其姿态以保持平衡。拥有了足以应对扑翅飞行需求的稳固身体，那么一条长而灵活的颈部对于补偿身体活动的不便就很必要。但重要的是，要记住鸟类不是先学会飞行，然后发展出这些完美特征的。这样的特质中有许多由来已久，在鸟类的祖先——身体直立、靠两腿走路的兽脚类恐龙身上就已经出现，而正是这些特质在一段跨越数百万年的适应与对策的过程中，使得那些有羽毛的恐龙有机会生存下来并飞上天空。

鸟类的躯干是稳固不动的。这副躯干差不多是蛋形的：前面像是蛋更大更圆的一端，后面更像蛋尖的那端；在颈部下面的中央，有一个桃子的腹缝沟那样的凹陷。由于生活方式的不同，有一些鸟的躯干相对纵向扁平，另一些种类则相对水平扁平，不同鸟种的骨骼及其姿势和体态也有着很大的区别。但无论这只鸟在做什么，它们的身体永远保持形状不变。

躯干前端的胸部由肋骨篮、胸骨和肩带组成，这一组合为鸟类的飞行运转结构提供了最主要的支持。鸟类有着巨大的胸骨，远远大于其他同体型的脊椎动物。沿着胸骨的腹中线，有一片独特的板状龙骨突，就如同船的龙骨一般，为有关飞行的肌肉（飞翔肌）提供了宽大的附着表面。一般来说（指在非家养的鸟类中），越是强壮的飞行者，其胸骨越宽大，龙骨突越高。那些飞行能力比较弱的鸟，其龙骨突也相对不发达。有一个类群的鸟（鸵鸟、鸸鹋等）在其演化的早期就失去了飞行能力，它们完全没有这种龙骨突。它们的胸骨（继续以航船来比喻）更像是木筏的底部，而不是船体，所以这类鸟被称为平胸鸟类[3]，其英文"Ratite"意为"木筏一般"。

令人诧异的是，鸟类几乎所有与飞行有关的肌肉都集中在胸骨上及其周围——也就是说，这些肌肉都位于鸟躯干的下部，而不是翅膀本身。出于空气动力学的原因，翅膀最好尽可能地轻薄、纤细，所以鸟类拥有可以跨越数个关节的长长肌腱，这使得它们的主要肌群集中靠近身体框架的中心位置。而其前臂的肌肉是最小的，主要用于控制其腕部和手掌部分（翼尖）更为细微的动作。

鸟类飞行的主要动力来自附着于胸部龙骨突两侧的胸大肌施加的向下拉力，这些胸肌与翅膀的下表面相连。这是产生鸟向前飞行的推力的主要运动器官。在胸大肌之下，另一组较小的肌肉[4]会将翅膀再次拉起。这组肌肉的肌腱从翅膀下部穿过骨骼之间的缝隙，另一端附着在翅膀的上表面。

在空中飞行并不需要这个翅膀向上的动作产生太多力，它更接近于恢复性摆动，让翅膀为下一次向下产生推力做好准备。然而，在水中情况就不同了，使用翅膀在水中推动自己前进的鸟类在向上划水和向下划水时都需要用力。在这样的类群中，为运动负责的肌肉发育得更好，甚至还有其他附着在肩胛骨上的肌肉作为补充。

有三对连接着翅膀和躯干的骨组成了被称为肩带的结构。这三对骨分别是俗称"琵琶骨"的肩胛骨（通常又长又窄）、

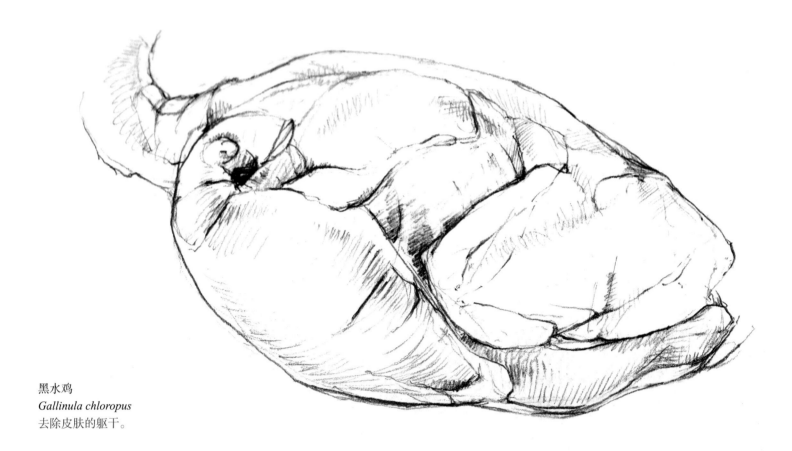

黑水鸡
Gallinula chloropus
去除皮肤的躯干。

被称作"许愿骨"的叉骨，以及一对被称作"乌喙骨"的粗壮支柱骨，牢牢地附着在胸骨的两侧，将翅膀撑向两边。叉骨对应于我们人类的锁骨，同样由左右两部分构成，并且通常在腹中线相接。鸟类的翅膀就附着在这三对骨结合点的关节上，这个连接的关节盂看上去不可思议地浅，却为翅膀提供了良好的活动范围。

然而，在刚剥去皮肤的鸟躯干上，几乎看不到什么骨架。胸部的肌肉占据了整个外观。它们包裹了整个胸骨和龙骨突，叠在肋骨上，覆盖了整个乌喙骨，并一直延伸到叉骨的边缘，从这里卓然完美地止于翅膀上的附着点。由于叉骨的角度，胸肌的上方形成了前文提到的凹陷——叉骨凹。这里为脖颈下部的弯曲以及嗉囊（尽管不是所有的鸟都拥有嗉囊）留出了一个舒适的安置空间，这也是为什么鸟类在活着的时候，尤其在一层厚厚的羽毛形成了平滑的轮廓后，脖子看上去比实际上要短得多的原因。

一只鸟可以拥有多达9对完整的肋骨。每一根肋骨都由两个部分构成，一部分与脊椎相连（椎肋），另一部分与胸骨相连（胸肋），这两部分的连接处形成一个角度。哺乳动物身上胸肋与胸骨相连的部分不是硬骨而是软骨。然而，鸟类需要更加坚固的结构来应对那些巨大飞翔肌强有力的收缩，所以鸟的这两部分肋骨都是硬骨，甚至额外有叫作肋骨钩突的骨质突起，这些突起从每根椎肋上向后伸出，与后面的肋骨压覆在一起，将整个肋骨篮绑定成一体的刚性结构。但这并不是说所有的肋骨都形成这样的结构。在前面和后面的几对肋骨可能没有这么完整，可能直接与最相邻的肋骨、骨盆或者胸骨相连。只有一部分的肋骨拥有钩突，而有一个科的鸟类完全没有钩突。

鸟类的脊椎甚至在颈部之后刚进入胸腔就变得坚固并呈棒状。实际上，在一些鸟类类群中，多节胸椎愈合成一整根硬骨。接下来是一或两枚可以自由活动的椎骨，可能起到减震缓冲器的作用。在这之后，更为激烈的融合开始了。从背的中部到尾椎基部的所有椎骨，包括腰带（其本身也是由几对骨愈合而形成）都愈合在一起形成了愈合荐骨，这里可以简称其为骨盆。

鸟类的骨骼系统中广泛存在愈合现象，这种现象有两个功能：减轻鸟的重量，并且有助于提供至关重要的身体结构刚性。

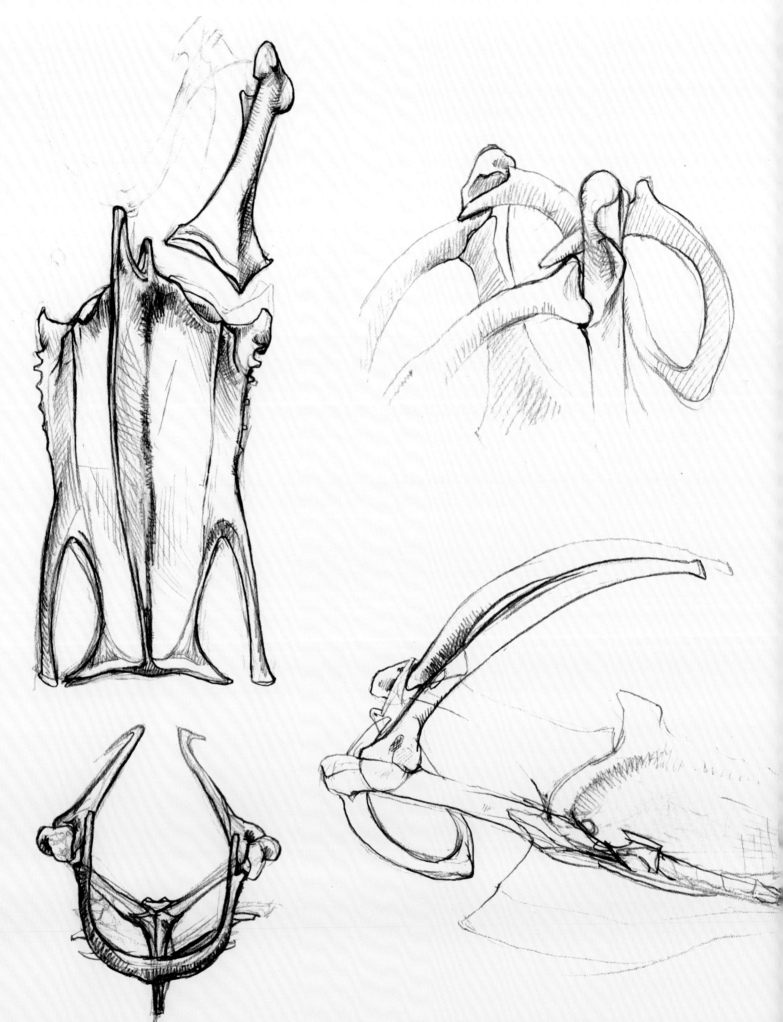

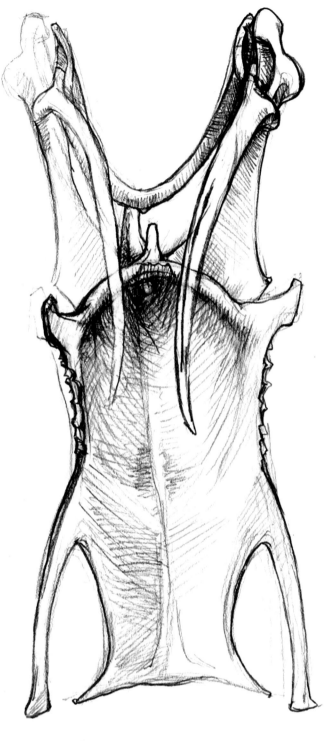

正如胸骨一样，骨盆区域为肌肉的附着提供了一个很大的表面，并且足够坚固强壮，可以使鸟类在行走时支撑整个身体的重量。骨盆的两侧向外扩展形成翼状，翼状的后半部分向下方弯曲，部分包裹住并保护腹腔。在弯曲部分的两侧各有一个细长的骨质突出，被称作耻骨。鸟类这部分骨骼向后延展的方式在现生脊椎动物中非常独特，除此之外只在"鸟臀类"恐龙的化石中发现过。但鸟类并不是由"鸟臀类"恐龙而是由"蜥臀类"的兽脚亚目恐龙演化而来的，这是自然史上最具讽刺意味的事情之一。

鸟类身体产生的废弃物都由单独一个出口排出体外，这个出口被称作泄殖孔或者泄殖腔（cloaca），这个词来自拉丁文，意为"下水道"。泄殖孔突起的开口位于耻骨所形成的拱形的后面，在尾部前面。鸟类同时通过这个开口交配，但有些种类的鸟也拥有可以勃起的阴茎。精子从雄鸟转移到雌鸟体内需要几分钟时间，这一短暂的行为获得了一个相当怪异可笑并且粗野的称呼——"泄殖腔之吻"。

绿头鸭
Anas platyrhynchos
胸骨和肩带。

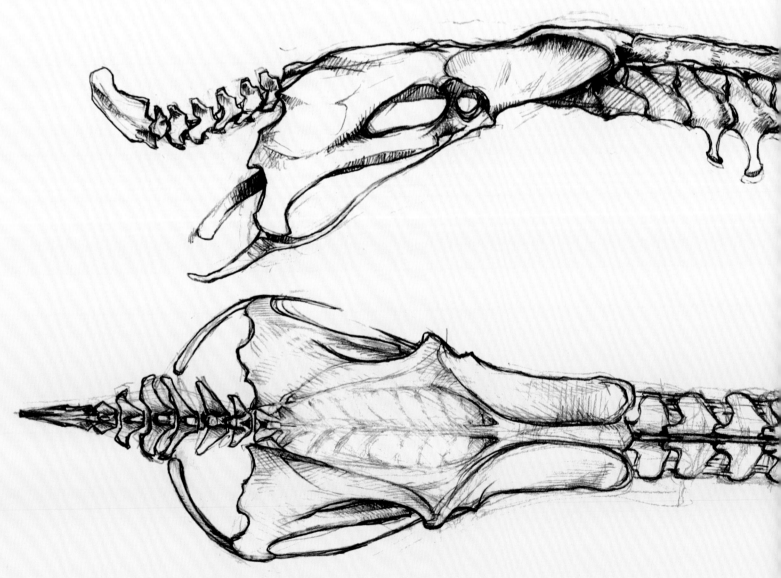

绿头鸭
Anas platyrhynchos
脊柱和骨盆。

头与颈

由于躯干结构稳固不易活动，一条长而灵活的脖子就绝对必要了。颈部必须足够长才能让鸟梳理它身上所有的羽毛，更不用说要能够得到尾部上方的尾脂腺了，并且它必须要能迅速移动来定位和追踪猎物（鸟类通过视觉捕食，但它们的眼球几乎没有什么活动能力）。颈部还必须能将头抬起来，越过高高的植被，注意到接近的捕食者；然后还要再缩回来，逃离捕食者的视线。对于长着长腿的鸟类来说，头要能够得到地面；对于在水面觅食的游禽来说，头要能够得到水底。颈部还必须要能提供如同矛一般冲刺的力量，吸收捶击造成的冲撞。作为一只鸟，拥有这样的颈部是基本的需求。

当然，有一些鸟的颈部比其他鸟的更长，而更长的脖子并不意味着一定有更多的椎骨。实际上有一些颈椎数量相对较少的鸟类拥有一条非常长的脖子。但是，鸟类和哺乳动物颈部的区别并不在于长度，而在于灵活性。想象一只能把脖子像火烈鸟（红鹳）那样卷起来的长颈鹿吧！无论哪一种——蝙蝠、长颈鹿、鲸还是人类——哺乳动物都只拥有七块颈椎，而鸟类颈椎的块数变异很大，并且总是比哺乳动物的多。

而鸟类颈椎之间的关节也有不同，这些光滑的关节面使椎骨之间可以最大限度地活动。正是这样的结构让鸟类颈部表现出"S"形的特征，使颈部两端可以自由地向前运动，使颈部中间更易向后运动，同时还能够向两侧做旋转运动。即使鸟类的颈部完全伸展，这种"S"形也是非常明显的。当然，在通常情况下，颈部大部分的长度都隐藏在羽毛之下，而"S"形的底部位于叉骨形成的凹陷中，这使得鸟类的颈部看起来比实际上短得多。鸟类的颈椎以一条平滑的曲线与头骨相连，除了少数特例外，大多都从后部而不是下部进入头骨，使得头部形成颈部"S"流线型线条的延伸，同样流畅地向前运动。尽管接近头部方向的颈椎会逐渐变细，但包围颈椎的肌肉会让这种变化平滑过渡，并给予头骨以支撑。

鸟类头骨的上半部分大致可以分为三个部分：脑颅、眼眶和喙的上颌。那些生活在特殊高盐碱环境中的鸟类，它们的眼窝上部拥有一些浅凹，其中长有排出盐分的腺体（盐腺）。许多鸟类的这些腺体能够对环境中的盐分含量做出反应，在生命周期中变得更大或者更小。鸟的上颌包含向喙尖汇集的三条骨——顶部有一条，两侧各有一条。鸟类的鼻孔就位于这三条骨围成的内角中。鸟类也拥有内鼻孔，通向位于上颌骨之间的上颚中的鼻腔。在上下颌骨尤其是在感觉非常敏锐的喙尖上，分布着许多微小的孔，鸟类的血管和神经就从这些小孔中通过。

鸟的下颌骨贯穿整个头骨，两侧部分在喙尖处结合在一起，形成一个"V"字形。鸟类下颌不像哺乳动物那样直接与脑颅相连，而是两侧各借由一块独立的"方骨"相连。现今的哺乳动物在进食、撕咬甚至发声时，都只能活动下颌，而鸟类的上喙也能够活动。它们依靠一种复杂的推动机制来做到这一点，这一推动机制由头骨中所有的直接或者间接地与方骨相连接的小骨，以及在下颌两侧前后活动的细长骨头——轭弓组成。这就意味着鸟类要么能像鹦鹉一样抬起整个上颌，要么像丘鹬那样，能够只用喙尖就将蚯蚓从深深的地下啄出来。这两者之间有许多差异，一种鸟能做到哪个动作，取决于上颌内部的"弹性可动区域"的位置。一个是需要在喙的基部拥有一定的铰链结构统或者部位的构造，另一个是需要在喙基部再往头骨内部的部分有一个灵活的骨组织结构区域。在后一种情况下，对上颌的推动力通过鼻孔传递，所以那些拥有细长裂口状鼻孔的鸟通常只能张合上颌的一部分，而那些拥有圆形或者椭圆形鼻孔的鸟则通常表明它们使用喙基部的铰链结构，鼻孔并没有发挥作用。

对于绝大多数鸟类来说，嗅觉是微不足道的。几维鸟（鹬鸵）和鹱（hù）形目的鸟是著名的例外。这些鸟在夜间活动时，它们的嗅觉发挥作用，取代了视觉。美洲大陆上的一些兀鹫同样拥有发达的嗅觉，能够找到那些被森林树冠遮挡因而在空中盘旋时无法看到的腐肉。

鸟类看到的大部分地面上的事物都是以字面意义上高空"鸟瞰"的方式，因此卓越的视力——尤其是优秀的远距离视力——是必不可少的。所以鸟类的眼球分成两个半球：小的半球是角膜，也就是让光线进入眼睛的"明窗"；大的半球是视网膜，让进入眼睛的图像在上面投影。因此，鸟类的眼球实际上比透过被羽毛覆盖的眼睑所看到的要大得多。虽然双半球眼球对于敏锐的远距离视力需求来说是一个优秀的解决方案，但这样的形状使其比哺乳动物的球形眼球更加脆弱，为了使这个解决方案可行，它必须保留一种爬行动物的特征：一圈小骨片形成一个环状的支撑性的脊，环绕在角膜的周围。这个骨质的环（巩膜环）与形状不规则的眼球在眼眶上紧紧地贴合在一起，限制了眼球的转动，这也意味着鸟类需要依靠颈部的灵活性才能向四面八方张望。

鸟类拥有两个真正的眼睑，即上眼睑和下眼睑，眼睑四周也饰有"睫毛"，但这些不是真正的毛发，而是特化的羽毛（须毛）。然而与人类的眼睑不同，鸟类在睡觉时是通过下眼睑向上活动碰到上眼睑来闭眼的。鸮类（猫头鹰）和一些夜鹰是例外，它们的上下眼睑都能够独立活动。被称为"第三眼睑"的瞬膜能够从喙的一侧横向盖过来遮挡眼睛，保护眼睛不受伤害。一些需要潜水的鸟类，比如鲣鸟和翠鸟，它们的瞬膜是透明的，这样在潜入水中时，它们就依然能与猎物保持视觉接触。

鸟类也有耳朵，不过它们的耳朵被盖在羽毛下面，很少能被看到。一些鸮类、雉类和䴙䴘（pì tī）的"耳羽"仅仅是装饰性或者伪装性的羽簇，与听觉毫无关系。鸟类真正的耳朵位于口角的上方，通常是一个椭圆形的小孔，缺少像哺乳动物那样由皮肤和软骨构成的外皮瓣（耳郭）。

覆盖在鸟类喙外层的皮肤会增厚，形成一层角质或者革质的鞘，称作喙鞘，完全覆盖住喙部的骨。严格意义上说，喙鞘属于皮肤的一部分，为了更清晰地展示颌部的内层结构，在本书绘制的骨骼图片中，喙鞘大多都已经被移除，因此在某些例

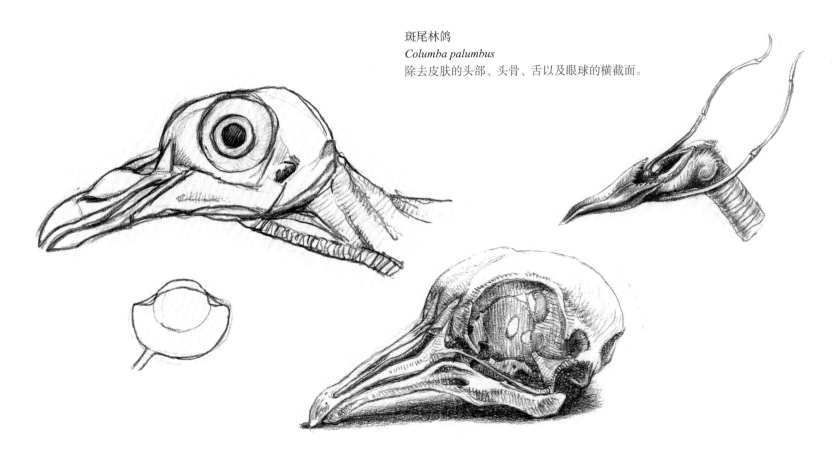

斑尾林鸽
Columba palumbus
除去皮肤的头部、头骨、舌以及眼球的横截面。

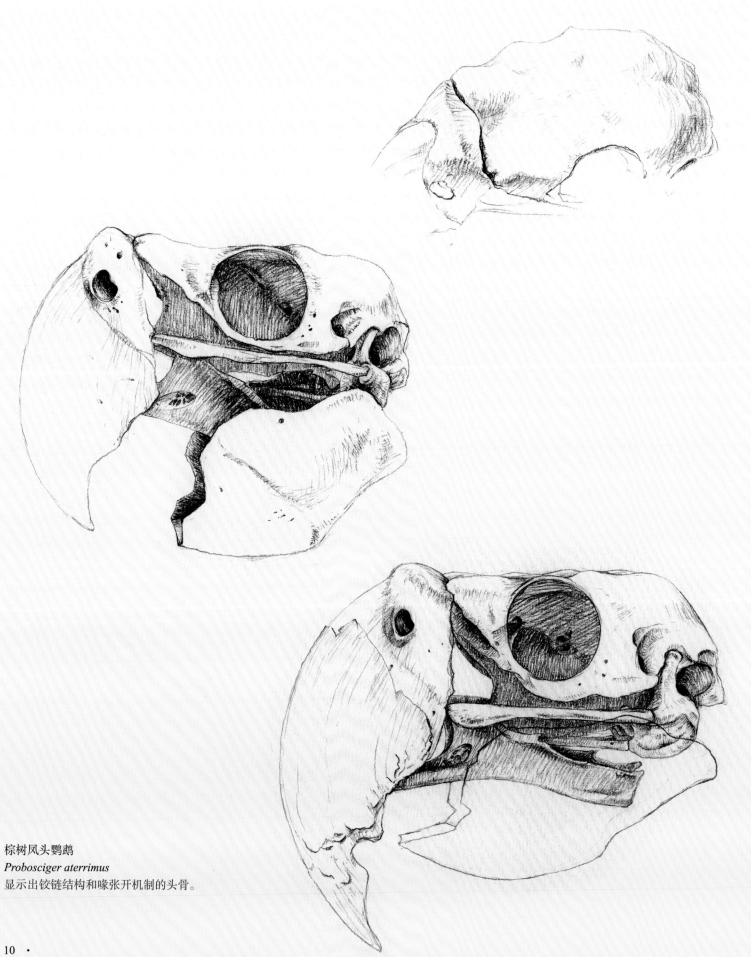

棕树凤头鹦鹉
Probosciger aterrimus
显示出铰链结构和喙张开机制的头骨。

子中，一些特别的喙的特征也变得不那么明显了。

舌头位于口腔底部，在由下颌两侧形成的夹角之中。鸟类的舌与其他动物的有明显的差异，并且其结构和外观也高度多样化。像许多其他脊椎动物一样，鸟类也拥有舌骨。舌头本身由一枚短的基座（基舌骨）支撑，而这个基座又位于一对称作舌骨角的细长鞭状结构的顶端。这对舌骨角向后延伸，围绕在下颌的底部，再向上卷曲，抱住颅骨的后侧。

在舌头下方，下颌的夹角之间是一块被称为喉区的柔软皮肤，在一些鸟类物种中，这块皮肤能够膨胀成一个食物囊，在吞咽之前储存食物，或者充气膨胀以展示炫耀。但有些鸟在颈部也另有可以充气膨胀的区域。有些鸟能像给气球充气一样膨胀它们的食管，还有一些鸟能够给气囊（为肺部追加空气供应的结构）充气。

食物一旦被吞咽下去，就会顺着食管向下输送，并可能被暂时储存在嗉囊里，嗉囊位于颈部曲线下方由叉骨形成凹腔内。并不是所有的鸟类都有拥有嗉囊，但如果有，它本质上来说只是一段扩宽膨大的食管，作为在食物进入胃或者砂囊（又称肌胃）进行消化之前的一个储存用小囊袋。如果嗉囊中有特别多食物，那么即使隔着羽毛也能看到一个明显的凸起。与食管并行的还有气管，气管将空气输送入或者输送出肺和气囊。气管由许多相互锁接的环状软骨或者硬骨组成。气管从舌基部的后面、下颌角内的对称中心起始向下延伸，并且很快转到颈部的侧边，通常是到右侧。从这里开始，气管继续通向胸腔，并在胸腔分叉进入肺部。和我们一样，鸟类的咽喉中也有喉头，但是它们的发声器官位于气管下端的分叉点，称作"鸣管"。空气通过鸣管时，一系列膜和唇瓣振动发出声音。虽然说鸣管以及体腔内的其他器官都不在本书要讨论的范围内，但需要指出的是，一些鸟类会通过实际上延长了的气管来增加鸣叫的音量。而这延长的气管可能就位于体腔之外，置身于骨骼结构之中，甚至就位于皮肤下面。

白鹈鹕
Pelecanus onocrotalus
头骨和巩膜环。

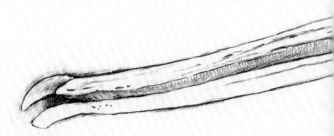

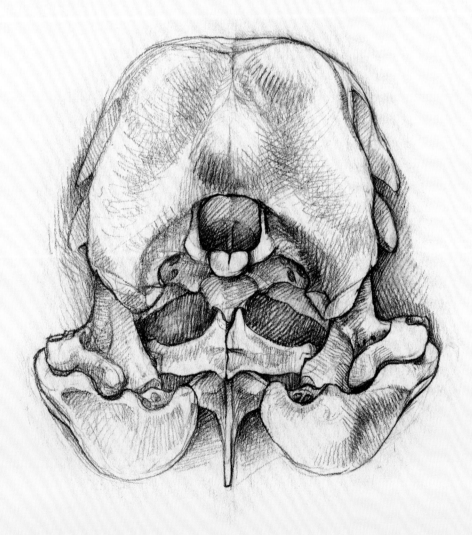

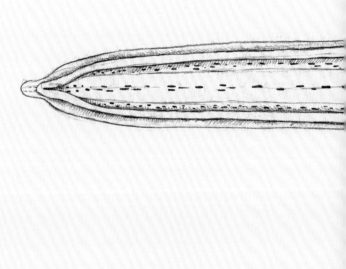

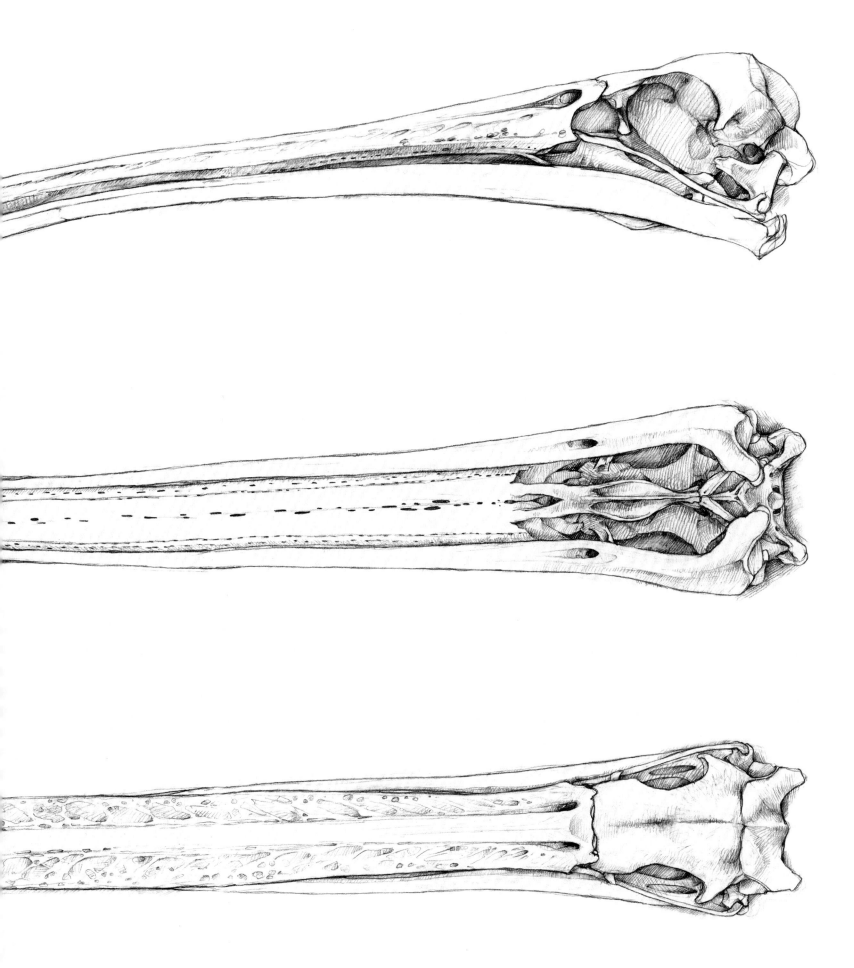

后肢

由于前肢特化成了翅膀，鸟类只能用两条腿站在地面上，也只有这两个接触地面的点来保持平衡。它们遥远的爬行动物祖先（如鳄鱼）的腿是从身体两侧而不是下方长出来的，很明显，这对于持续地进行双足运动来说不是一个可行的选择。但早在鸟类成为鸟类之前，兽脚亚目恐龙就已经在用两条腿在地球上行走，这些恐龙后肢的方向已经发生了改变，是从下方支撑整个身体的。

为了保持平衡，身体的姿态也需要调整变化。膝盖需要转向身体的前方，同时大腿几乎要保持水平，这样让腿部向前，从而将重心置于脚的上方。

鸟类的腿从结构上说和其他陆生脊椎动物是差不多一样的——增增减减，没有大的区别，不过是这里缺少了一块骨头，那里的骨头发生了融合。但它们都有相同的组成部分，关节都以相同的弯曲方向连接。但是因为鸟类的大腿贴近胸腔，腿的上半部被盖在身体的皮肤里，所以在被羽毛覆盖的鸟身上几乎看不到这个部分。这就导致人们对鸟类的腿产生各种困惑，甚至那些应当对其了解的专业人士也经常用"大腿"来指代鸟的小腿，用"膝盖"来指代脚踝。因此，许多人认为鸟类的腿关节的方向与我们的相反。但不是这样的！

大腿骨或者说股骨相对短、粗而结实。它被大部分控制腿和脚部的肌肉所包围，鸟类身体的整个后端几乎都覆盖着这些肌肉的附着点。因此，大腿本身与骨盆连接的关节几乎不怎么能够活动，其主要的功能是保持脚部位于身体重心的下方。鸟类腿部大部分的运动来自膝关节。这些运动主要是一种前后的摆动，不过当鸟类单腿站立或者行走的时候，也会用到能使身体旋转的腿侧边的肌肉，让两条后肢轮替支撑。大多数鸟类也拥有膝盖骨（髌骨），但并不是所有的类群都有，通常水鸟的膝盖骨相对比较发达。

鸟的小腿和我们一样，都是由两根骨头组成——胫骨和细长的腓骨，腓骨在外侧沿着小腿向下逐渐变细，末端是一个尖头。我们在吃烤火鸡的时候，用腓骨做牙签用很方便。而鸟类胫骨的下端与原本属于脚踝的小骨头——跗骨中的一部分相愈合，使鸟类胫骨正确的叫法变成了"胫跗骨"。脚踝剩余的跗骨与脚骨或者说跖骨相愈合，使这一部分正确的名称同样变成了一个复杂的融合词汇——跗跖骨，不过在本书后文涉及时会简称为跗跖或者足。

在跗跖的背侧有一块平台样的隆起，隆起的表面有深深的褶皱，形成沟和冠，并且有孔道穿过。这些褶皱和孔道供肌腱通过，这些肌腱可以使脚趾弯曲握紧。（那些负责伸展打开脚趾的肌腱沿着跗跖的前缘分布。）当鸟类蹲卧时，腿部关节弯曲，肌腱收缩，产生固定脚趾所需的拉力，这样的构造对鸟类来说特别有用，使它们能够在栖站在高高的树上，而不会有摔下来的风险。脚趾肌腱上的横行棱嵴也有助于形成一种类似棘轮的机制，这种机制由鸟类身体的重量所触发，能够防止抓握意外松开。

如前文所述，由于鸟类大腿的位置，许多人认为跗跖是腿部的一部分，并觉得鸟类的足仅由脚趾组成，这是错误的。从最基本的层面上来说，跗跖是鸟类足部位于脚趾之上坚实的一部分，直接对应于我们的脚掌骨。它由三个平行的部分构成，每个部分的前方对应一根脚趾，不过在大多数鸟类身上（企鹅除外），只有跗跖的末端才能体现出这一点。

"后趾"这个词的用法有点不准确，但为了简单起见，本书全篇还是使用了这个叫法。为了在行走时保持平衡，或为了在抓握栖枝时与朝前的脚趾相对而握，鸟类的这根脚趾通常确实朝向后方或几乎朝向后方，但它并非着生于跗跖的背侧，而着生于其内侧的边缘。在偏树栖的鸟类中，这根脚趾可能和其他脚趾在同一平面上；而在地栖性的鸟类中，它的着生点可能高于地面，甚至完全退化消失。这枚脚趾正确的叫法是"拇趾"，通常称作第一趾，第二至第四趾依次向外排列。

虽然所有的鸟都是由四趾的鸟类祖先进化而来的，但现今并不是所有鸟类都有四根脚趾。一些在崖壁上筑巢的鸟、涉禽或是快速奔跑的鸟类，甚至有几种啄木鸟都缺少一根脚趾或者处于一根脚趾退化消失的过程之中。鸵鸟甚至缺少两根脚趾。在这种情况下，通常是后趾率先退化，而鸵鸟的后趾和内趾都

消失了。但少数种类，包括几种翠鸟（如三趾翠鸟）以及一种雀形目鸟类（三趾鸦雀）保留了后趾，而失去了一根前趾，以能够握住栖枝。

有些品种的家禽拥有五根脚趾，但这不是遗传自祖先的特征，而是一种基因突变引起的异常，只有人工选育才能保持这一特征延续。但理论上，任何种类的鸟在任何时期都有可能出

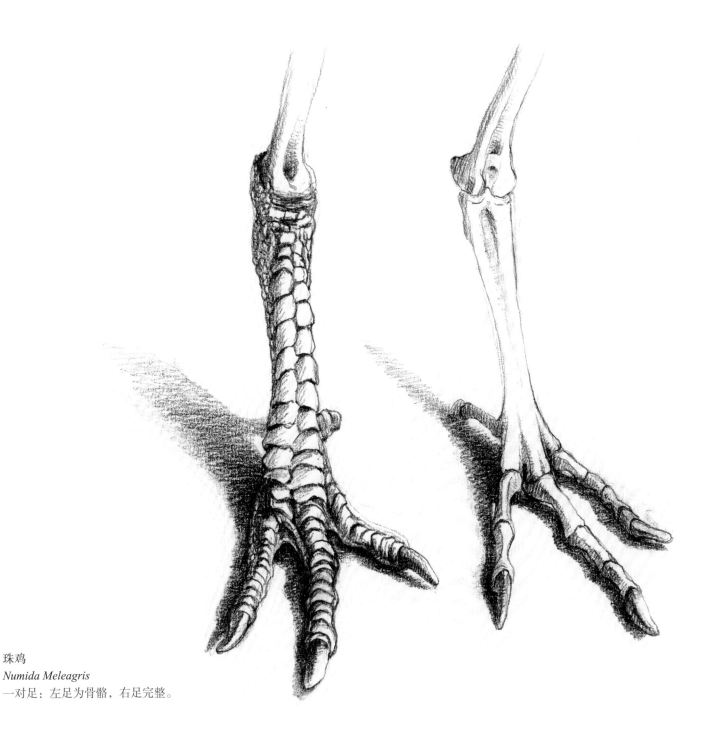

珠鸡
Numida Meleagris
一对足：左足为骨骼，右足完整。

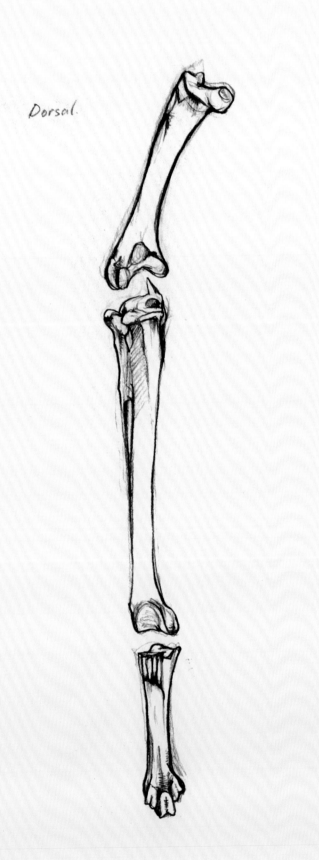

Dorsal.

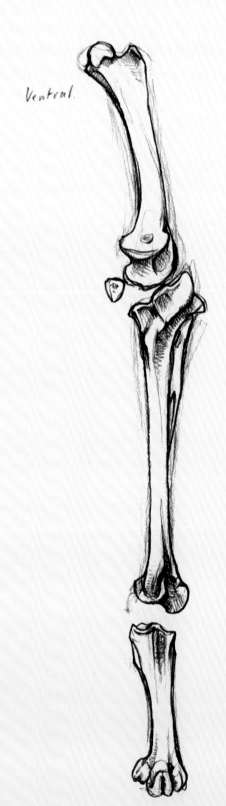

Ventral.

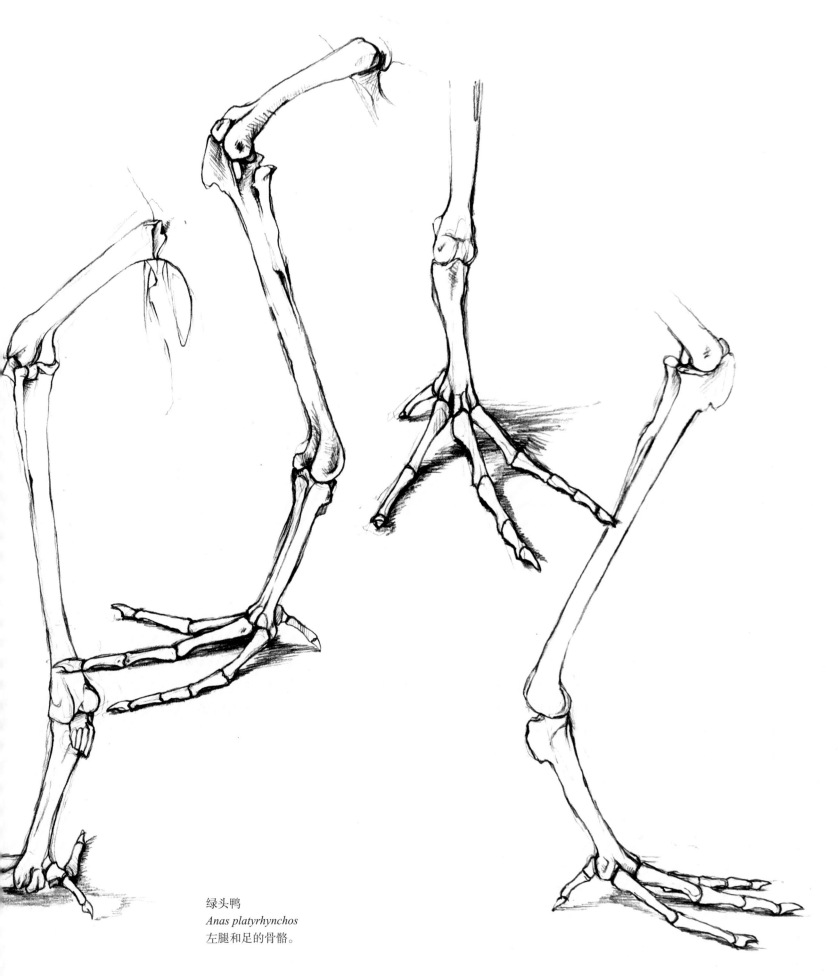

绿头鸭
Anas platyrhynchos
左腿和足的骨骼。

现这种变异。足够数量的五趾个体在野外生存下来，相遇并且杂交产生一个可以延续的种群，这样的机会非常渺茫，但年深日久，如果自然选择的条件对其有利，这种可能性就并非不存在。

但还是先回到正常的四根脚趾话题上来。鸟类的后趾由单独一根趾骨构成，但它是由其基部一枚独立存在的跖骨（第一跖骨）连接到跗跖上的。内趾拥有两根趾骨，中趾有三根，外趾则有四根。这意味着鸟类脚趾从内到外的灵活程度也不断递增。鸟类的每只爪也拥有一枚骨，不过这些骨头形状就像小号的爪，外形与趾骨有非常明显的不同。

鸟类没有羽毛覆盖的腿和脚部皮肤由增厚的角质或者肉质的鳞片覆盖，这些鳞片依据形状和排列方式的差异可以归为几个不同的类别：盔甲一般的覆瓦状、多边形的片状、突起的丘疹样粒状，以及这些类型的混合。通常情况下，这些角质覆盖下的脚趾关节的位置能够被辨别出来，但并不总是可以。

一些雉类的跗跖后缘具有看上去可怕的距，并且稍微指向内侧。这种距通常出现在雄鸟的跗跖上，不过有些雌鸟的跗跖上偶尔也会发育出来，这些距会随着鸟的一生不断生长。彼此竞争的雄鸟用距相互争斗，但它们也可能会在性选择中发挥潜在作用。

鸟类脚的底部由一系列纤维组织的肉垫保护，这些脚垫之间由褶皱沟壑隔开。脚趾弯曲时，这些褶皱沟壑会分开或者闭合，让鸟类能更自由地活动。鸟类脚掌的下方有一个较大的中央脚垫和一系列长度各异的较小脚垫，这些较小的脚垫可能和趾骨与关节相对应，也有不对应的。不同鸟类的脚垫差异巨大。地栖性鸟类通常拥有大小相近的关节脚垫和骨脚垫，雀形目鸟类的趾关节脚垫往往会缩减为脚趾底部的凹处，而许多水鸟完全缺少褶皱沟壑。水生鸟类类群脚趾间可能由蹼或者半蹼连接，不过许多非水生的类群，如完全陆栖或者树栖的鸟类的脚趾基部也会有一块相互连接的皮肤。

不同鸟类的爪鞘也差异巨大，根据抓握强度需求或奔跑时增加平衡需求的不同，各种鸟类爪的发达程度也不同。而一些分属于不同目、不同科的鸟类，包括鹭、鹈鹕、一些海鸟、燕鸻、仓鸮、鳍趾鹬、蟹鸻以及夜鹰，在其中趾的爪的内侧边缘都拥有梳状的锯齿（也被称为"栉缘"），有理论认为这些锯齿有梳理或者清洁羽毛的功能。实际上，在一些类群中这种锯齿的宽度与羽枝相同，不过遗憾的是，这一理论在其他类群中还缺少证据。对于羽毛经常乱糟糟的食鱼鸟类来说，爪子上有羽毛梳的好处几乎无须想象，而对于燕鸻和仓鸮这类鸟儿来说好处就不那么明显了。但问题仍然在于，为什么这一性状特征出现在这些各自独立的类群身上，而非出现在其他那些亲缘关系接近并且生活习性类似的鸟类身上。

总而言之，鸟类的足可能分别适应抓握、行走和游泳，而这三种宽泛而模糊的需求可以被进一步细分成各种具体并且往往非常独特的类型，我们会在这本书接下来的部分中描绘和讨论。

翅膀与尾

　　和其他脊椎动物的前肢一样，鸟类的翅膀分为三个主要部分：上臂、前臂和手。它们关节的连接方式几乎和人类手臂一样，只是手的部分旋转到几乎可以和前臂平行的位置，在翅膀收拢时这三部分形成一个"N"形。鸟的手本身被拉长，手指也减少到只剩三根。

　　翅膀需要扁平化、轻量化、坚固化，在迎面而来的气流中几乎不产生阻力。因此，鸟类肘部形成的夹角中是一张宽而扁平被羽毛覆盖的皮肤膜，叫作"翼膜"。在翅膀展开时，一根沿着翅膀前缘由肩部牵引至腕部的肌腱保持翼膜的紧绷，从而

使翅膀的轮廓呈流线型，同时增加其表面积以产生升力。在翅膀的后缘，鸟类的飞羽以同样的方式完美地发挥其空气动力学功能。

　　这也是会飞行的鸟类需要一个特化成龙骨突的胸骨来容纳飞行"引擎"的原因，这样能使负责控制翅膀做最基本向上和向下扇动的体积庞大的肌群处于鸟类身体的中央，尽量减少阻力。但飞行所需要的远远不只上下扇动那么简单，翅膀本身还有许多其他较小的肌肉，它们的作用是收拢和伸展翅膀，并且控制飞行所需的细微动作。

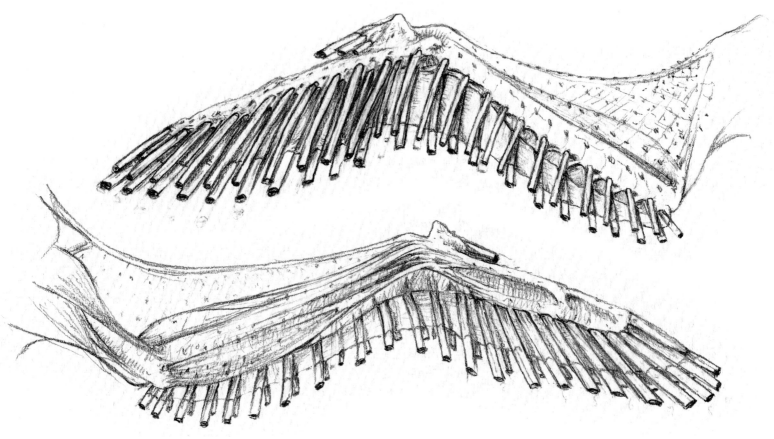

欧夜鹰
Caprimulgus europaeus
去除羽毛的左翅；上：背面；下：腹面。

AMY   LEFT WING

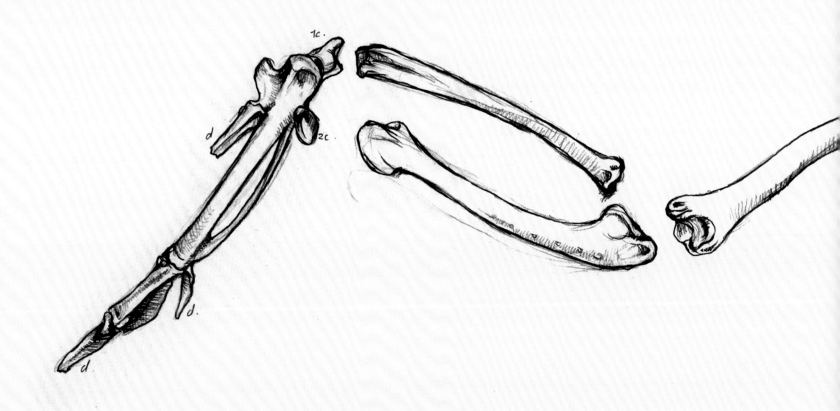

Ventral view

绿头鸭
Anas platyrhynchos
左翅的骨骼。

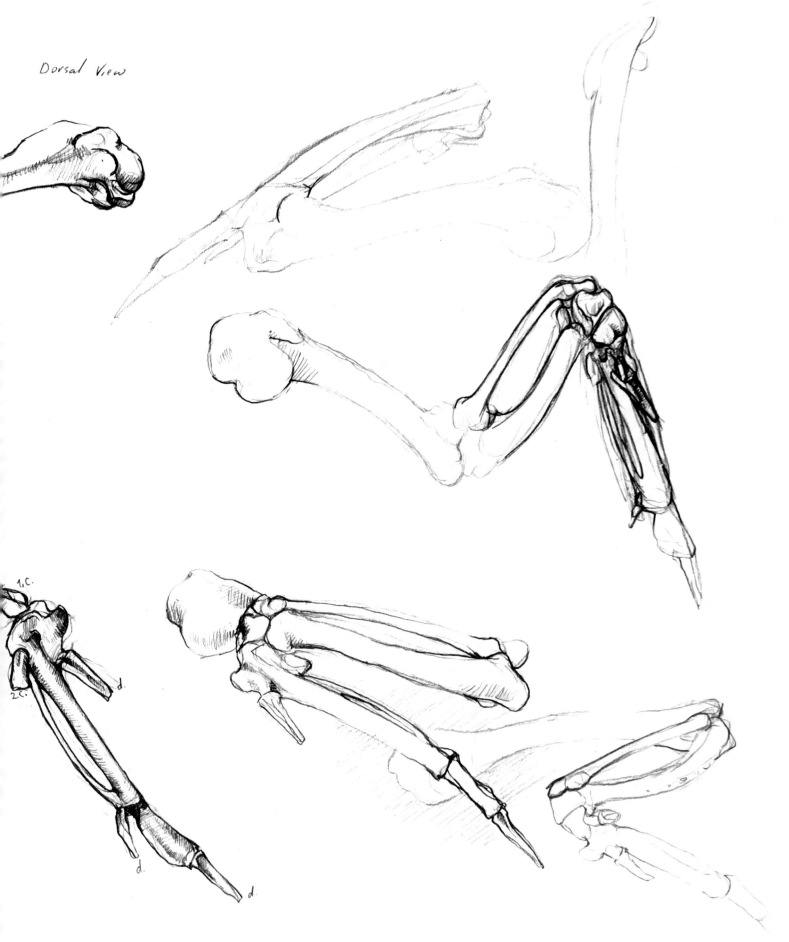

Dorsal View

1.C.

2.C.

d.

d.

d.

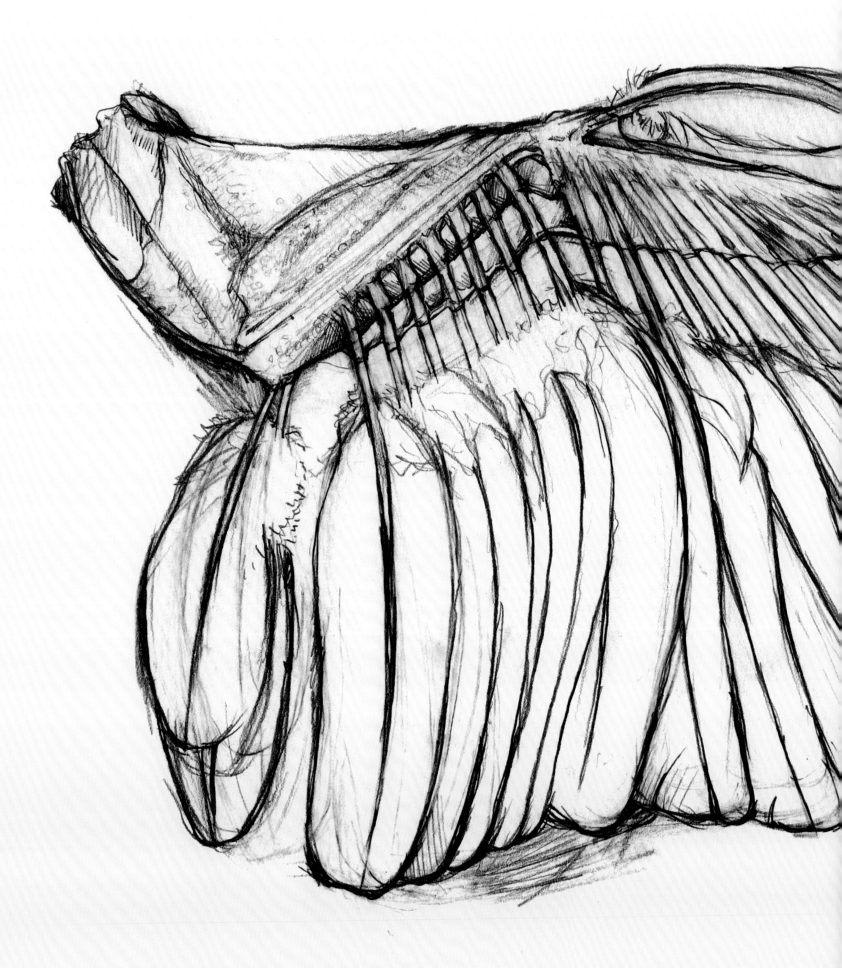

斑尾林鸽
Columba palumbus
去除覆羽的右翅背面，展示飞羽的着生状况。该
标本的一些内侧次级飞羽缺失。

上臂，或者说肱骨通过由三根骨——叉骨、支柱状的乌喙骨以及肩胛骨——共同组成肩带的关节与躯干相连接。肱骨头位于一个浅关节盂中，允许肱骨有较大的活动范围，同时肱骨头处有一个宽而平的冠，为控制翅膀运动的肌肉群提供了足够的附着表面。所有这些肌肉本身都汇集在肱骨与躯干连接的上端，只有肌腱向下延伸到肘部。肱骨本身也不是笔直的，而是微微弯曲，呈"S"形，在鸟类休息时，它能够紧贴着肋骨篮的轮廓，更多贴在身体背侧而不是两侧，并且在鸟类伸展翅膀时向外侧转动90度。

鸟类的前臂和我们的一样，都由两根骨头组成，包括前侧细长的桡骨和更粗壮的尺骨。这两根骨头并不是沿其延伸方向平行生长的，而是在基部有所弯曲，两者之间的空隙由控制手部的肌肉占据。尺骨外侧有一排突起的骨质结节，这是次级飞羽及其覆羽附着位置的标志。

腕骨就和脚踝部的那些骨头一样，经历了广泛的愈合，只有（近端）第一排作为独立的腕骨被保留下来，远端的腕骨都已经被吸收为手掌的骨头。

第一指即拇指，在鸟类解剖结构中也被称为"小翼指"[5]，生长于翅膀前缘、腕关节附近，它上面着生的飞羽[6]贴于翅膀的背侧表面。小翼指（及小翼羽）能够进行较大范围的独立运动，并且在飞行中发挥十分重要的作用，在鸟类低速飞行以及做出空中转向等机动动作时能够防止失速。下一根指最长，与掌部末端连接，形成了翅膀的一段自然延长。它通常由两段骨头组成，不过偶尔在尖端会有一小截骨头作为第三段。第三指生长于最长指的基部，仅由单独一根指骨构成。

有一些类群的鸟翅膀上拥有距或者突起的瘤[7]，用于争斗，相当于雄类腿上的距。这些翅膀上的距通常是手部的骨骼赘生突起形成的刺状物，外面可能包裹着一层角质鞘，就和爪子一样。尽管如此，也不要把这些距和有些鸟类翅膀上长出来的真正的爪混淆，那些爪着生于指骨的末端，就和脚爪一样。

鸟类肘关节和腕关节能够做的运动主要是简单的屈曲和伸展，换句话说，就是在一个平面上改变关节两侧骨头之间夹角的大小。但在翅膀背面和腹面的其他肌肉能够抬升或者下压翅

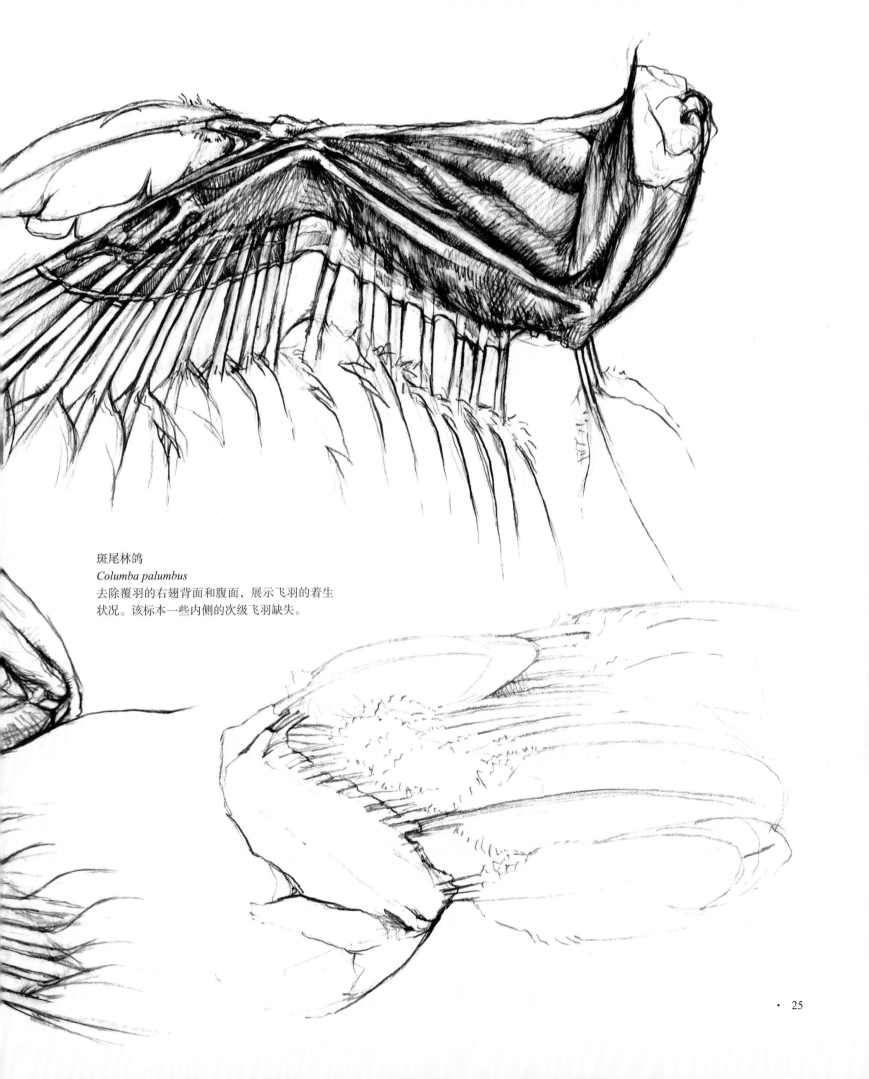

斑尾林鸽
Columba palumbus
去除覆羽的右翅背面和腹面，展示飞羽的着生
状况。该标本一些内侧的次级飞羽缺失。

膀后缘来控制飞行的升力，就像一架飞机的副翼一样。其他肌肉会对指骨尤其是最重要的"拇指"（小翼指）做细微姿势的调整。每一根羽毛同样受到肌肉动作的控制：即使是牢固地"锚定"在骨头上的飞羽，在翅膀张开时也会向外侧转动。这一点是通过收缩插入最长指骨末端的一块肌肉，从而使外侧的初级飞羽都向外进行弧线摆动而实现的。并且因为所有飞羽的基部都连接在一根韧带上，所以在一根羽毛转动时，其余羽毛也跟着转动，就如同打开一把扇子。

翅膀的飞羽主要分为两组：次级飞羽着生在前臂上，角度稍微向后；初级飞羽着生在手部，角度朝前。当翅膀收拢时，初级飞羽整齐地折叠滑入次级飞羽之下。从翅膀的背面观看，每根飞羽及其大覆羽的前缘都叠盖在其前面一根羽毛后缘上，从而产生了一个上侧凸、下侧凹的表面，这是能够产生升力的完美翼形。而小覆羽的折叠方式可能相反。

初级飞羽的数量相当稳定，通常为十根。六至七根着生在腕掌骨上，一根着生在小指（第三指）上，而其他的着生在最长指上。也可能有第十一根发育不良的初级飞羽着生在最长指的末端，而另一种情况是第十根初级飞羽大大退化了。无论是初级飞羽还是次级飞羽都有相对应的覆羽，这些覆羽与对应的飞羽拥有相同的着生点，其基部牢固地着生在相连的骨头上。然而，覆羽并不与飞羽完全平行生长，而是角度略微向前，盖住每根飞羽与其相邻的前一根飞羽之间的缝隙。有时在初级飞

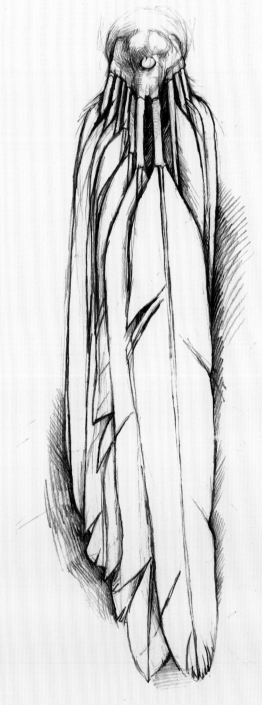

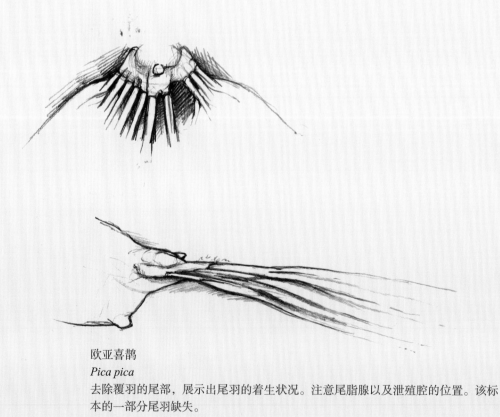

欧亚喜鹊
Pica pica
去除覆羽的尾部，展示出尾羽的着生状况。注意尾脂腺以及泄殖腔的位置。该标本的一部分尾羽缺失。

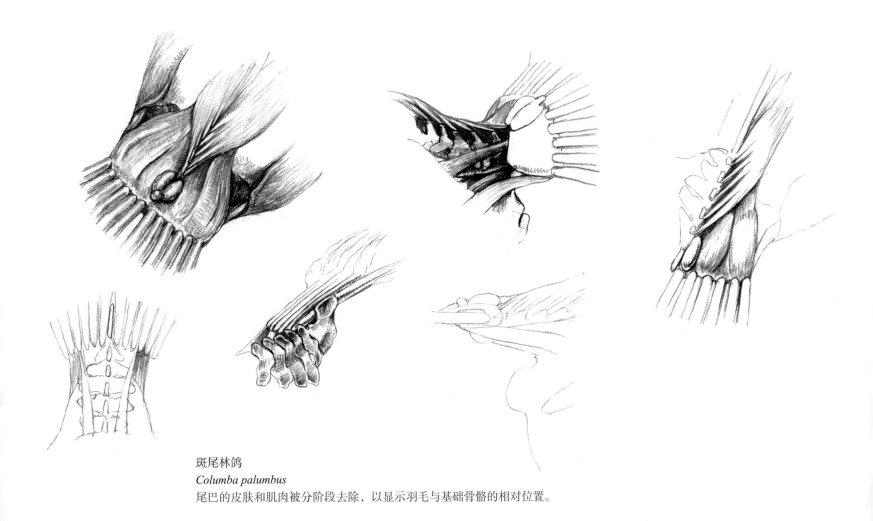

斑尾林鸽
Columba palumbus
尾巴的皮肤和肌肉被分阶段去除，以显示羽毛与基础骨骼的相对位置。

羽和次级飞羽之间会出现一根额外的飞羽及其覆羽，着生于腕骨上。

根据前臂长度的不同，次级飞羽的数量变化要比初级飞羽的更大。例如，蜂鸟可能只有六七根次级飞羽，大多数雀形目鸟类是九根，而一种信天翁的次级飞羽可以多达四十根。距离身体最近的三根次级飞羽被称为"三级飞羽"，三级飞羽往往长度更短，没有那么强韧，并且末端更为弯曲，使翅膀的内缘更为平整、圆润。在信天翁和其他一些海鸟经常用于滑翔的长长翅膀上，那些从覆盖肱骨的皮肤上生长出来的羽毛也可能会长得更大，形成一层翼片，或多或少成为次级飞羽的延续。不过，这些并不是真正的飞羽，所有的次级飞羽，包括三级飞羽，都是从尺骨上生长出来并且连接在这根骨头上的。在鸟类的许多科中，包括本章图示的林鸽和夜鹰，在第四和第五根次级飞羽之间有个小小的缝隙，而有一根额外的覆羽覆盖在这个缝隙上，就好像这里缺失了一根飞羽。由于这个特征并非受到生态

适应性因素的影响，所以对于分类学家来说，这是一个能够探寻鸟类类群之间真实亲缘关系的有力线索。

鸟类的尾羽在飞行中的作用非常重要，如同舵一般，影响着减速时的俯仰和左右角度，发挥空气制动器的功能，还能够调整方向的变化。鸟类拥有六枚或者六枚以上的被韧带椎间盘分离的能够自由活动的尾椎，这使鸟类尾部可以在各个方向上有限地活动。剩下的尾椎愈合在一起成为一块匕首状的"尾综骨"，这里就是尾羽排列生长的中心点。这些尾羽的基部合在一起，在尾部形成一个脂肪和纤维组织构成的球体，这团组织被肌肉组织包裹、渗入，使每根尾羽和这些羽毛组成的整个尾部得以活动。

尾羽通常有十二根，但在一些家鸽品种中尾羽可能少至四根，也可能多至四十根（分成两排排列）以上，但这个数字总是偶数。这些尾羽成对排列，中间的一对尾羽位于最上层，并且紧紧地连接着尾综骨。不过，即使是成对的两根尾羽，也是

其中一根盖在另一根上面的；在尾羽收拢时，从单根最靠近脊柱中央的尾羽部分盖住与其成对而相邻的那根开始，最后交错成一叠，整体比单根的尾羽宽一点。

在尾综骨上面生有尾脂腺，这是一种球状突起的皮肤衍生物，由两侧的两个椭圆球状组织分泌油脂物质。这种物质对于羽毛的保养非常重要，不过它也会被特化的绒羽（粉翈）碎屑产生的粉末补充甚至完全取代。

第二部分
物种分述

I 鹰隼小纲

> 喙有些向下弯，上颌在靠近尖端处膨大，或者拥有齿突；鼻孔张开；腿短而粗壮；脚适于栖站，三趾朝前，一趾朝后；趾关节下有疣状突起；爪弯曲且尖端锋利；身体肌肉发达；肉质硬，不适合食用；抓取并撕扯其他动物的尸体，以此为食；高处营巢；窝卵数约4枚；雌鸟比雄鸟体型大；成对生活。

严格意义上讲，大多数鸟都是捕食者。几乎所有的鸟都吃肉、鱼或某种昆虫，至少在生命的某个阶段如此。但是"猛禽"这个词传统上指那些有着弯钩状的喙和爪的鸟。然而仍有一个问题：是否应该包括鸮类（猫头鹰）？林奈认为应该。但是他和其他早期分类学家也认为猛禽还应该包括伯劳（现在我们知道伯劳属于鸣禽），甚至蝙蝠！

如今被普遍接受的观点是日行性猛禽与夜行性猛禽的相似之处是各自独立发展出来的。然而旧大陆（欧洲、亚洲、非洲）的兀鹫（以腐肉为食的鸟，所以并不是真正的捕食者）与鹰和雕都属于同一个科，但外形上与兀鹫极其相似的新大陆（美洲）的鹫却与其没什么关系，近来它们甚至被认为和鹳的亲缘关系更近。

林奈对鹰隼小纲的定义是趋同演化悖论的一个完美例证。

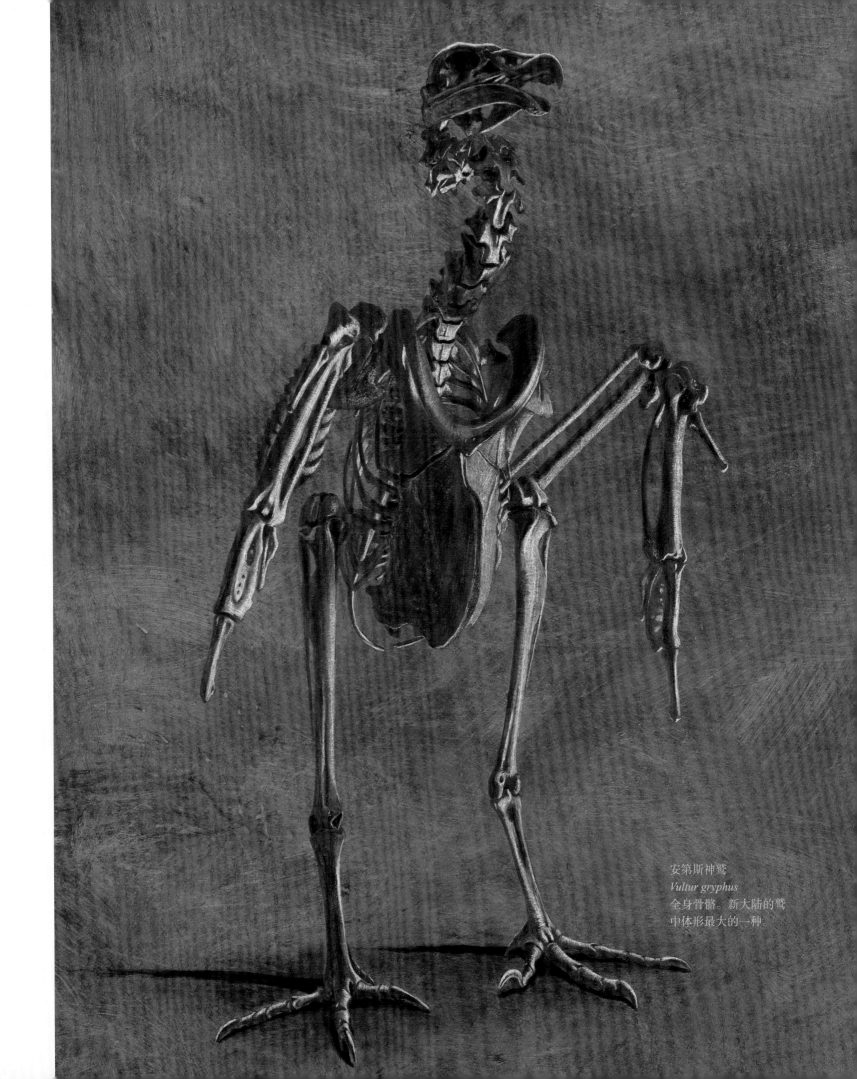

安第斯神鹫
Vultur gryphus
全身骨骼。新大陆的鹫
中体形最大的一种。

鹫

关于兀鹫，有一些连小学生都了解的常识：它们有秃秃的脑袋、弯钩状的嘴（喙），以及一对又宽又长的翅膀，并且它们以能找到的死尸为食。几乎没有什么定义比这些更老生常谈的了。在整个美洲、欧洲以及亚洲，这类鸟的外形都很一致，可以立刻被辨识出来，至少在类群层面上不存在被认错的问题。

因此，在20世纪80年代，当新发展起来的DNA（脱氧核糖核酸）分子杂交技术表明新大陆的鹫可能根本就不是兀鹫，而是鹳的近亲时，立刻引起了某种轰动。的确，对于一般的观鸟者来说，这个概念似乎象征着一种混乱——实验室里试管中的技术颠覆了他们世界中的经验性常识。但很多观鸟者不了解的是，这并不是什么全新的观点。实际上，在DNA实验开展之前，这种观点已经形成并存在100多年了，不过是基于一系列复杂的解剖学特征：翅膀的肌肉组织、肠道的构造等。而最新的DNA研究再一次使新大陆鹫的分类位置变得扑朔迷离。它们很可能终究还是和鹳没有什么亲缘关系，目前一些权威机构姑且把它们重新和其他长着钩嘴的鸟归为一类。[8]

不过，也许最值得注意的不是新大陆的鹫和旧大陆的兀鹫可能不是亲戚，而是两类可能并不相干的鸟外形演化得如此相似。两者外观上的区别只是旧大陆兀鹫的后趾长一些并且具有功能性，而新大陆的鹫有着开放式的鼻孔（你能够从一边看到另外一边）。

这种相似性是趋同演化作用的结果。也就是说，是生活方式的选择压力塑造了动物的外形，而不是动物的外形决定了其生活方式——只要给予足够的时间，就会如此。所以当不同的动物类群各自独立地享有同样的生态位时，它们就会趋向于殊途同归，为了应对同样的生存挑战发展出同样的解决方式，最终彼此变得非常相似。

在自然界里找到死掉动物的肉来吃这件事，一开始似乎不会让人觉得是什么特别的挑战，但两个类群的鹫的高度相似性实际上证明了这确实特别。为了吃死掉动物的尸体，你需要避免头上的羽毛被血弄脏，需要在高空翱翔的时候保持体温，又要在荒漠或者稀树草原炙热的阳光下迅速散热。头部和颈部裸露是一个绝好的解决方案，并且裸露的皮肤能够充血变红或者充气膨胀，以作为视觉信号传达给其他鹫，这样就减少了用身体语言互动的需要。

尸体是种不太可靠的食物来源——你永远不知道何时何地才能找到下一餐，所以鹫类要能远距离飞行，用尽量少的力气在空中保持更长的时间。这就需要一种特化的适于翱翔的翅膀，能够利用每一股暖空气的上升气流，在不损失高度和不需要费力扇动翅膀的情况下，把这只鸟从一股上升暖气流带到另外一股去。大部分的雕和鹰也能够翱翔，但程度不同，它们需要保持灵活的机动性以便捕捉猎物。相较而言，鹫类的翅膀比任何捕食性的猛禽都更长、更宽，也难以在空中快速转向。反正死掉的动物也不怎么移动。

不过动物不会总是好好地死在容易被鹫类发现的开阔地带。在茂密森林覆盖的地区，一只翱翔在树冠层上空的鸟几乎不可能找到森林地面上的腐肉——至少一只没什么嗅觉的鸟不可能。在美洲，红头美洲鹫及其美洲鹫属的近亲是少数几种嗅觉非常发达的鸟类，它们能精确地探测到隐藏在视线之外的腐肉。

那么其他在美洲森林中生活的鹫类呢？好吧，它们只是跟在红头美洲鹫的后面！

大西洋两岸的鹫类中也存在一种分工：喙大而厚的种类负责撕开肉，喙小而窄的则选择啄食碎屑。它们能够和睦相处，在同一具尸体上大快朵颐，将竞争降到最低。吃碎屑的鹫可以用它们相对细长的喙啄取细碎的肉丝，并能探到骨头里面获取

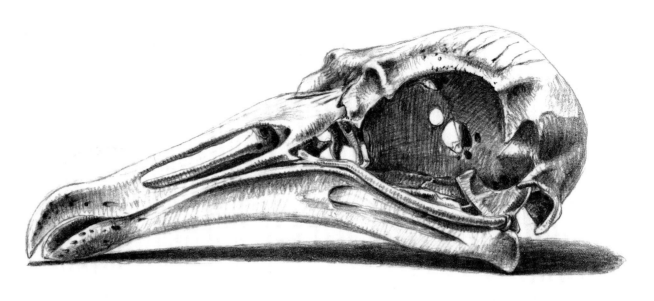

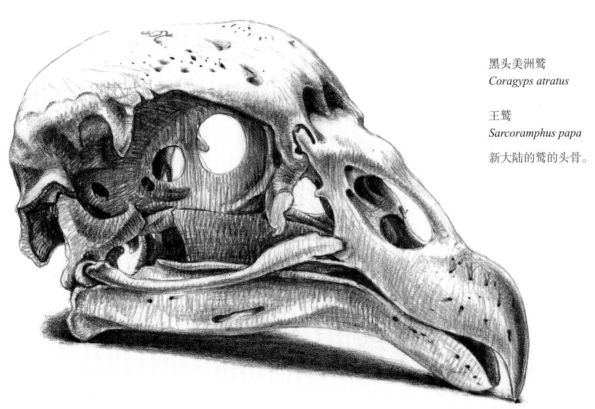

黑头美洲鹫
Coragyps atratus

王鹫
Sarcoramphus papa

新大陆的鹫的头骨。

骨髓。在旧大陆，相对离群索居的胡兀鹫也惯于以骨头为食，它们用酸性特别强的消化液来处理骨头。胡兀鹫甚至会带着尸体飞到空中，然后把尸体扔到裸露的岩石上，将骨头摔成适合吞食的碎片。白兀鹫则更进一步，它们会使用工具。它们擅长处理鸵鸟蛋，会反复用石头将其砸开。只要砸出一个开口，它们细长的喙就成了吃干净蛋里面内容物的完美工具。

在一具尸体上的竞争也可能很激烈，因为这些鹫也许要等上很长一段时间才能找到下一餐，所以它们要能快速地填饱自己。它们经常把嗉囊塞得太满，直到食物部分消化之后才能起飞。

旧大陆兀鹫和新大陆鹫的地理隔离如此明显，可能有人认为它们从起源时就是分开的，但事实并非如此。化石证据表明，在它们演化历史的早期，在旧大陆曾经分布着"新大陆类型的鹫"，而新大陆也曾生活着"旧大陆类型的兀鹫"。跨越数百万年时间，大西洋两岸的物种灭绝最终造就了现今这两个并行而又有如此多惊人相似之处的类群。

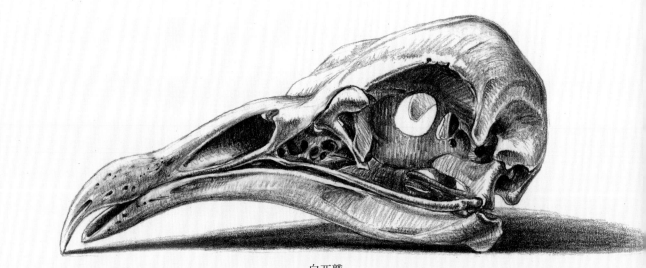

白兀鹫
Neophron percnopterus

皱脸兀鹫
Torgos tracheliotus
旧大陆兀鹫的头骨。

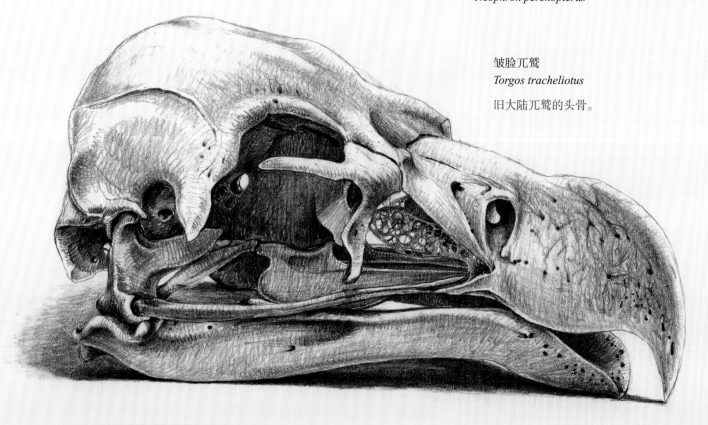

日行性猛禽

日行性猛禽——隼形目[9]，是一个令人眼花缭乱的多样性类群，它们的外形受到觅食习性、食物偏好以及栖息环境等多种因素影响，有时甚至还会反映出它们的演化关系。它们与夜间活动的猎手鸮类的相似之处，可能只不过是生活方式恰巧相近。而隼形目众鸟也千差万别：食谱上从胡蜂到猴子一应俱全；体形上既有巨大的雕也有比鸫还小的小隼；捕杀猎物的方式有戳刺也有踩踏；还有完全不捕猎仅靠食腐为生的。传统上，这个目分为两个非常大的科和两个很小的科，这两个小的科实际上非常非常小，每个科只包含一个物种。

最大的一个科是鹰科，这个科包括了所有翅膀宽大的鹰和鵟、雕、海雕、蛇雕、鸢、鹞等，连同本章已经讨论过的旧大陆兀鹫，它们在演化历史的早期就放弃了作为捕食者的生活方式。其次是隼科——隼、小隼、林隼以及巨隼。另外两个与众不同的科是鹗和蛇鹫（俗称"秘书鸟"），它们十分独特，尤其是秘书鸟，放在其他哪个科里都不合适。

这些猛禽一般都有用来撕扯肉的弯钩状的喙，以及用来捕捉和抓牢猎物的强壮钩爪。这种分工是非常明确的——它们不会用喙去捕捉猎物，也不会用爪子将肉撕扯下来。不过隼也可能会用它们有着深深缺刻的喙的边缘咬断小动物的脖子，也会用啄击头部的方式杀死更大的猎物。上颌的基部有一块被称为"蜡膜"的柔软肉质的皮肤垫，通常是圆形的鼻孔会被这块蜡膜覆盖着，这和鹦鹉类似。它们的喙裂很大，因此通常能够张开大嘴将猎物整个吞下去，任何不能被消化的部分，比如骨头、皮毛以及昆虫的鞘翅，会在它们体内形成"食丸"，稍后被反吐出来。事实上，蛇鹫吃什么东西都整吞下去：蛇、大小合适的哺乳动物，比如野兔，甚至是小点儿的陆龟！

大部分的猛禽都长着一双看上去凶神恶煞的眼睛。这双眼睛确实非常大，并且常常是非常锐利的黄色。但是让它们的炯炯目光令人生畏的是突出的"眉弓"：眉峰由两块毗连的骨板构成，从头骨上向外突出，可以在追捕猎物时避免眼睛受到伤害。然而，包括鹗、蜂鹰、食蝠鸢，以及一些以昆虫为食的鸢的类群在内，它们的眉峰只有一块很小的凸起，这可能象征它们在演化谱系上更加原始。

视觉是猛禽捕猎中主要使用的感官，因此它最为发达，尤其是在远距离精准聚焦和物体运动的侦测方面。视网膜上的光感受细胞在两个被称为"视凹"的区域密集排列，大而被拉长的眼球使得画面投影尺寸最大化。它们的夜视能力相对较弱，但在黄昏时捕猎的猛禽往往有更大的眼睛以弥补这一缺陷。与同样有着柱状眼球的鸮类类似，猛禽的眼球活动比其他鸟类受到更严重的限制，所以猛禽对于能够转动头部环顾四周也有更加突出的需求。鹞与林隼都捕食植被掩盖下的猎物，所以它们依靠的不仅是视觉，还有听觉。这两个类群都各自独立在脸部周围发展出一种类似于鸮类的羽毛面盘，并且同样拥有不对称且扩大的耳孔，以便准确定位声音来源。

在羽毛之下，猛禽的躯干小得不起眼。就身体比例而言，它们的胸骨出奇地短，不过比较宽而且龙骨突很深，同时叉骨宽而健壮。尽管在追逐猎物时有很强的飞行能力，但大多数猛禽都难以长时间持续飞行，它们需要为追赶猎物保存体能。所以这个类群大多依靠一种被动等待的捕猎方式：从栖木上眺望、在风中悬停，以及利用暖空气的上升气流保持身处高空，四处张望寻找食物。这就是山区和荒漠地区猛禽数量众多的原因，这样的景观地形本身就为不费力的飞行提供了最理想的空气条件。

经常盘旋翱翔的鸟类有长而宽的翅膀，以提供足够的表面积来产生升力，同时它们的初级飞羽上有深深的缺刻，能在翼尖周围造成紊流，防止在低速飞行时失速。不过，拥有翱翔盘旋的能力也有代价。完美适合翱翔的形态，其灵活机动性就不太好，所以鸟类只能在两者中选其一。旧大陆的鹫就选择了翱

鹗
Pandion haliaetus
头骨和右脚；展示了可以扭转向后的外趾。

翔这条路，于是基本上都失去了在空中的灵活性。

鹗有一对长而窄的翅膀，它们的翱翔能力适中，但能有效地长距离扇翅飞行。这就解释了为什么鹗的地理分布非常广，并且能够远距离迁徙。大多数翱翔鸟类的迁徙范围都被严格地限制在大陆内，因为在水面上暖空气并不会上升。当然，鹗这样只以鱼为食的鸟会在水面上捕食，所以，完全适于翱翔的翅膀对它们来说用处就不大了。

在所有猛禽中，尖翼的隼飞行能力最强，尽管隼在空中俯冲时能达到很快的速度，它们的飞行还是远不如生活在森林林下层中的宽翼鹰属猛禽那样灵活。这些鹰确实需要非常好的机动性，所以它们的翅膀短而圆，不过在必要时候它们也能翱翔。鹰的胸骨通常比那些只会翱翔的种类的胸骨长，但不是很宽。这些残忍的高效杀手的捕猎方式是伏击和追捕其他飞行中的鸟。看着一只鹰在追逐猎物时不断改变飞行方向，时而穿过灌丛，时而避开上方垂下来的树枝，的确是一件激动人心的事。它们依靠短时间的爆发力飞行，但也会交替地扇翅和滑翔来节省能量。

如果没有一条长而强健的尾充当舵，鹰不太可能在飞行中做到这种微小而又精确的方向变化。所以它们的尾椎有非常发达的突出部分，末端有一条非常大的尾综骨（尾椎骨愈合而成的尾椎终端），最大程度地增加肌肉附着区域的面积。

猛禽的骨盆又短又宽，往往以很大的角度向下倾斜，以便给至关重要的腿部提供更大力量。有些猛禽的腿和脚短粗，有的细长，但两种都是很有效的捕猎武器。体形比较大的雕有香肠一般的脚趾，它们依靠出其不意捕捉大型哺乳动物，对它们来说，努力的重点在于抓紧并且制服猎物。鹗也拥有粗壮的腿和脚（脚部有棘状的鳞片，用于抓紧滑溜溜的鱼），它们的特别之处是像鹗类一样有可以扭转向后的外趾。

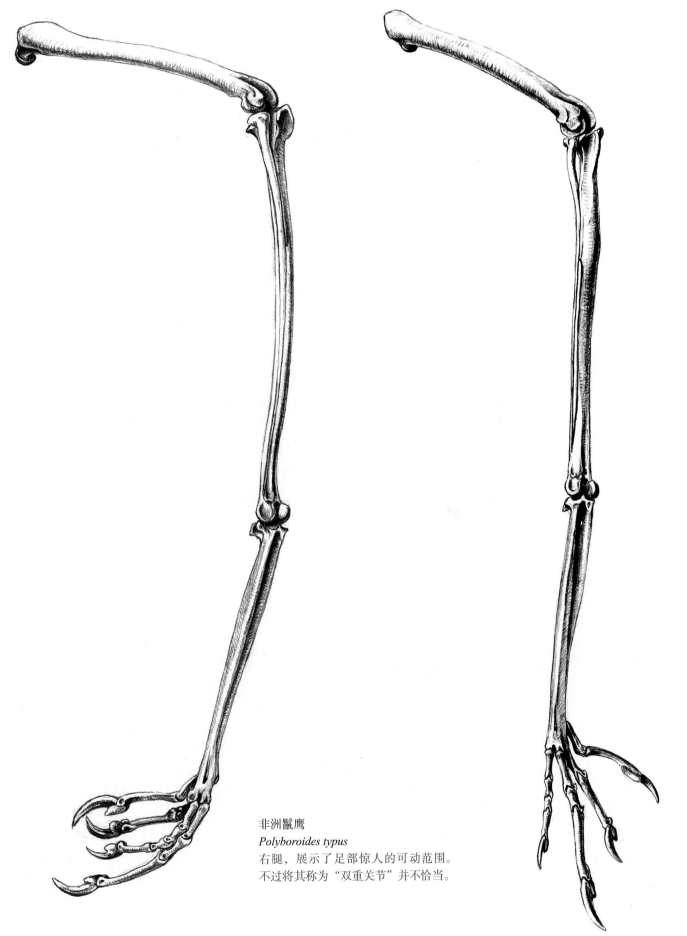

非洲鬣鹰
Polyboroides typus
右腿，展示了足部惊人的可动范围。
不过将其称为"双重关节"并不恰当。

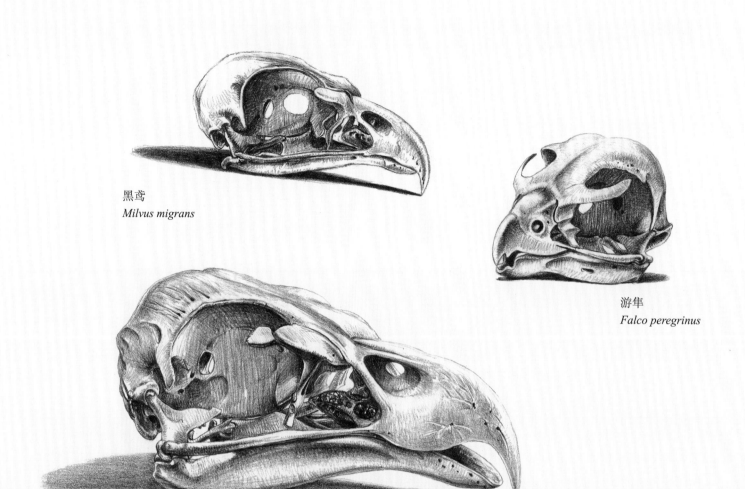

黑鸢
Milvus migrans

游隼
Falco peregrinus

白头海雕
Haliaeetus leucocephalus

菲律宾雕
Pithecophaga jefferyi

头骨。

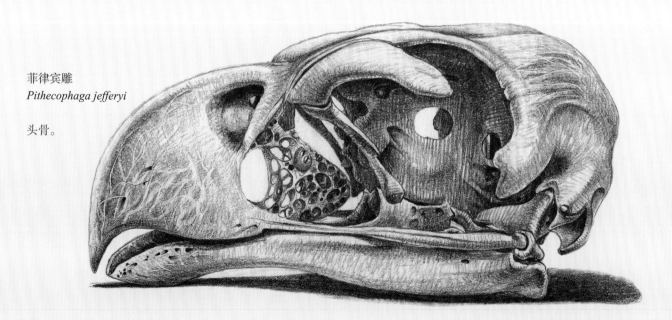

欧亚鵟
Buteo buteo
去除皮肤但保留了飞羽和尾羽。

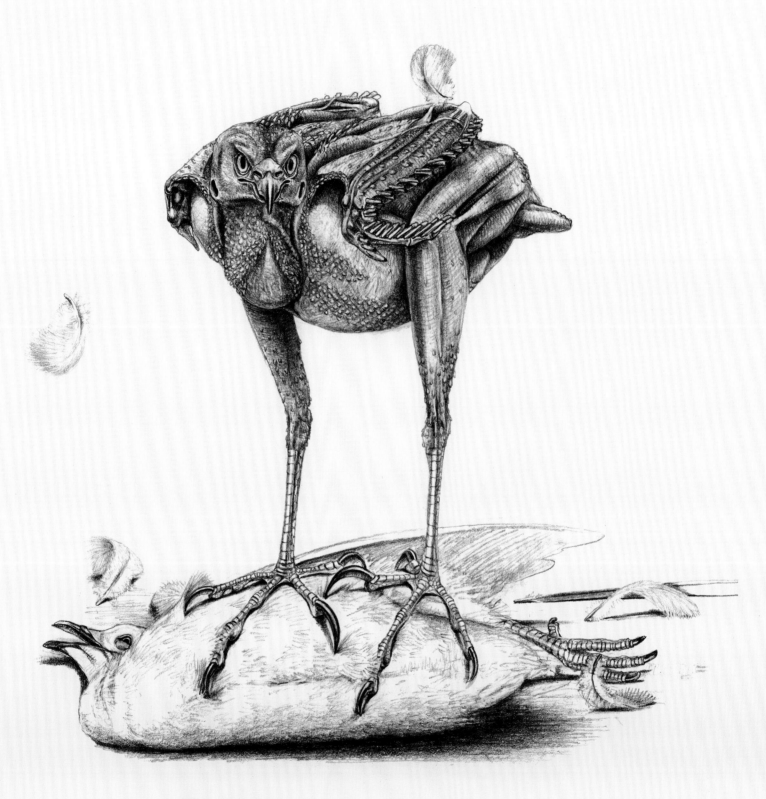

雀鹰与一只灰斑鸠
Accipiter nisus & Streptopelia decaocto
去除羽毛的雀鹰，正被拔除羽毛的灰斑鸠。

雀鹰与一只青山雀
Accipiter nisus & Cyanistes caeruleus
全身骨骼。

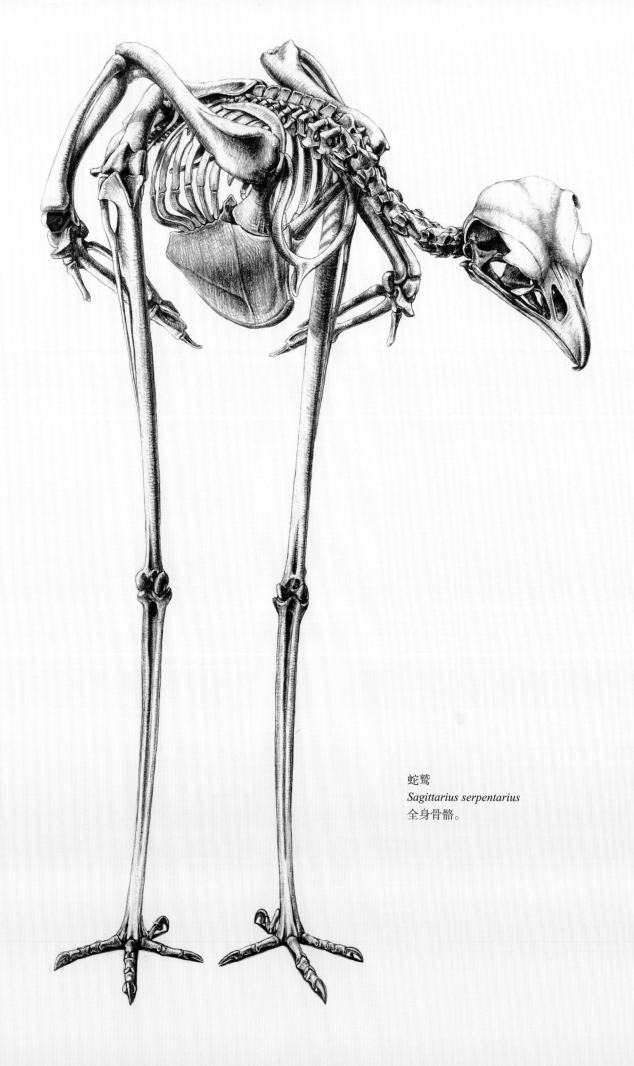

蛇鹫
Sagittarius serpentarius
全身骨骼。

相较而言，对于鹰属的猛禽来说，最重要的是"够得到"。它们的大腿、胫骨、跗跖以及脚趾都很长，这让它们拥有比逃窜的猎物更多的优势。即使是中趾的爪尖，也能与脚趾底部的肉垫扣在一起，如同钳子合拢一般夹住，这样就能最大程度上牢牢抓住所能触及的猎物。它们细长的外趾也能发挥类似的作用，但更粗壮有力的内趾和后趾则拥有不同功能。这两根脚趾长有弯曲且刀锋般锐利的可怕爪子，主要用于杀死猎物。

另外一个利用腿脚触及猎物的类群是鹞鹰。但是它们的问题并不在于距离，而在于角度。鹞鹰并不在飞行中捕猎。它们要将脚伸到树的裂缝里、棕榈叶之间以及织雀（也称"织布鸟"）的公共巢中去探查和感觉。为此，它们不需要很长的大腿和脚趾，那只会碍事。但它们需要能够向后面和侧面弯折的腿，这种关节扭转方式在解剖学上似乎不可能做到。这种能力通常被称为"双重关节"，但是对腿部骨骼的检查表明，它们腿部关节的数量和构造与其他鸟类并无差异。它们的情况就和人类一样，只不过是肌腱异常灵活的结果。

不过，蛇鹫才是所有猛禽中腿部长度和独特程度的佼佼者。而且，几乎与所有其他长腿鸟类不同，它们的颈部比较短。这让蛇鹫的头部安全地远离危险的蛇，但也造成了取食问题，这种鸟必须弯腿蹲下才能够到地面的食物和水。这可能就是为什么它们拥有前文提到的习性：把所有的东西都整吞下去。和与其生态位类似的叫鹤与地犀鸟一样，蛇鹫寻找食物时也需要走很远的距离，因此它们的脚趾（尤其是后趾）和爪都非常短。对于一只猛禽来说，这种不用来抓擒的脚非比寻常，但蛇鹫就是哪个方面都不寻常的鸟。它们的技巧是悄悄地接近猎物，然后猛地一脚——真正连踢带踩地将其杀死！

鸮

鸮类（俗称"猫头鹰"）是夜行性的猛禽，所以它们的特征既与捕食习性相关，也与夜行性相关。这可能意味着它们与白天捕食的日行性猛禽或者夜间捕食的夜鹰有亲缘关系，或者，这些特征也可能全都是为了适应它们的生活方式发展而来的，也就意味着它们和两者都没有亲缘关系。解剖学家依然无法确定鸮类实际上的演化位置，不过DNA证据强烈表明它们与夜鹰的关系密切。

鸮类和其他猛禽相同的特征包括适于撕扯肉的弯钩状的喙，喙的基部有肉质蜡膜包裹住鼻孔，弯钩状的爪用于捕捉及抓牢猎物。它们也同样拥有长而有力的腿，结实且倾角很大的骨盆，这是用脚捕猎的鸟共有的特征。

鸮类的腓骨（腿外侧的牙签状条骨）特别长。这一特征通常只在会游泳的鸟类身上如此发达，由此推测，这一特征大概有助于鸮类在捕猎时旋转腿和脚。它们的脚趾比那些日间活动的猛禽短，尤其是中趾，不过这些脚趾的力量毫不逊色。实际上，它们趾骨本身就短粗厚实。在"典型"的鸮类身上，每根脚趾上除了末端的一节趾骨，其他骨头的长度都缩短了，所以它们的脚趾包括爪、一根长趾骨，然后是一到三根连接着跗跖的短小骨头。鸮类也能转动它们的外趾，使其朝向后方与后趾并排，形成一种"两趾朝前，两趾朝后"的排列，和巨嘴鸟、鹦鹉一样。因此，一只站在栖枝上的猫头鹰既可能两趾朝前，也可能三趾朝前。这可能是为了紧紧抓住猎物的适应性，也可能只是为了方便栖站在树上。在日行性猛禽中，只有鹗为了适应抓鱼而拥有这种能力。

和日行性的猛禽同伴一样，鸮类也有宽大的嘴裂，能将大部分的食物囫囵吞下，并将难以消化的皮毛、骨头和鞘翅作为食丸反吐出来。鸮类吐出的食丸够大，便于我们在教室或者实验室中研究，得到这只鸟上一顿饭都吃了什么的信息。食丸与猫头鹰之间的联系非常密切，以至于许多人意识不到鸮类不是唯一吐食丸的鸟类。事实上，所有食肉鸟类都会产生食丸，即使那些很小的食虫鸟也不例外。

所有猛禽的躯干都相对较小，鸮类尤其如此。虽然它们的龙骨突也很发达，但与相同体型的鸟相比，鸮类的整个胸骨很小，并且由于鸮类的头大、四肢长，它们的胸骨就更加显小。毫不意外，鸮类不太擅长远距离飞行，但是它们宽大的翅膀表面足以在空中觅食时担负它们轻巧的体重，也使它们在低速飞行时非常灵活。

鸮类的飞行寂静无声，普通扇动翅膀产生的声音会被羽毛柔和的边缘、绒感的表面以及初级飞羽梳状的前缘消除掉，一些夜鹰也具有这样的特征。这使它们不会被猎物发现，同时也能为专注倾听侦测猎物消除多余的杂音。然而，非洲与亚洲的渔鸮并不需要防止被听到：鱼听不见它们的声音。[10] 这些鸮类的捕食方式是从一根悬在水面上方的栖枝上跳入水中，所以它们的羽毛回复变异成原先的并没有那么特殊的形态。鸮类中，只有这些以鱼为食的类群跗跖裸露，没有被羽毛覆盖，它们的脚垫上也拥有鹗那样适于抓鱼的棘状鳞片。

鸮可以分成两大类：外形相当一致的仓鸮和栗鸮组成的草鸮科，外形更多样的"典型"猫头鹰组成的更大的鸱鸮科。尽管鸱鸮科的外形多种多样，但即使是外行的观察者也能看出，它们与仓鸮的区别显而易见：仓鸮有一张窄溜溜的心形脸，而"典型"猫头鹰的面盘底部是圆的。只要看一眼头骨，就能发现差别更明显。"典型"猫头鹰的头骨是圆的洋葱形，草鸮的头骨则是长的圆锥形。

两者还有一些结构上的差异。仓鸮的叉骨愈合到了胸骨的龙骨突上，而且胸骨本身的形状也不尽相同，它们胸骨的后缘只有两个凹口，而不是四个。仓鸮的腿也异常地长，在飞行中常常悬在身体下面。它们还拥有被称为"栉爪"的锯齿状中爪，中爪的内侧边缘具有梳状锯齿（栉缘）。这一特征出现在一些

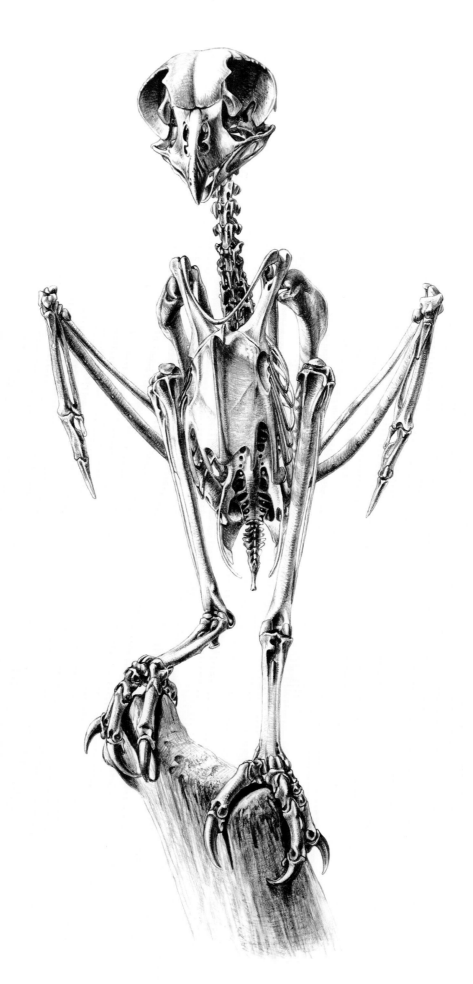

褐渔鸮
Ketupa zeylonensis
全身骨骼。

褐渔鸮
Ketupa zeylonensis
右脚。

完全不同的鸟类类群中，包括鹭、鳍趾鹬、燕鸻、夜鹰以及一些海鸟中，尽管可能有梳理羽毛的作用，但人们还不完全了解这一特征的功能。实际上，这些类群中有一部分（但不是所有的）爪子上的锯齿与羽枝的厚度完全契合。

猫头鹰之所受人喜爱，很大程度上是因为它们有朝向前方的双眼和近乎人脸的扁平面盘。它们的双眼实际上微微分开形成角度，让它们有广阔的视野，却也有很小的视野重叠角度。然而，这些鸟会通过摇晃头部补偿这种双眼视觉角度的狭窄，以便准确地判断距离，这一动作也成为它们另外一个迷人的特质。

对于所有鸟类来说，眼球的大小、形状与结构都使眼球无法在眼窝中做太多的活动，这也是鸟类需要如此长而灵活的脖子的原因之一。对于鸮类来说，这一点尤为重要：它们的眼球几乎完全不能活动，因此颈部也相应地十分灵活，它们的头部甚至可以转动一整圈。鸟类有由环绕眼睛的小骨片形成的巩膜环，鸮类的这些小骨片变得扁平，形成一个由头骨的眼眶向外延伸出的坚固的筒状结构；再加上几乎是球形的晶状体，这些鸟视网膜上接收到的画面的尺寸增加了，这和把投影仪从屏幕前向后挪远是同一个道理。它们的眼睛本身也非常大，尤其是那些主要在夜间活动的种类，更大的瞳孔使通过的光线尽可能

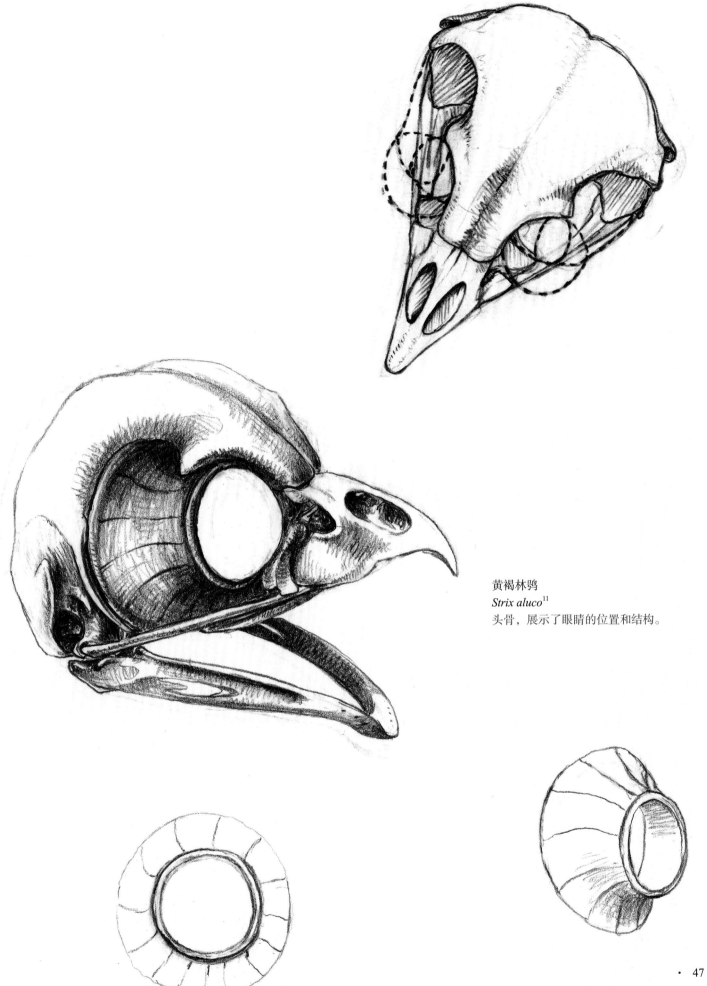

黄褐林鸮
Strix aluco[11]
头骨，展示了眼睛的位置和结构。

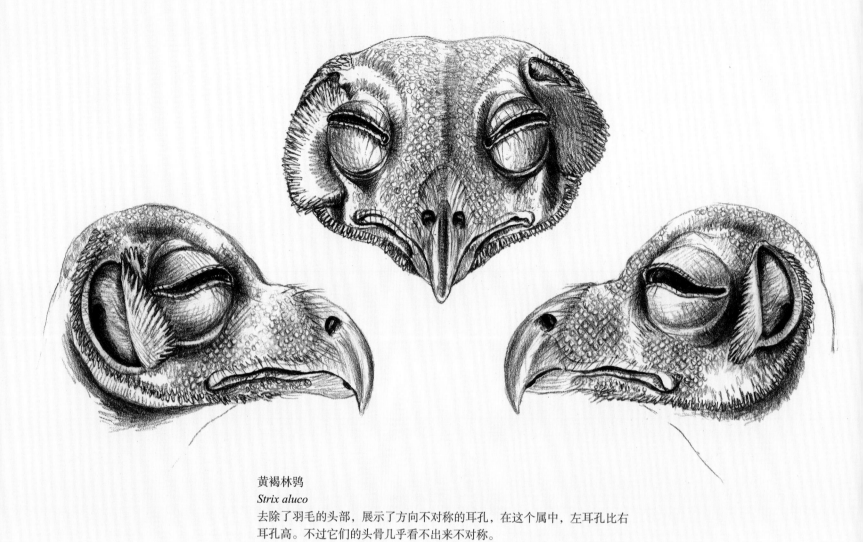

黄褐林鸮
Strix aluco
去除了羽毛的头部，展示了方向不对称的耳孔，在这个属中，左耳孔比右
耳孔高。不过它们的头骨几乎看不出来不对称。

地多。并且，它们的视网膜上有高密度的视杆细胞，这增强了它们在黑暗环境中的视力，不过也因此失去了一些对颜色的感觉能力。

实际上，鸮类的视力并没有人类想象的那么好。在黑暗中，它们的视力肯定比我们人类更好，不过还是比猫或者夜鹰略逊一筹。大部分夜行性哺乳动物，以及鸟类中的夜鹰，都拥有一种叫照膜的特殊眼部结构，这一结构确实在夜视能力上功绩卓著。这也是当光线照射过去的时候，它们的眼睛会发亮的原因。但鸮类的视力已经足够好，能够在捕猎时避开飞行路径中的障碍物，它们的空间记忆能力也非常好。

鸮类真正出类拔萃之处是听觉。它们的耳朵很大，但与某些种类头顶上长的耳羽簇没有丝毫关系。这些羽毛簇只是一种伪装，让这些鸟白天在树上休息的时候外形轮廓不那么容易被认出来。鸮类的耳朵长在头部两侧，位于被称作"面盘"的区域内。

在鸮类的大多数类群中，面盘的形状和轮廓都十分显著，这可能也是唯一能真正定义鸮类的特征。面盘区域的羽毛结构松散，呈丝状，由面盘中心向外呈放射状环形排列，而周围一圈羽毛窄且僵硬，末端微微向内弯曲，在脸的两边各形成一个下凹的盘状结构。想象一下抛物面反射器，比如为录音设备接收和增强声波的大碗状设备，这就是猫头鹰的面盘发挥的作用。因为面盘分为两个部分，或者更确切地说是两个单独的面盘，

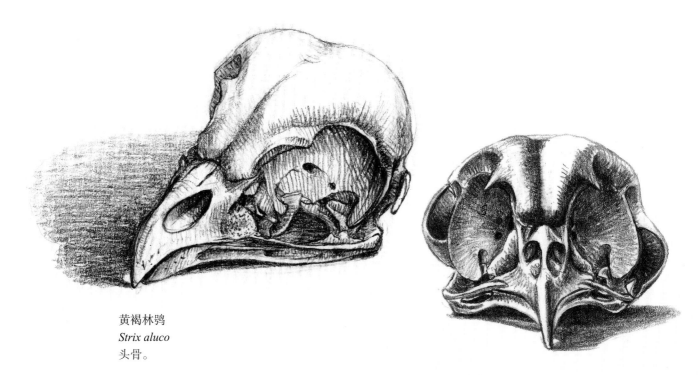

黄褐林鸮
Strix aluco
头骨。

棕榈鬼鸮
Aegolius acadicus
头骨；这个属表现出耳部的极度不对称。注意，
右耳位置更高，与林鸮属的猫头鹰相反。

猫头鹰可以分别把每一侧面盘对准声音。对于其他鸟类来说，耳孔只是一对小小的椭圆形的孔，但大多数鸮类实际上也拥有外耳——一片覆盖着耳孔长有羽毛的半圆形皮瓣。它们的耳孔也比其他鸟类大得多，并且往往不对称：无论大小还是位置，或者二者兼有。鸮类中有一些类群的左耳可能位置更高，另一些类群的右耳可能更高，还有可能一个耳孔朝下而另一个朝上。

在鬼鸮属中，耳朵外部的开孔可能是相同的宽裂口，但在头骨上却是不对称的！

不对称的耳朵会导致左右两边听声音的时间差，这意味着鸮类能够精准地定位猎物的位置，无论那猎物是深埋在落叶堆下，藏身于几英寸厚的雪中，还是隐匿在漆黑的深夜里。

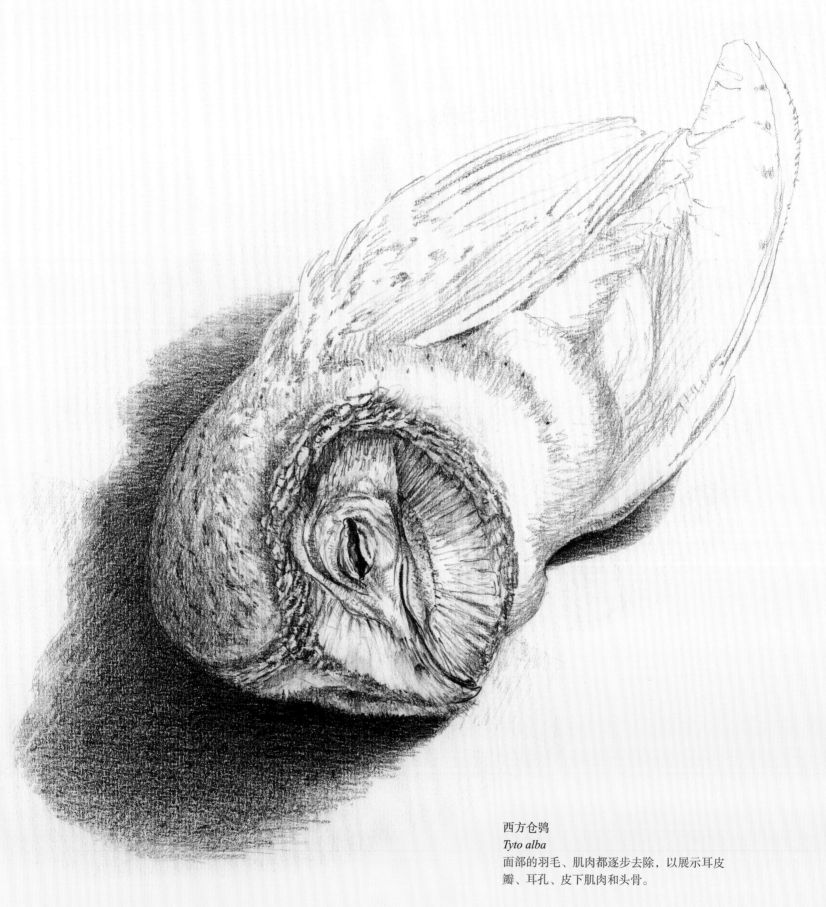

西方仓鸮
Tyto alba
面部的羽毛、肌肉都逐步去除，以展示耳皮
瓣、耳孔、皮下肌肉和头骨。

II 鹥小纲

> 喙边缘锋利，上面凸起；腿短而强壮；脚适于行走、栖
> 站或攀爬；身体强健，混杂；以各种不洁之物为食；树上营
> 巢；雌鸟孵卵时由雄鸟喂食；成对生活。

　　树栖的、洞巢的，那些攀爬或者跳跃的鸟，或者就通常的树栖鸟类来说似乎体形太大或者太不寻常的鸟，都被置入鹥小纲这个类目。实际上，在林奈著作的多个版本中，我们能看到他反复修改，将一些科的鸟在鹥小纲和雀小纲中移来挪去。尽管如此，直到现在，这个将形形色色、零零碎碎的类群拼凑在一起的类目一直跟传统分类学契合得相当好，而它包含的许多类群依然被认为有着很近的亲缘关系。

　　这一类鸟确实是树栖鸟类，但这些鸟的脚与典型树栖鸟类的脚[12]不一样。这一类群的成员都有高度特化的生活方式，以及与其相适应的高度特化的身体结构。

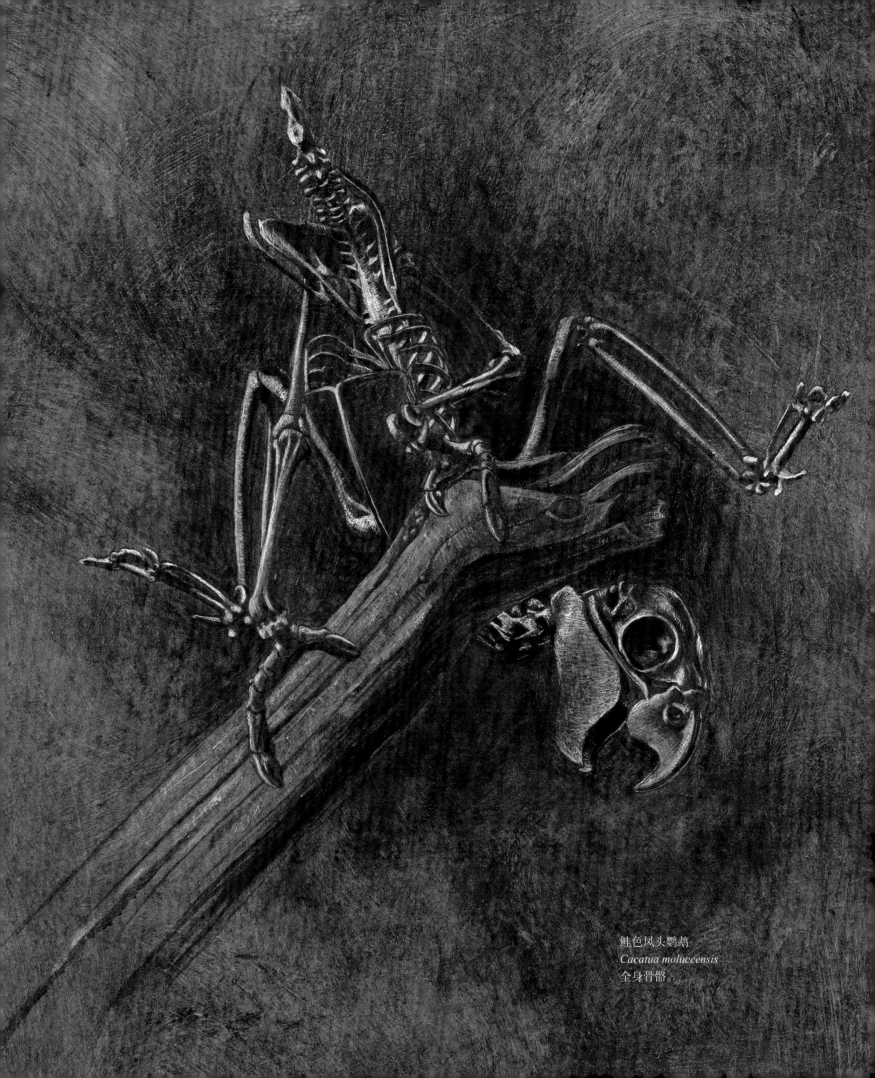

鲑色凤头鹦鹉
Cacatua moluccensis
全身骨骼。

鹦鹉

所有人都认识鹦鹉。由"真正"的鹦鹉和凤头鹦鹉组成的鹦形目包含了超过350种鸟：有的五彩斑斓，有的全身黑色或者全身白色；有的尾巴很长，有的尾巴几乎都完全看不到；有的拥有一个冠，有的没有。但毫无疑问，它们全都是鹦鹉。

鹦鹉没有什么近亲，甚至没有什么跟它们稍微相似的类群，所以分类学家们很难把鹦鹉放置在鸟类各目演化序列中正确的位置。人们普遍接受把它们放置在鸽子（鸽形目）的后面，尽管这两个类群几乎没有相同的解剖学特征。

它们的头部和脚的特征最为明显。鹦鹉的头又大又宽，有短且弯曲的喙以及特别深的下颌，这使头骨的比例很像个盒子。

喙的上颌与头骨之间有一条清晰的线。这是一个灵活的骨铰链，使上颌能够向上翻动。与只有下颌才有可活动关节的哺乳动物不同，鸟类能在一定程度上抬起整个或者部分上颌。鹦鹉经常这么做，而且毫不费力——用来攀爬、进食、鸣叫、伸懒腰、打哈欠或者磨它们的喙。这些举动毫无疑问得益于它们的前额与喙交界处的一块柔软肉垫，也可称为蜡膜（至少大多数鹦鹉种类是如此的），这块蜡膜环绕鼻孔，而非大多数鸟那样，角质的喙鞘一直延伸到前额。

鹦鹉的上颌很长并且末端很尖。与此相反，它们下颌的末端是平的，就像凿子的刃口，并且能够严丝合缝地置于上颌两

红鹦鹉
Eos rubra[13]
左脚。

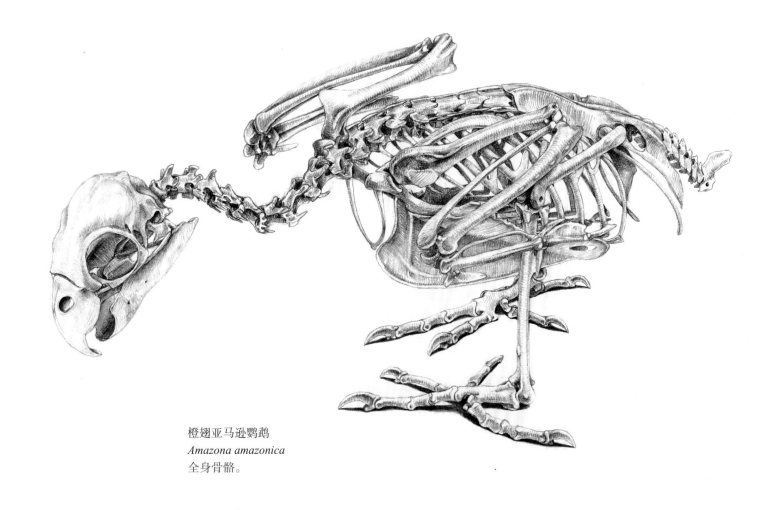

橙翅亚马逊鹦鹉
Amazona amazonica
全身骨骼。

侧之间，不过棕榈凤头鹦鹉的上下颌中间有一段存在很大的间隙，就像核桃钳子的钳口一样。与之相反的极端例子是吸蜜鹦鹉，它们有纤细的喙，适合以花粉和花蜜为食。它们的舌头比其他鹦鹉长得多，舌头的表面还有刷状的毛。

鹦鹉的头骨也非常独特，它们的眼眶一圈都有骨头。这使它们的头骨更加结实，能够承受来自上下颌的挤压。任何被鹦鹉咬过的人都不会忘记那种被它们上下颌夹住的力道，那种剧烈到令人流泪的疼痛，这种体验足以让任何人在想把手指从鹦鹉笼舍的栏杆间伸进去时三思而后行。但是这样的喙并不仅仅是酷刑工具，它实际上是一种高度特化的吃种子、咬开坚果的工具。它的工作原理很像研钵和杵：下颌往上颌坚硬的内侧施加压力，将种子压碎。它们的上下颌做这种挤压活动的时候会让人想到奶牛在反刍时咀嚼的动作。鹦鹉的上颌内部也是阶梯式的，长着不同的内表面，用来嗑开不同大小的种子；而它们

肌肉发达并且感觉非常敏锐的舌头负责把食物固定在合适的位置，然后将外壳分离并丢弃。

要压碎并研磨食物需要相当大的力量，而深凹的下颌、结实的头骨以及牢固的颈椎都支持着发达的肌肉组织。羽毛的覆盖使颈部轮廓平顺，所以鹦鹉的脖子看上去也比较短，不过从全身骨架来看，它们的颈部明显不是真的特别短。

强壮的脖子和弯钩状的喙除了咬碎坚果外还有其他用途。鹦鹉是技巧高超的攀爬鸟类，它们把喙当成第三条腿——伸出脖子咬住枝条然后把自己拉上去。它们动作娴熟，但称不上敏捷。鹦鹉的动作往往缓慢而笨拙。它们朝前的两趾稍微倾向内侧，使它们的步态左右摇摆，憨态可掬。它们的跗跖非常短，在走路时贴着地面，并在脚踝（跗间关节）处与小腿形成一个直角。

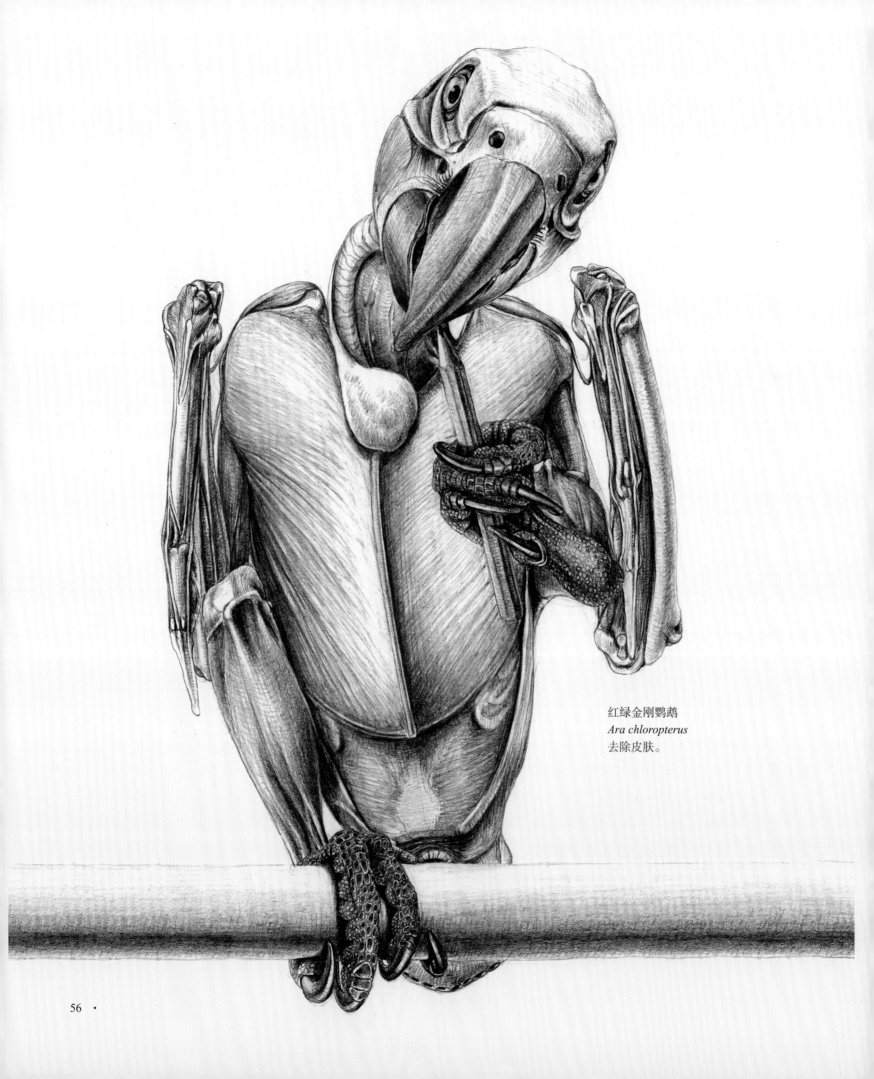

红绿金刚鹦鹉
Ara chloropterus
去除皮肤。

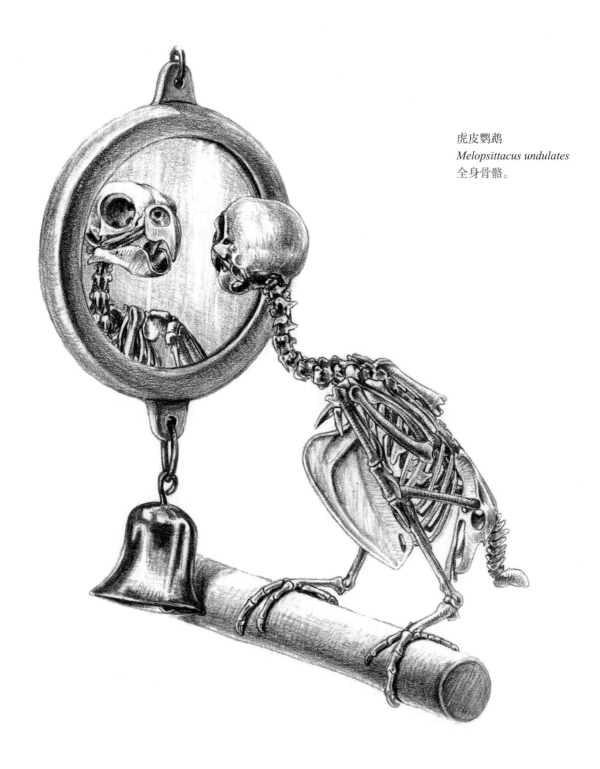

虎皮鹦鹉
Melopsittacus undulates
全身骨骼。

　　鹦鹉的脚趾呈现为非常典型的攀禽排列方式，中间两根脚趾朝前，最外侧的脚趾向后转180度，与后趾并排。跗跖和脚趾的表面由隆起的微小粒状鳞组成，而不是那种扁平状的鳞片。鹦鹉的另外一个迷人之处是它们的脚能像手一样抓握起食物和其他东西。和人类一样，鹦鹉要么是右撇子，要么是左撇子，从来不是左右通用的，不过大部分鹦鹉都是左撇子。

　　鹦鹉拥有许多令人类喜爱的特点：多彩的羽毛，模仿人类声音的能力，非常高的智商，以及对单一饲主的忠诚。可悲的是，以宠物贸易为目的而从野外捕捉鹦鹉对它们的种群造成了毁灭性打击，尤其在它们的数量已经因为栖息地的丧失而大大减少的情况下。而且事实已经多次证明，即使是那些最具善意、很了解鹦鹉的饲主，也很难满足这样一只宠物的需求。结果多半是一只可怜、无聊、沮丧的动物在空房间的角落苟延残喘，度过悲惨而漫长的一生。

蕉鹃及其他

在撒哈拉以南的非洲各地，凡是有树的地方基本上都能见到蕉鹃。它们像松鼠一样敏捷地在树枝间活动，而且它们的动作也确实如松鼠一般——跑来跳去，从一根枝条到另一根，并且用长长的尾羽（尾巴）保持平衡。

它们的喙很短，上颌呈圆形，在蕉鹃中，有许多种类的上颌延展增大成前额上一块宽宽的盾板。不同于被脂肪组织填充的骨顶鸡额甲或者天鹅的疣突，蕉鹃头上的盾板确实是喙的延伸，在其外鞘之下也确实有一块完整的骨质面。

蕉鹃背部宽阔，以适应在树顶上攀爬所需的肌肉组织；它们的背甚至有一点向下弯曲，中间有一个明显的凹陷。

蕉鹃脚趾的排列也非常特别。它们的脚既不是啄木鸟或者巨嘴鸟（又称"鵎鵼"）那样适于攀爬的"对趾型"足（两趾朝前，两趾朝后的脚），也不是雀形目鸟类那样"三趾朝前，一趾朝后"的排列。蕉鹃的外趾非常灵活，虽然也能以外趾朝向前方的常见方式栖站在树上，但它们的外趾通常伸向侧面，与其他的脚趾形成直角。这种情况通常被称作"半对趾足"，这个词会让人误认为这枚脚趾在需要时也能够转180度到朝向后方，但实际上不能。另外，它们所有的脚趾都比较长。长期以来，蕉鹃都被认为是杜鹃的近亲，但这可能是错误的。然而，真正杜鹃类的鸟拥有真正的对趾足，外趾一直是朝向后方，与后趾并排的。

但不是所有两趾朝后的鸟，都是相同的趾朝后。例如，咬鹃朝向后方的不是外趾反而是内趾。另一个如同树上的杂技演员的类群鼠鸟，有常态的栖站脚趾排列，但也有一根可以翻转的脚趾：它们的后趾能向前翻转，与其他的脚趾并排（不过稍微面朝其他脚趾），就像雨燕那样。

讲回到蕉鹃。虽然它们在树上跑来跳去、从一根树枝跳到另一根时极为熟练，但有时它们确实需要越过太远而无法跳过去的距离，可它们的飞行能力并不出色。它们充分利用滑翔的方式，用非常圆的双翅最大限度增加升力，扇动翅膀只是为了保持高度而做的徒劳无功的尝试。因此，它们通常朝斜下方飞行，在飞到下一棵树上之前，先要爬到所在这棵树的树冠上。从这些方面来说，蕉鹃和巨嘴鸟非常相似，而且原因也恰恰相同：两者的叉骨都是功能缺失的。它们这一结构的两个部分[14]不像其他鸟那样在中间联合，而是有一个明显的间隙，削弱了扇动翅膀的效果。但一些蕉鹃物种（俗称"食蕉鸟""跑走鸟"）生活在稀树草原这种更为开阔的环境中，它们无法靠短距离飞行来从一棵树到达另一棵。比起它们生活在雨林中的亲戚，这些生活在开阔环境中的蕉鹃，更擅长展翅飞翔，也更经常下到地面喝水，但与此相对，这些种类的蕉鹃叉骨是成形的，但也只是刚刚成形。它们叉骨的两个部分在腹中线接合，然而并没有像飞行能力更强的鸟类那样愈合在一起，形成一个坚固的拱形。

这部分蕉鹃也能够从颜色上区别出来，或者更确切地说，因为它们缺乏森林中的蕉鹃种类所拥有的鲜艳色彩，而鸟类的栖息环境和它们羽毛所呈现出来的色彩的色素是息息相关的。蕉鹃拥有两种独特的与铜元素相关的色素，整个动物界只有蕉鹃科身上拥有这两种色素。一种是鲜艳的绿色，为这些鸟在树叶里提供了非常好的伪装色。事实上，尽管蕉鹃经常会很大声地一直鸣叫，但往往很难被发现。另一种是鲜红色，拥有这种色素的种类身上，红色集中分布在初级飞羽上，因此通常被隐藏起来难以看见。偶尔且短暂地，当这些森林中的蕉鹃种类飞行时，它们瞬间化身一道梦幻般的彩虹，一闪而过。蕉鹃科鸟类的英文名即来自这种叫作羽红铜卟啉的色素，关于这种色素有一种流行的谬见，认为这种色素可溶于水，大雨能冲洗掉蕉鹃羽毛的颜色。不过这只是一个谬见而已：这种红素色只溶于碱性溶液。

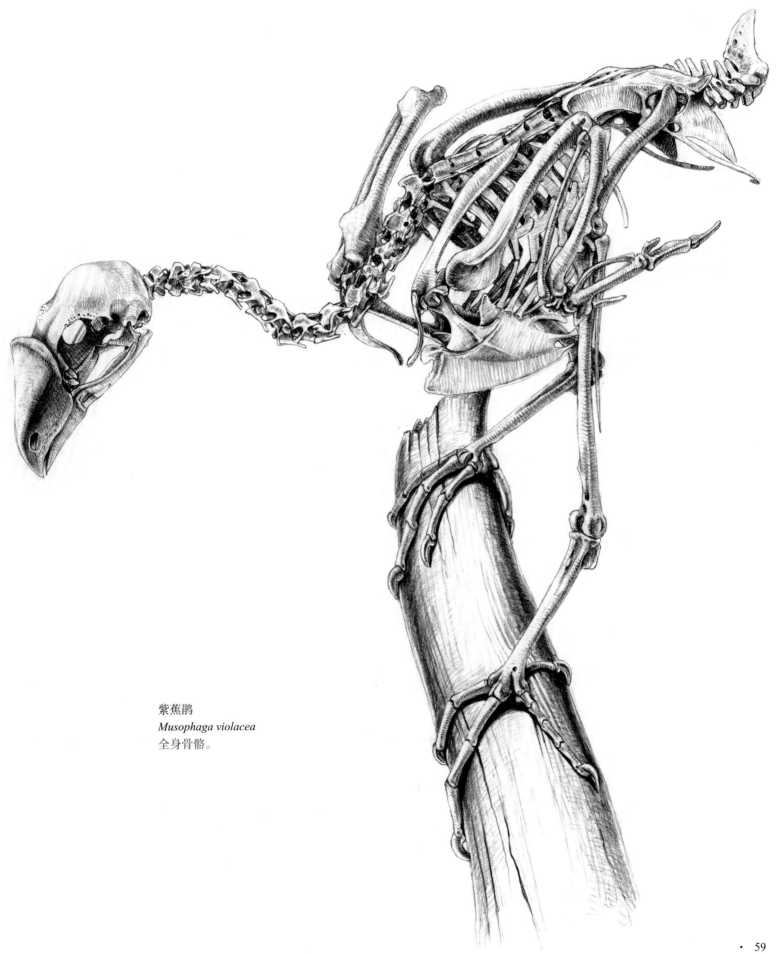

紫蕉鹃
Musophaga violacea
全身骨骼。

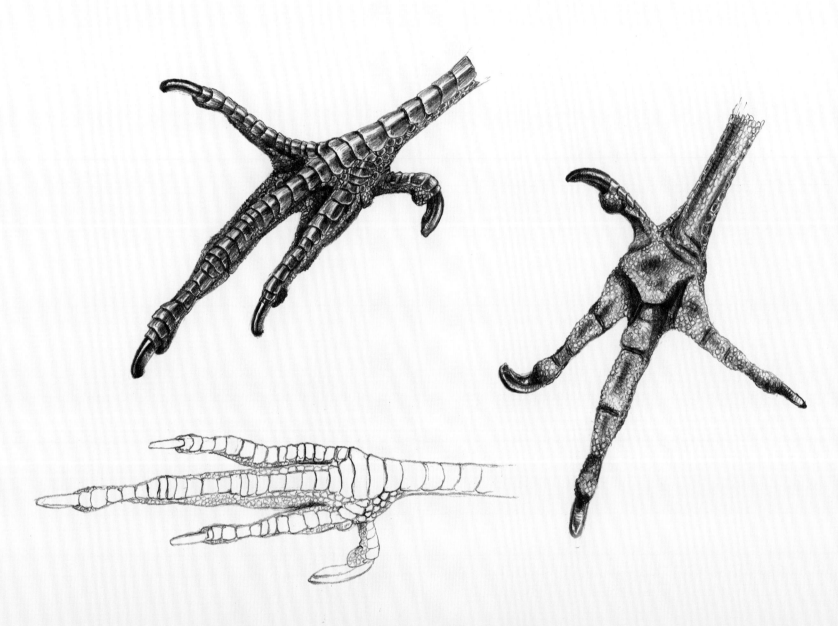

蓝蕉鹃
Corythaeola cristata
右脚，展示外旋的外趾。

斑鼠鸟
Colius striatus
左脚，展示可以翻转的后趾。

凤尾绿咬鹃
Pharomachrus mocinno
左脚，展示咬鹃脚趾的独特排列方式：内趾反朝向后方。

翠鸟

翠鸟（或称鱼狗）[15]的英文名为"Kingfisher"，但这个名字并不意味着它们都以捕鱼为生。事实上，就翠鸟科整个类群来说，几乎所有动物都在它们的食谱之中：昆虫、蚯蚓、蟹、淡水龙虾、两栖类、蛇和其他爬行动物，甚至包括鸟和小型哺乳动物。它们也不都生活在水域附近。有些翠鸟栖息在荒漠和灌丛环境中，还有很大一部分只生活在远离水域的热带森林中。

无论翠鸟生活在哪里、以什么为食，它们主要的捕猎方式都是从高处的栖枝上专注地观察猎物，然后再飞下来落到猎物身上。它们总是会带着捕到的猎物回到栖枝上，先猛地摔打几下，摔断它们的骨头和危险的刺。（斑鱼狗是值得注意的例外，它们拥有悬停能力，能在开阔的水域上方捕食，并且能够在空中就吃掉比较小的猎物。）翠鸟吃鱼时会先把鱼在喙中掉转方向，顺着鳞片生长的方向，先把鱼头吞进喉咙。吞蛇则会带来更大难题，有时一只鸟不得不停在那里，任由长长的蛇尾从喙里垂下摇晃，而蛇的头部已经被消化掉了。

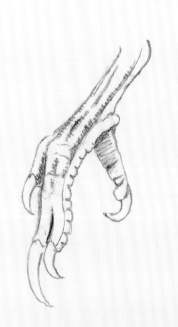
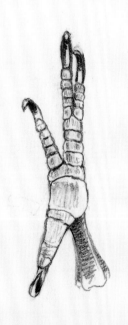

普通翠鸟
Alcedo atthis
左脚。

翠鸟的喙长长的，形状如同匕首。一些食虫的森林翠鸟喙的两侧是扁平的，但那些以鱼和其他脊椎动物为食的翠鸟的喙则是在水平方向变得扁平。笑翠鸟这种最常陆栖的捕食者，它们的喙是短而宽的。它们的上下颌间要容纳一些比较大的猎物，因此它们的头骨也相应较大，看上去和身体不相称。这样大的头骨理所当然需要一根强壮的脖子支撑，因此翠鸟的颈椎强健有力，有长长的骨质突起以便肌肉附着。

翠鸟的视力也极为出色，它们可以在相当远的距离捕捉到微小的运动。它们的视网膜上有特化的油滴，能够矫正水导致的光学效应。翠鸟的眼球几乎无法在眼眶中转动，所以它们活

普通翠鸟
Alcedo atthis
全身骨骼。

动头部以紧盯猎物。当它们潜入水中时，会有一层透明的瞬膜合上来遮住眼球。这层瞬膜有时也被称作"第三眼睑"，实际上位于真正眼睑内侧。所有鸟类都拥有瞬膜，并在那些有在水下捕食习性的鸟类中发挥特别的效果。

在俯冲过程中，翠鸟的翅膀会在最后一刻如同鲣鸟那样收到后方，形成流线型，畅通无阻如箭一般地突击猎物。无论何时，它们飞行时都会高速地扇动短圆的翅膀，总是迅速且直来直去。它们的胸骨也相应地很大，有一个突出的三角形龙骨突，以适应巨大的飞翔肌附着的需要。

瘦小的双脚使翠鸟过大的头部显得更不协调，翠鸟身形娇

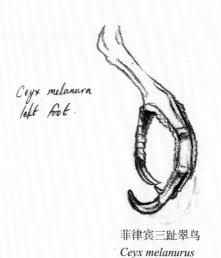

菲律宾三趾翠鸟
Ceyx melanurus
左脚，内趾缺失。

小三趾翠鸟
Ceyx fallax
左脚，内趾残留。

小，但大部分陆栖性翠鸟除外。翠鸟的跗跖非常短，以致鸟类环志者必须给它们使用特别设计的脚环，有些更小的种类甚至完全没有办法戴上脚环。

翠鸟的脚也很特别，有着独特的脚趾结构。和很多树栖鸟类一样，它们也有三根朝前的脚趾，与一根朝后的后趾对生。但在翠鸟、鱼狗和其他佛法僧目的鸟中，三根向前脚趾的基部并合在一起，并合部分达到内趾的1/3，外趾的2/3以及中趾的一半。这使它们的脚下形成了一个很大的中央脚垫，这个脚垫延展到脚的两侧之外，推测其功能与抓紧洞巢的边沿有关。有些翠鸟的脚甚至更小。一些生活在森林中的小型翠鸟内趾已经缺失，这些鸟只留下两根朝前的脚趾，并且大部分长度都并合

在一起。小三趾翠鸟则处于内趾退化的中间阶段，残留的内趾只有一段趾骨。

所有的佛法僧目鸟类都营洞巢，翠鸟和鱼狗喜欢造一段长长的隧道，在末端做一个室为巢。这样的巢在防御一些捕食者和其他外部伤害方面拥有显著的优势，但是要保持巢中的整洁就不那么容易了。翠鸟和鱼狗的洞巢很邋遢，充满了排泄物和食物残渣。成鸟还能够离开巢去沐浴，但重要的是避免雏鸟弄脏新生的羽毛。佛法僧目的雏鸟采取了一个聪明的办法，它们会让羽毛的发育在针状的羽锥阶段保持很长一段时间，之后再让新生的羽毛突破它们蜡质的羽鞘。这让它们的雏鸟看上去像小刺猬而不是小鸟。

笑翠鸟
Dacelo novaeguineae
头骨。

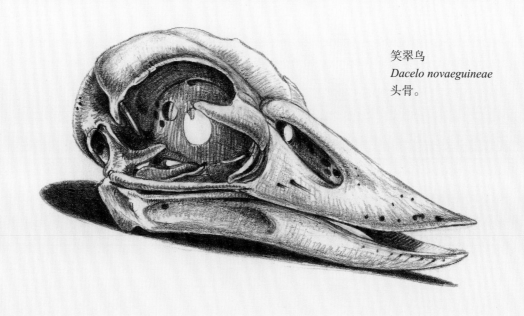

犀鸟及其近亲

犀鸟和巨嘴鸟与其他鸟类如此不同，而它们彼此的外观和习性又如此相似，以至于普通人很容易将它们二者混淆。新热带界的巨嘴鸟和旧大陆的犀鸟，这两个类群有着相似的生态位，可以看作一对生态对应类群。它们都以果实和小动物为食，会用喙尖精巧地咬住食物，然后将其抛入喉咙。它们都引人注目，喧闹嘈杂。它们都以洞为巢，以及难以忽视的，它们的喙都极为显眼。

犀鸟的喙比巨嘴鸟弯曲得更为明显，巨嘴鸟的喙更直，主要在末端弯曲。虽然犀鸟的喙尖相接，能精准地捡起特别小的物体，但很多种犀鸟上下喙之间都有宽的间隙，就像核桃钳子。它们喙的边缘也不像巨嘴鸟那样是规整的锯齿，如果犀鸟的喙有锯齿，那就有粗糙而不规则的毛边。最重要的是，只有犀鸟拥有盔突。

所有犀鸟都拥有盔突，有些种类的盔突是喙上的大且形状奇特的附属凸起，而有些种类只在喙的上缘有一条增厚的嵴。盔突的作用主要是炫耀展示，雄鸟的盔突明显比雌鸟大。不过，它可能还有额外的功能：盔突上有一个通向空腔中的内部开口，这表明它可能起到声音共鸣腔的作用，就像弦乐器的琴身一样能放大声音。

盔突看上去虽然很笨重，但它实际上是由骨质纤维构成的轻巧蜂窝状结构。虽然比看上去轻，但巨大的喙和盔突还是需要一些解剖结构的变动。它们的眼眶几乎（但并不是完全）被骨头环成一个圈，以此加强了头骨的结实程度，而头骨、喙和盔突加起来的重量又由特别健壮的颈椎支撑。最接近头骨的两枚椎骨（寰椎和枢椎）愈合在一起，提供更大支撑力。犀鸟的尾羽相当长，由一块特别宽且加厚的尾骨（或者叫尾综骨）以及往两侧延伸的尾椎支撑。据推测，长尾羽发挥了平衡前端重量的作用。盔犀鸟的尾羽特别长，因为它们是唯一有致密坚固盔突的犀鸟[16]。

犀鸟和巨嘴鸟尽管在喙的尺寸和摄食策略方面相似，但它们的舌头有很大差异。巨嘴鸟的舌头很长，形状像矛一样，还有羽状的边缘，而犀鸟的舌头比较短、圆，很不起眼。

相对较长的脖子使犀鸟和巨嘴鸟能够到羽毛自行梳理，而不会被巨大的喙妨碍。但它们也乐意相互梳理羽毛。犀鸟的羽毛颜色并不鲜艳，大多以黑色和白色为主，形成引人注目的大块斑纹，不过它们的喙和盔突往往华美艳丽。不过，一些体形较大的物种，包括双角犀鸟，在身体一些灰白色区域上有明显的黄色。这种黄色不是色素引起的，而是涂上去的。这些鸟用尾脂腺的油脂为自己增添颜色，不只是羽毛，还包括喙和盔突。它们的尾脂腺甚至长有一簇特化的丝状羽毛，像化妆刷一样用来涂抹油脂。犀鸟科还有一个非常女性化的特点，它们有华丽的长睫毛，这也是它们非常令人喜爱的特征之一。

与巨嘴鸟不同的是，犀鸟叉骨的两部分（锁骨）在腹中线相联合，因此它们的飞行能力更强。然而，这两块锁骨并没有完全联合在一起，而且对于这样大的鸟来说，它们的胸骨也不成比例地小。因此，犀鸟不能长距离持续飞行也就不足为奇了。然而，它们在空中飞行时令人印象深刻，即使它们没发出叫声，我们也能远远听到它们飞行的声音：当空气从它们坚韧的外侧飞羽间掠过，羽毛会发出一种急促的"唰唰"声。犀鸟的前臂比上臂长得多，在休息时，它们的翅膀能很好地靠前收拢在颈部两侧，手部的骨骼则又短又粗。它们翅膀的另一个不同寻常之处在于，腹面缺少许多其他鸟类拥有的覆羽，几乎是裸露的。

犀鸟和巨嘴鸟属于两个完全不同的目：巨嘴鸟与啄木鸟、响蜜䴕以及拟䴕共同属于䴕形目；犀鸟传统上被置于佛法僧目，这个目还包括戴胜、佛法僧、翠鸟、蜂虎。然而，犀鸟有许多特征，也许应该被置于一个独立的目中。[17]

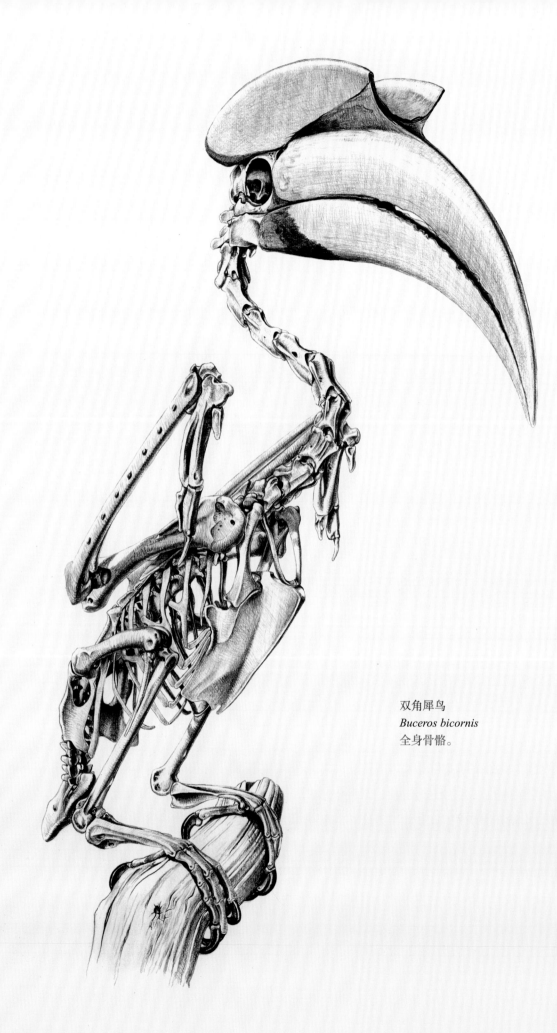

双角犀鸟
Buceros bicornis
全身骨骼。

巨嘴鸟和其他鴷形目的鸟一样，都拥有一双适合攀爬的脚，两趾朝前，两趾（外趾和后趾）朝后。相比之下，佛法僧目的鸟三根脚趾朝前，只有一根后趾朝向后方，但和正常的栖站的脚有明显的区别。巨嘴鸟朝前脚趾的基部并合在一起，内趾几乎并合到中趾的第一趾关节，而外趾几乎并合到第二趾关节。因此，它们的脚底有一个向两侧延伸的大中央脚垫，好像衬垫一样，这可能是就营洞巢而发展出的适应性特征。

大多数犀鸟都是高度树栖的鸟类，有相当长的脚趾，跗跖短而且呈古怪的扁平状，同时前端向下弯呈弧形。它们的跗跖和脚上都覆盖着厚厚的角质鳞片。犀鸟栖站时，跗跖几乎是水平的，而且几乎被小腿上垂下来的蓬松长羽毛遮住。陆栖程度

更高的犀鸟种类的腿更长，它们行走而不是蹦跳。其中最值得一提的是地犀鸟，这是犀鸟科中一个原始的演化分支，虽然只拥有两个现存物种，但可能应该独立为一个单独的科。[18]地犀鸟体形巨大且举止威严，跗跖长、脚趾短，能长距离行走，并在途中啄起地面的猎物。它们几乎完全是食肉动物，喜爱捕食蛇类，被鳞片覆盖的腿能够防御一些蛇的攻击。

佛法僧目中所有的鸟都营洞巢，但犀鸟（地犀鸟除外）非常独特，它们把雌鸟关在洞巢里。雌犀鸟一在洞巢中安顿下来，雄鸟就会把喙比较平坦的侧边当作抹刀，用泥封住洞口，只留下一个狭窄缝隙用于递送食物和排出雌鸟和幼鸟的粪便。雌鸟在洞巢中的时间将多达四个月，甚至会因为产卵推迟而使"闭关期"延长数周。

双角犀鸟
Buceros bicornis
右脚。

因为洞巢中狭小空间的限制，犀鸟幼鸟的喙和盔突长得很小，在生命的最初几周，它们的下颌比上颌突出一些。不过，它们的腿和脚发育得很快，这便于它们在洞巢中活动，以及抬起身体后端将粪便排出洞外。所有佛法僧目鸟类幼鸟的羽毛都会在很长一段时间内保持在羽鞘包裹的针羽期，防止羽毛污损（佛法僧目有一些科的鸟的巢内环境臭不可闻），但是犀鸟（至少比较原始的地犀鸟除外）依然会认真细致地保持巢内的清洁。

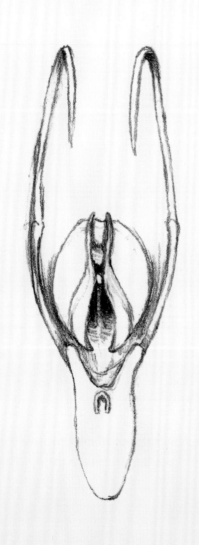

双角犀鸟
Buceros bicornis
舌。

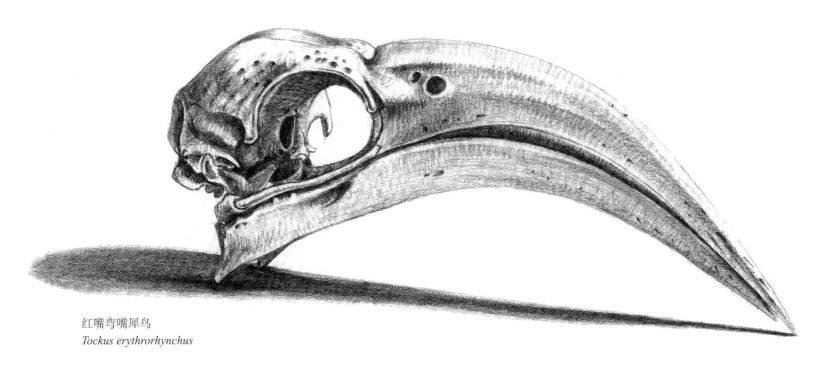

红嘴弯嘴犀鸟
Tockus erythrorhynchus

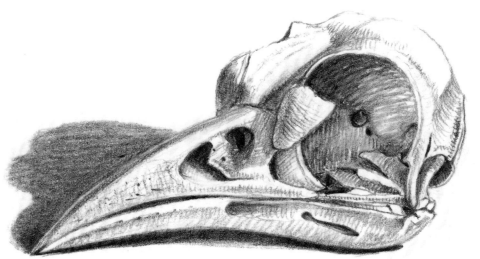

棕胸佛法僧
Coracias benghalensis

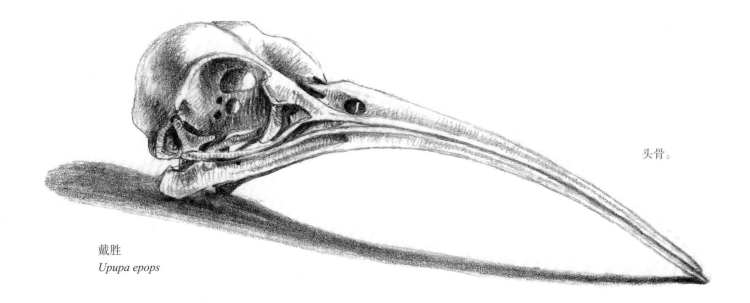

头骨。

戴胜
Upupa epops

巨嘴鸟和拟䴕

由于醒目的外表以及与一些流行品牌的联系，巨嘴鸟受到人们的普遍喜爱。它们色彩艳丽的喙让人一眼可辨，并且确实巨大，通常和身体一样长。它们的喙深长而狭窄，大部分是平直的，只有末端向下弯曲。乍一看，巨嘴鸟似乎没有鼻孔，实际上它们的鼻孔只是藏得很好，并排藏在喙鞘最上缘的下方，靠近喙与头骨的连接处，并且向后朝着头部。

巨嘴鸟的喙虽然尺寸巨大，但非常轻巧。它的喙更多由空气而非骨骼组成，角质的喙鞘之下只是纤细的骨质纤维构成的蜂窝状组织。然而，人们还未能完全了解它们如此独特的喙究竟有什么作用。雄鸟和雌鸟的喙同样地颜色鲜艳，且就目前所知，它们的喙在求偶和领地争端中也并没有特别的用途，也许是作为警示性的标志威慑捕食者，并减少其他鸟类的聚扰行为。它们长长的喙必定有优势：当果实长在承受不了太多重量的细弱枝条上时，这样的喙就便于采摘；同时，也更容易劫掠酋长鹂和拟椋鸟垂下来的悬挂巢。

巨嘴鸟喙的边缘有一排看起来很可怕的锯齿。当早期探险家从新热带界将巨嘴鸟标本带回欧洲时，人们认为这些锯齿是一种为抓住滑溜溜的鱼产生的适应性特征。这并不是荒谬的假说，因为好几种食鱼的鸟类都拥有这种特征。但巨嘴鸟没办法咬住鱼很长时间：它们喙缘的锯齿方向错误。巨嘴鸟喙缘的锯齿朝向前方，而不是它们的身体，更可能是为了帮助它们咬紧并扯下树上的果实。

巨嘴鸟会用喙尖叼住食物，然后轻轻地向后抖动，让食物落入嘴的后部然后吞咽下去。它们是杂食性动物，以水果、昆虫和小型脊椎动物（包括鸟蛋和其他鸟类的幼鸟）为食。它们的舌头也很独特：长而细，边缘长有羽状的毛簇。

虽然巨嘴鸟可能确实难以被认错，但人们经常把它们和旧大陆的生态等值类群犀鸟搞混，犀鸟同样有着巨大且色彩鲜艳的喙。不过，巨嘴鸟缺少犀鸟喙上的额外附属结构——"角"或者盔突。

事实上，巨嘴鸟和犀鸟并不是近亲，它们的许多相似之处只是因为它们生活方式相似，而不是拥有共同的直系祖先。传统分类中，犀鸟和戴胜、佛法僧、翠鸟、蜂虎归为一类，置于佛法僧目中；巨嘴鸟则和啄木鸟、响蜜䴕、拟䴕一起归于䴕形目。

拟䴕是个很有趣的类群，它们广泛分布于亚洲、南美洲和非洲的热带地区，不过巨嘴鸟和新大陆拟䴕之间的亲缘关系比新旧大陆拟䴕之间更为密切。拟䴕的英文名"barbet"包含了"barb"（倒钩）一词，它们的"倒钩"在喙上，也和巨嘴鸟喙边的锯齿一样，是朝前的"齿"，这使它们更有效地咬住果实，而不是抓住扭来扭去的猎物。这些"齿"只长在外面的喙鞘上，内层颌骨的边缘平滑；上颌向下弯曲，下颌则很平直，因此两者之间有一个宽宽的间隙。

但还是先回到巨嘴鸟身上来。

虽然翅膀宽大而丰满，巨嘴鸟的飞行能力其实很弱。如果没有可供歇脚的栖枝，巨嘴鸟连稍远一点儿的距离都无法飞过。有时它们努力尝试跨越一条宽阔的河，最后也以悲剧告终。实际上，当地人类居民已经学会利用它们这一弱点，故意驱赶这些鸟类飞行，直到它们精疲力竭地落地，再捕捉它们获得肉和羽毛。巨嘴鸟的胸骨很短，龙骨突也很浅，无法支撑大块的飞翔肌。但最为关键的可能还是它们叉骨两边的锁骨不像其他鸟那样在腹中线处联合在一起，这严重限制了它们持续飞行的能力。另一类生活在森林中的鸟蕉鹃也拥有这种特征，它们的飞行能力也非常差。

虽然如此，巨嘴鸟还是一类行动能力非常强的鸟，通过蹦来跳去和在树间短距离飞行的方式在它们栖息的森林环境中来去自如。它们的腿更强壮，盆骨很宽，足以支持相关的肌肉组织。巨嘴鸟栖站时，跗跖保持水平，与小腿形成90度或者更小

巨嘴鸟
Ramphastos toco
全身骨骼。

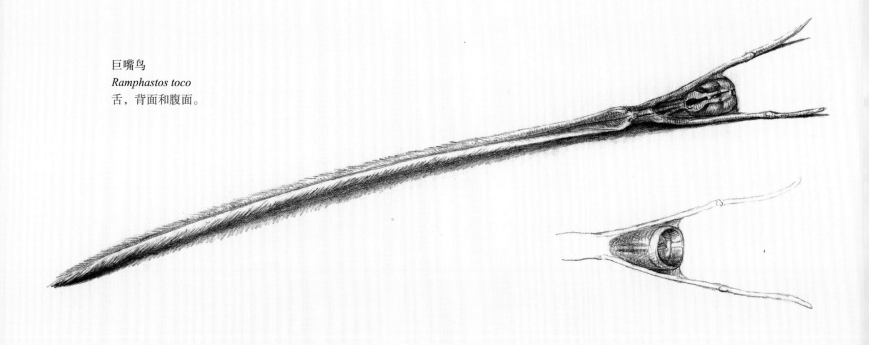

巨嘴鸟
Ramphastos toco
舌，背面和腹面。

的角度。包括犀鸟和伞鸟在内，很多敏捷的树栖鸟类也采用同样的栖站姿势。

和其他䴕形目鸟类一样，巨嘴鸟的脚趾也是两根朝前，另外两根与之相对的脚趾朝后，这种排列方式被称为"对趾足"。它们的外趾改变了方向，几乎与后趾并排平行。相较而言，犀鸟和其他佛法僧目的鸟的脚是"三趾朝前，一趾朝后"，内侧两根朝前的脚趾在基部部分地并合在一起。

巨嘴鸟的幼鸟也像很多其他筑洞巢的鸟一样，脚踵（跗间关节）下面长有一块肉垫，能够保护它们的脚不被坚硬的洞巢地面磨损。在离巢初飞之后，这块肉垫会退化消失。

巨嘴鸟尾骨（或者叫尾综骨）的基部更大、更扁平，用以附着控制尾羽的肌肉。末端的一枚尾椎也与尾综骨愈合，这种增大的尾综骨整个通过一个球窝关节与脊椎相连，这样它们的尾羽就有很大的旋转活动空间，能够向前翘起形成扩张的弧形。巨嘴鸟在狭窄的树洞中营巢，它们能将尾羽收拢在头顶，节省空间并且免受磨损。它们睡觉的时候也是如此，喙放置在背上，尾羽盖在上面，就像一个用羽毛做的不成形的球。

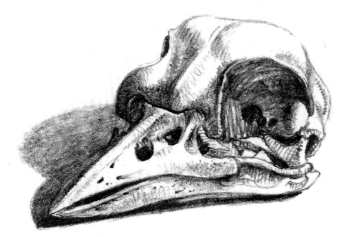

蓝喉拟䴕
Megalaima asiatica

大拟䴕
Megalaima virens

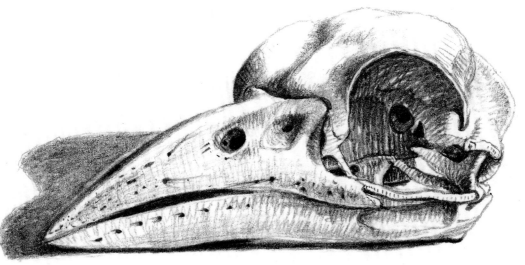

双齿拟䴕
Lybius bidentatus

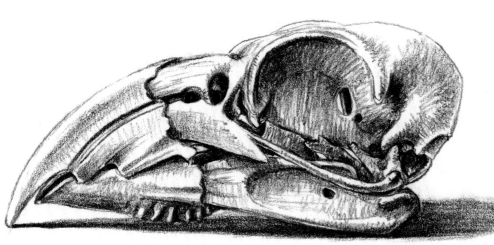

头骨，保留了部分展示出"双齿"的喙鞘。右侧线描图展示去除喙鞘
的上颌。"齿"只存在于喙鞘上，下颌上则没有。

啄木鸟

鸟类中有几个类群擅长爬上树干觅食，搜寻探查树皮的缝隙或者将树皮揭掉。但只有一个类群能毫不费力地克服重力，同时又拥有在坚硬的木头上凿孔的力气。这些特质使它们无愧于"啄木"之名，让它们在鸟类中独树一帜，一眼就能被识别出来。它们身体结构的每一部分都好像为垂直凿击而精心调整过，不过这些特化并没能阻止它们的一些天赋在成为地栖生活的更大挑战。

正如䴕形目的其他成员巨嘴鸟、拟䴕以及在亲缘关系上不相干的鹦鹉和杜鹃那样，啄木鸟也长着有时候被称为"对生趾"（yoke-toed）的脚。这样的脚名称的规范术语是"对趾足"（zygodactyl），意为外趾转而朝向后方，在后趾一旁并排，使脚形成一个窄的"X"形。通常来说，一双强有力的抓握型的脚在树栖鸟类身上的优势显而易见，但如果面对树干这样相对平坦且垂直的表面，可能就不那么合适了。

从演化的角度来说，啄木鸟的脚处于一种不断变动的状态。实际上，只有那些经历过对地面生活的二次适应的啄木鸟类群才真正拥有定型的"X"形脚。而对于所有攀爬型的啄木鸟来说，脚趾的位置是灵活多变的。这些啄木鸟有两种演化趋势：一种是体形变得更小，从而减少重力问题；另一种是体形更大，而应对重力的结构也更发达。体形较小的啄木鸟体重非常轻，它们能相对轻松地抓住垂直的表面。这类啄木鸟的后趾有些多余，因此往往缩小、退化或完全消失。这些三趾的小型啄木鸟的外趾朝后，与朝前的脚趾呈一条线，这使它们的脚看上去仿佛左右相反。如果是后趾还存在的啄木鸟，那么它的外趾不会与其他脚趾相对，而是以一种角度朝向外侧，这样能够更有效地对抗重力。这种鸟体形越大，外趾朝向外侧的角度就越大。那些体形最大的啄木鸟，尤其是包含被认为已灭绝的帝啄木鸟和象牙喙啄木鸟等体形巨大的红头啄木鸟属，它们外趾的长度大大增加了，实际上可以朝向前方。它们的后趾也同样

能以一定角度朝前。因此，啄木鸟这个类群的足趾正在从两趾朝前、两趾朝后的形态向三趾或四趾都朝前的形态演进！

啄木鸟脚趾前端模样可怕的弯钩爪子用于抓住树干。它们的双脚并不用于觅食，有让它们能牢牢抓住树干这样的作用就已经足够了。体形较小鸟类的双脚常置于身下，但体形较大的那些会将腿向两侧叉开、双脚朝外来分散体重，并且将脚踵（跗间关节）靠在树干上增加稳定性，因此它们的脚踵有一层厚厚的皮肤垫用以保护。除了蚁䴕和体形小巧的姬啄木鸟外，其他啄木鸟都会用尾羽作为支撑。它们的尾羽又尖又硬，并且朝着末端向下弯曲，形成有弹性的支撑，防止身体向后倾倒。当鸟儿以一系列发条玩具般的动作蹦跳着往树干上方移动时，是尾羽和双脚在共同发挥作用。

不过，它们的尾羽也不仅仅是一束便于倚靠的羽毛。尾羽需要肌肉的力量才能有效地发挥支撑作用，而较大的肌肉需要较大的骨表面来锚定附着。啄木鸟的尾椎不会在靠近末端时越来越小，它们尾椎的最后一枚被称作尾综骨的骨头尺寸非常大，其腹面宽阔扁平，上面附着的肌肉能够真正地拉住那些支撑在树上的尾羽。

啄木鸟的一切都很强韧，甚至皮肤也是如此，可能是为了防止昆虫叮咬。它们在觅食和挖掘洞巢时都会凿击树干，因此它们一定需要强健的体格承受这种猛烈的冲击。它们以巨大的力量凿击木头，但这并不仅仅是因为它们强壮有力，这必须是身为啄木鸟才能做到的。

不仅仅是喙和头部，满足捶击需求的解剖学机能实际上影响到这些鸟的整个身体结构。有些啄木鸟类群比其他群体凿掘得更多，这些类群的相应特点也更为发达，我们能明显地辨别出它们为这种生活方式特化的适应性特征。那些最高等级的凿掘者都拥有直直的喙，基部非常宽以分散冲击力，并且有凿子般的喙尖。它们的喙侧锋锐利，沿着两侧有增加强度并能保护

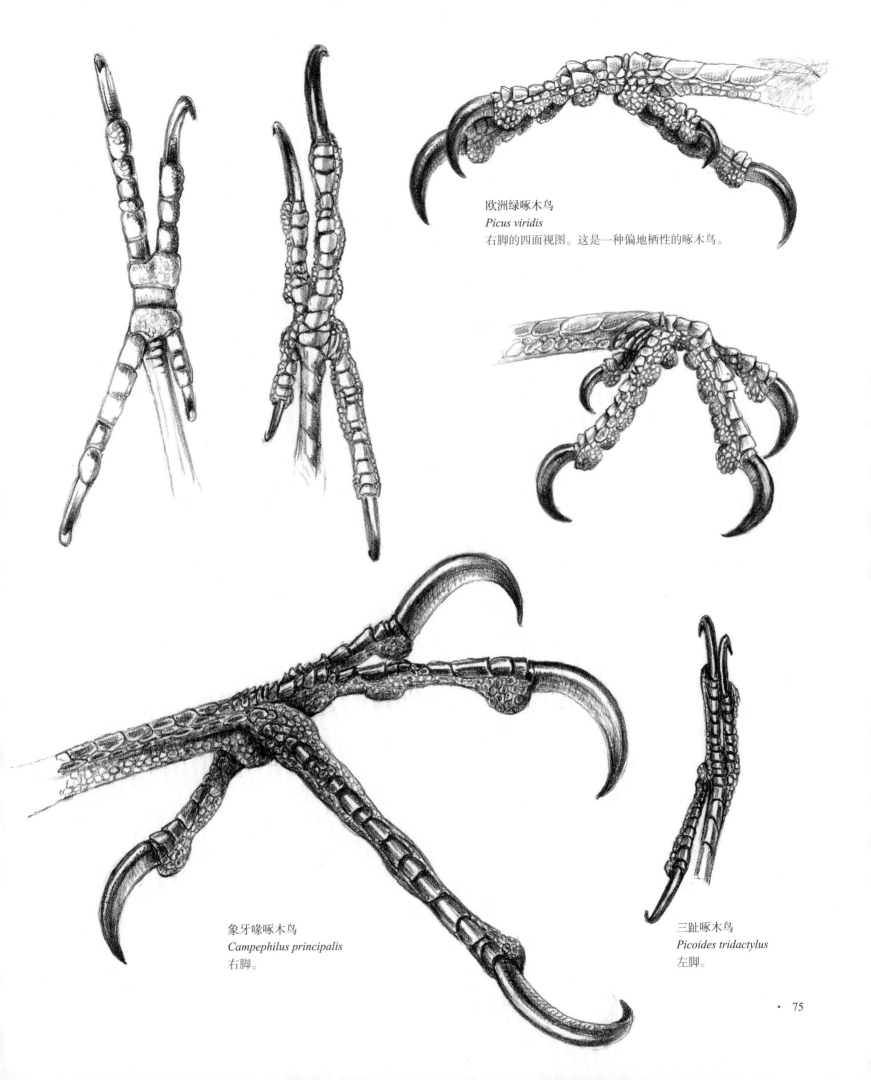

欧洲绿啄木鸟
Picus viridis
右脚的四面视图。这是一种偏地栖性的啄木鸟。

象牙喙啄木鸟
Campephilus principalis
右脚。

三趾啄木鸟
Picoides tridactylus
左脚。

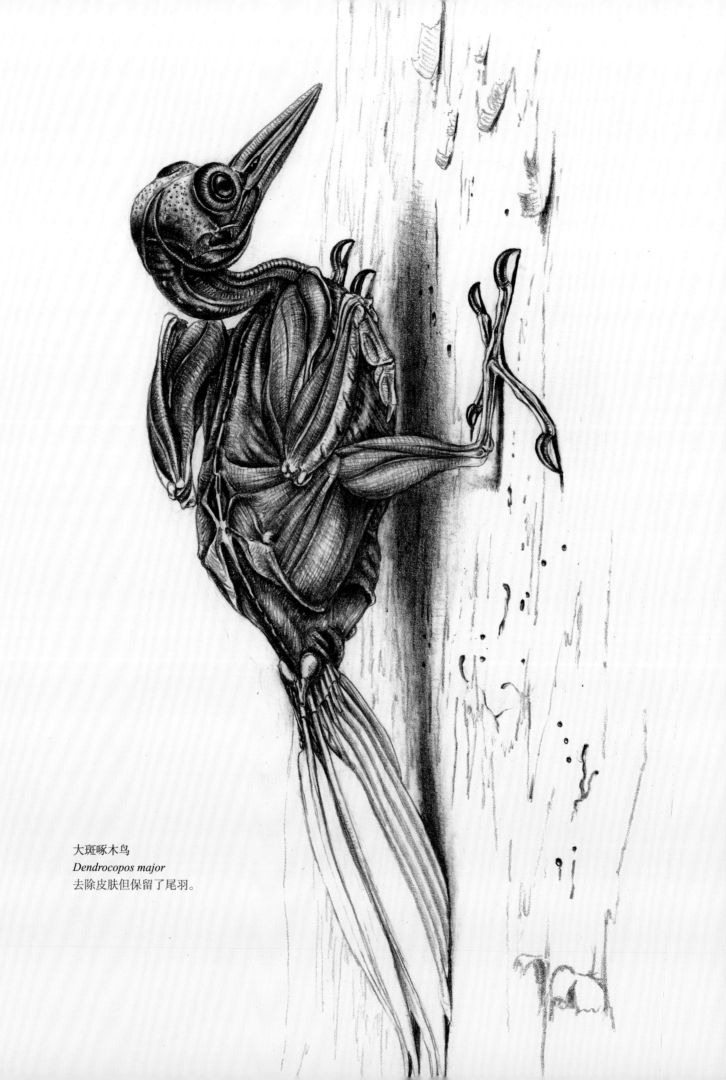

大斑啄木鸟
Dendrocopos major
去除皮肤但保留了尾羽。

大斑啄木鸟
Dendrocopos major
全身骨骼。

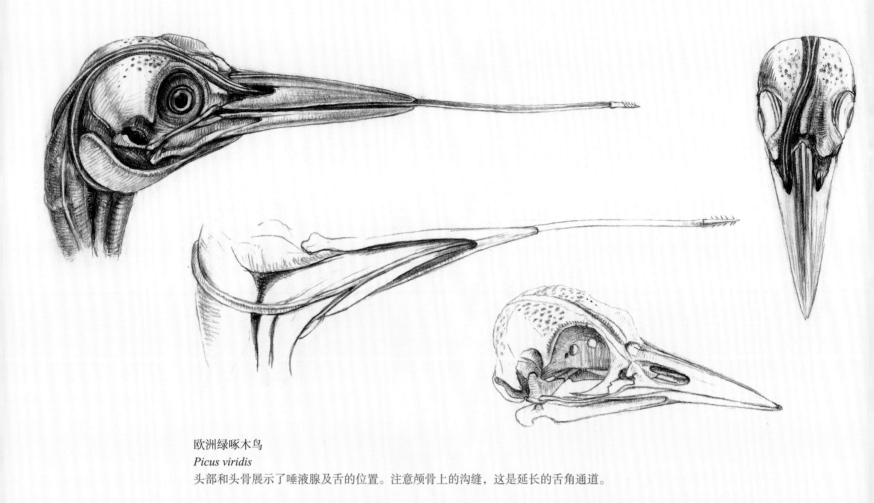

欧洲绿啄木鸟
Picus viridis
头部和头骨展示了唾液腺及舌的位置。注意颅骨上的沟缝，这是延长的舌角通道。

鼻孔的峰。鼻孔本身缩成狭缝，还有一层须状的羽毛遮挡保护，防止木屑进入。沿着喙和前额的交界处，骨骼向内褶皱成一条直线。这个皱褶具有非常重要的作用，作为振动吸收结构将凿击的力量向外侧传导。它看起来很像鹦鹉头骨上的铰链关节，但有一点不同：鹦鹉的上颌能够沿着这个关节向上翻转，而啄木鸟的头骨前额上有一块突兀的隆起，特意用来防止上颌上翻。若非如此，一旦冲击力使喙强行张开，鸟儿可能会受到致命伤害。

脑颅高于喙的水平位置是经常凿击树木的啄木鸟独有的头部形状，这是它们特化的另一条线索。这是为了将大脑置于撞击力路径以上的安全位置，简单而有效。任何到达颅骨的力量都会被增厚的骨质吸收，表面有很多凹坑也是啄木鸟头骨的显著特征。凿掘专家啄木鸟的头骨和颈部交界处的角度几乎垂直，

所以它们的喙直指树干，而不是垂直朝向上方。这样，喙就能如锤子一般平稳流畅地前后摇动，以合适的角度击打木头，避免向前冲击时产生的晃动。

撞击产生的震颤也会传导到整个身体：从肌肉发达的颈部向下，经过肩部到胸腔，再到更远端，啄木鸟的肋骨甚至也为了适应凿击而发生了特别的变化。它们第二对和第三对肋骨与脊椎的连接处比相邻其他肋骨的宽得多，而且所有肋骨下段的构造基本上都是为了能够将冲击力向下传递到胸骨，然后被肌肉吸收。

尽管啄木鸟已经非常适应树栖的生活，但有一些类群还是在没有树木的环境中定居下来，不能和专门在树上凿洞的类群那样以蛴螬为主食，它们改为挖掘地下的蚂蚁和其他昆虫。它们的喙更长更窄，没有凿子般的喙尖，头部更加流线型，从颈

部优雅地朝向前方，脚趾笔直朝前、呈"X"状排列，这些啄木鸟缺少了树栖同类的许多特征。但是，它们还都拥有造就啄木鸟这个类群的一个关键特点——一条可以伸缩的舌。

所有鸟类身上舌头这个器官的基本结构都是一样的：一条舌位于口腔的底部，正好在气管开口的前方，它们在基部分叉成两条，称作"舌角"（舌骨角）。这两条舌角沿着下颌内侧向后延伸，至耳孔后面紧贴住头骨后部。大多数鸟类的舌都无法伸到喙的尖端之外，但啄木鸟是个例外。它们的舌很长，舌尖上有各种倒刺或者须毛，被位于颌基部的发达唾液腺分泌的黏性唾液包裹，可以快速伸出捉住昆虫。这一切都是通过环绕着灵活的鞭状舌角的肌肉的运动实现的。但它们的舌角确实比其他鸟类的长许多。某些种类啄木鸟的舌角太长了，不得不绕到头部的后方，在那里再贴合在一起，向右侧延伸，沿着头骨顶上的一个沟缝绕过头骨，甚至可能会盘绕着右眼球，或者一直伸入右鼻孔。当啄木鸟摄食的时候，舌角松弛的部分会被急剧拉紧，将舌推出去。

蜂鸟

蜂鸟在许多方面更像是一类昆虫而不是鸟，它们确实会发出嗡嗡声。这种声音是它们快速飞旋翅膀产生的，某些种类的蜂鸟扇动翅膀的速度可以达到每秒80次，在进行炫耀式飞行时可以达到惊人的每秒200次。像许多昆虫一样，它们能够在空中悬停不动，或者在不改变身体朝向的情况下直接向上、向下、向两侧甚至向后移动；它们采食花蜜，在花朵之间快速地来来去去。蜂鸟的飞行方式也和其他鸟类不一样。

蜂鸟和雨燕同属于雨燕目，蜂鸟翅膀的骨骼结构也与雨燕类似：上臂短而粗壮，形状奇特；前臂短；手部长且大。然而，蜂鸟扇动翅膀的方式与雨燕完全不同。蜂鸟翅膀的末端会在空中划出"8"字形，像直升机一样通过向前和向后扇动产生升力，而大多数鸟类的飞行动力只来自翅膀的向下扇动，向上只是一个回复位置的动作。

即使是其他能悬停的鸟类也与蜂鸟没有相似之处。红隼和斑鱼狗等悬停的鸟类，它们几乎不扇动翅膀，只是细微地调整翅膀和尾羽就能在空中保持静止不动，并且主要依赖它们"拇指"上的坚硬羽毛——小翼羽防止失速。然而，蜂鸟的翅膀会强力地飞转，"拇指"不过是包裹在手掌皮肤中一根微不足道的骨针。它的"拇指"上只长有一枚形状细长的羽毛，基本没有空气动力学功能。

蜂鸟翅膀大部分的运动都来自肩膀和肘部，腕关节只有很小的弯折。它们的翅膀窄长，形如刀刃，有十枚长长的初级飞羽，从外到内依次变短，平整地过渡到六枚短短的次级飞羽，次级飞羽生长的最末位置离肘部还有一段距离。

其他鸟类的上臂是通过肩胛骨和乌喙骨外缘的接合部的浅关节盂（肩臼）与躯干连接的。（乌喙骨是从胸骨的两侧伸出的支柱，将翅膀向两侧撑开。）这种结构能在各个方向上给予翅膀足够的活动空间，满足正常扇翅飞行的需要，但要让翅膀像蜂鸟那样如螺旋桨般活动就不行了。与之相比，**蜂鸟的**翅膀置于乌喙骨顶端一个非常发达的球窝关节上，可以360度全方位旋转。

蜂鸟的胸骨很长，龙骨突也深，较短的上臂能让胸骨龙骨突两侧的飞翔肌最大程度地发挥能力。对于体形娇小的蜂鸟而言，它们的飞翔肌确实巨大，所占身体重量的比例高过其余所有鸟类。它们的胸骨也是增厚的，表面有不规则的凹坑。它们拥有八对肋骨，比许多鸟类类群都多。这些肋骨在飞翔肌有力地收缩时保证了胸廓的稳定性。

蜂鸟的脚非常小，完全无法行走。它们双脚的作用只是为了栖站，不过也能梳理羽毛，在那些喙太长而无法整理羽毛的种类身上尤其如此。它们的脚趾以典型树栖鸟类的方式排列，三趾朝前，一趾朝后，不过每根脚趾中除了最远端的那枚骨头，其他的都缩小了。

大多数蜂鸟拥有十枚尾羽。这些尾羽充当飞行舵，对鸟儿的灵活性具有非常重要的作用，尤其是在静止悬停和直接飞行间切换的阶段。不过，有一种叉扇尾蜂鸟，它们那神奇的尾羽只是出于炫耀展示的目的。这种蜂鸟只有四枚尾羽，没有一枚对飞行有特别的作用。

蜂鸟以闪闪发光的虹彩色羽毛著称，但只有雄性蜂鸟才拥有这样的羽毛，而且也不是每一种蜂鸟都拥有。这样的虹彩羽毛通常位于头部、身体和尾羽上，翅膀的飞羽没有这样的色彩。虹彩色羽毛在结构上较为脆弱，而飞羽需要拥有最大的强度。

蜂鸟科是鸟类中最大的科之一[19]，而且分布区域完全局限在美洲。它们和分布在旧大陆的同样体形娇小、长着虹彩色羽毛，并以花蜜为食的太阳鸟并没有亲缘关系。太阳鸟是属于雀形目的鸣禽。太阳鸟的腿比蜂鸟长得多，能像杂技演员一般在树枝上蹦来跳去地寻找食物，而不是像蜂鸟那样完全在飞行中摄食，因此它们缺少蜂鸟那种独特的飞行能力和翅膀结构。

蜂鸟通过长长的舌头从花中摄取花蜜，它们的舌尖像刷子

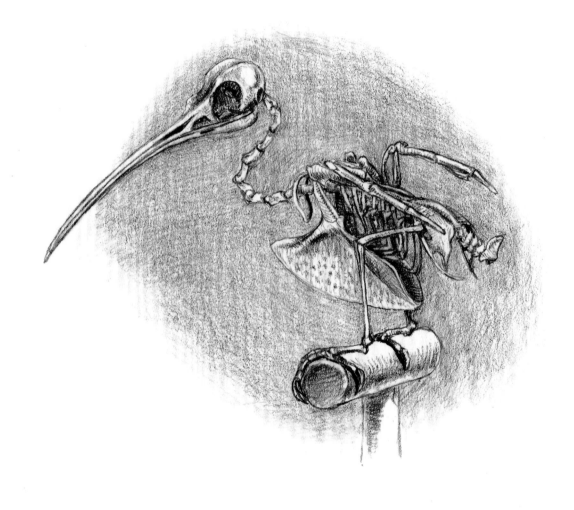

白喉蜂鸟
Leucochloris albicollis
全身骨骼。

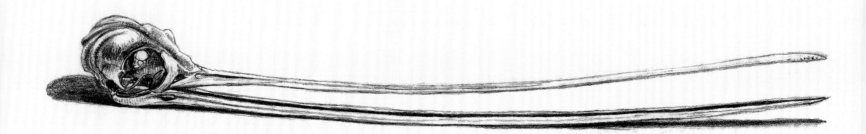

剑嘴蜂鸟
Ensifera ensifera

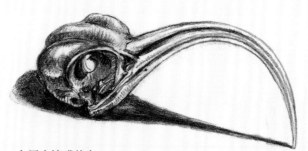

白尾尖镰嘴蜂鸟
Eutoxeres aquila

头骨。剑嘴蜂鸟颅骨上的沟缝是延长的舌角的通道。

一般，并且能远远伸出超过喙的尖端。做到这一点需要用到舌根部被称作"舌角"结构的松弛部分，蜂鸟的这部分结构也和啄木鸟的一样被大大延长了。剑嘴蜂鸟是所有蜂鸟中喙最长的，它们的舌角结构也可以和舌最长的啄木鸟相媲美，能够延伸到颌的后面，绕过头骨后侧、两眼之间然后伸入右鼻孔。

蜂鸟舌头的边缘向中间卷曲，形成两个平行的"吸管"，它们借此将花蜜吸入，不过蜂鸟喙两侧的"挤压"作用所施加的压力可能也辅助了这一过程。它们的舌头刚好嵌在下颌狭窄的沟槽之中，而下颌又紧紧挨着上颌，这塑造了一种假象，让人以为蜂鸟的喙本身就是一根又长又细的吸管。

许多植物依赖食蜜者繁殖，食蜜者有可能是鸟类也有可能是昆虫。这些植物的花朵与这些动物相适应，以拥有授粉的最大可能性：一些植物通过特化，而另外一些则通过泛化。由蜂鸟传粉的花通常与昆虫传粉的花明显不同。鸟类对光谱的红端有更好的视力，因此依赖它们传粉的植物往往有红色的花朵，而蓝色则是更吸引昆虫的颜色。蜂鸟种类繁多，有复杂的领地范围和摄食策略，这些差异都会被不同的花利用以获得优势。这一持续过程的必然结果是一场生态的军备竞赛，鸟类和植物都在不断竞争和协同演化——花朵的形状延长或者弯曲，蜂鸟的喙也相应延长或弯曲。不过，也会出现"盗蜜者"，它们只是在花的底部开一个洞，然后饱食花中的食物，而不为花做任何贡献！

蜂鸟是"极端主义者"，它们生活在身体和生理能力的极端条件下。它们娇小的体形是生活方式的需要，但也带来热量流失的问题，而且它们的新陈代谢速度很快，有不断摄入高能量食物的需求。它们的主要困难是储存足够的能量熬过夜晚。尽管许多种类的蜂鸟会将进食时间前后延长到黎明前或黄昏后，但更为关键的因素是外部温度的下降。不过它们有自己的生存机制，当能量低于阈值时，大多数种类的蜂鸟都会自动进入一种蛰伏状态：减慢心率，降低体温。它们会保持这种"昏迷"状态直至早晨，升高的温度让它们苏醒过来，然后它们会迅速飞走去寻找能够快速恢复体力的高能量花蜜。

对于一些生活在北部的蜂鸟种类来说，白昼的延长解决了熬过夜晚的问题——至少在夏天是这样。一旦冬季来临，它们就要面临更大的挑战：向南迁徙，并且是不间断地飞行1000千米，穿越墨西哥湾。这简直是不可能的壮举。

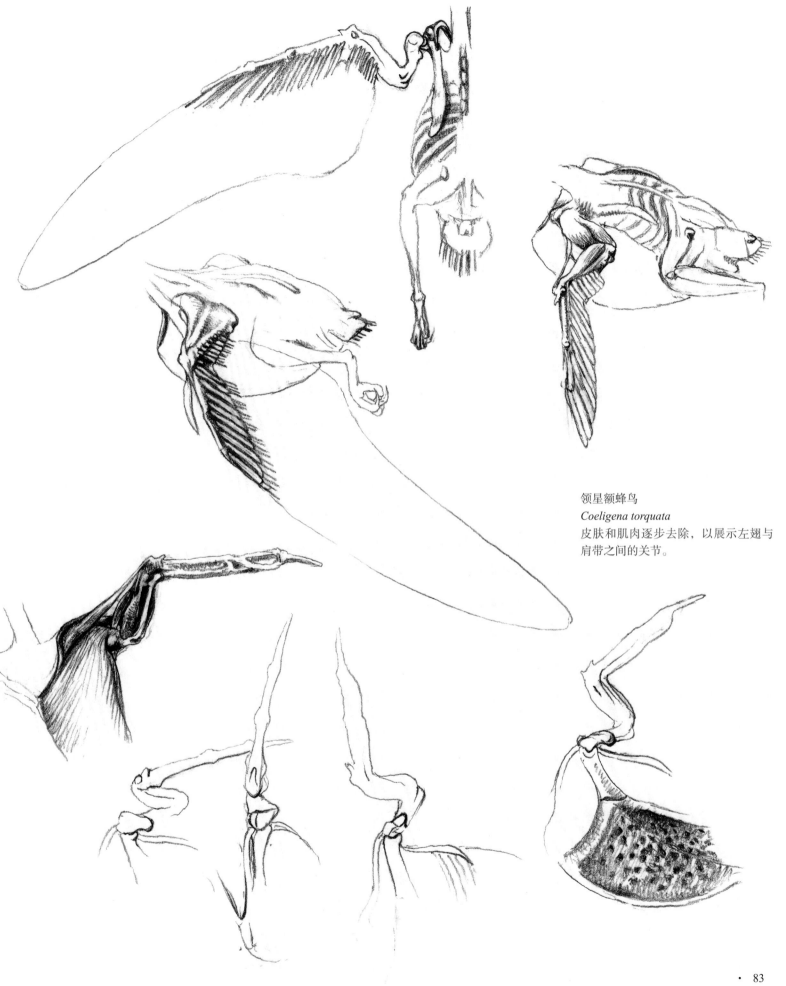

领星额蜂鸟
Coeligena torquata
皮肤和肌肉逐步去除，以展示左翅与
肩带之间的关节。

Ⅲ 雁小纲

喙光滑，有一层柔软的皮肤覆盖，末端宽；足适于游泳；脚趾由一层膜连接，呈掌状；跗跖短而扁；体肥胖，多绒羽；肉大多较硬；以鱼、蛙类、水生植物等为食；多数地面营巢；母鸟负责照顾幼鸟，但不怎么用心。多数为一雄多雌的多配制。

　　林奈的描述非常符合鸭子、雁和天鹅这样雁鸭类水禽的特征，不过他把所有拥有蹼足和短腿这样组合的鸟都归到这一类。

　　多个不同的鸟类类群各自独立地适应了水生生活，它们的外表也因此相似。如今我们知道，像这样拥有共同的特征并不一定意味着这些鸟是近亲。举例来说，比起其他大多数蹼足类群，贼鸥、鸥和海雀可能是更近时期才演化出现的。而雁鸭类水鸟的近亲叫鸭，它们的脚是没有蹼的。长期以来都被和潜鸟归为一类的鹏鹛，最近被认为和红鹳（也称"火烈鸟"）拥有最近的共同祖先！

　　尽管拥有蹼足，但红鹳的长腿使林奈将其与鹳和琵鹭归为一类，而瓣蹼足的鹏鹛则被"允许"归入潜鸟的类目之下。

❧❧❧

疣鼻天鹅
Cygnus olor
全身骨骼。

雁鸭

鸭、雁和天鹅这类被统称为水禽或者雁鸭类的鸟，自林奈时代以来，就通常被分类学家归在一个很大的科中。然而，这三个类群之间和内部明显存在巨大的差异，所以这个科（鸭科）已经被进一步划分成不同的亚科和族。全世界有将近150种雁鸭类水鸟，不过它们最近的一类亲戚叫鸭只有三种。如今，这两个规模差异巨大的科共同组成了雁形目[20]。

所有的雁鸭都有一个共同的特点：身体适于游泳，腿适于行走，脖子很长。更为重要的是，它们都有一个软而韧的革质喙鞘，其内侧边缘有一排精细的过滤构造，与厚厚的肉质舌上的刺状突起相对应。这些基本的身体特征和构造使雁鸭类能适应这个星球上淡水与咸水环境中纷繁芜杂、千差万别的生态位，并且允许类似的种类在没有直接竞争的情况下与其共存于同一栖息地。

天鹅给人的主要印象是它们长长的脖子和短短的腿。它们的颈部呈"S"状的大弧形弯曲，让头部能从上方垂直伸入水中，够到水底的食物。在水更深的地方，它们还会头朝下、脚朝上钻水，以够到更远的范围。（像鹤和平胸鸟类这样脖子长且生活在高草草地的鸟，会从低处抬起然后再低下它们的头，以保持对捕食者的警惕。）

大多数雁鸭类鸟儿在气管要进入肺部而分叉（支气管）的地方有一个骨质的共振腔，叫"共鸣器"。空气经过的时候，这个共振腔就会如同吹瓶口一样发出声音，正是这一点让许多雁鸭拥有独特的高亢鸣叫声。一些鸣叫能力更强的天鹅种类的气管也大大增长，在分叉之前先在胸骨（龙骨突）的骨组织中深深地嵌入盘绕几圈，就像大号或小号那样。天鹅并不是唯一拥有这种延长气管的鸟类，鹤类也拥有，更令人惊讶的是，本书后面会介绍到的极乐鸟也是如此。

雁鸭类的腿部肌肉发达，结构适于游泳。和其他水鸟一样，它们浮在水面上时双脚轮流运动前进，而潜入水下时双脚

会同时运动。但并不是所有的鸭子都会潜水，绿头鸭和琵嘴鸭这样在水面摄食或者钻水摄食的鸭子只会在水面上觅食，天鹅也经常只能头下脚上倒过来钻水摄取浅水的食物。它们脚部朝前的三根脚趾有蹼，后趾高于地面，形成扁平的叶瓣状。大多数潜水的鸭子在水下都是用脚推进并且紧紧地闭拢双翅，脚同时还有掌舵的功能，不过"硬尾"的鸭类则用尾羽来掌舵，就像鸬鹚和蛇鹈那样。大多数潜水的鸭类有延长的脚趾（尤其是外趾），这样能最大限度地增加蹼的面积。绒鸭的脚趾的长度"正常"，但它们会用翅膀辅助推进。

雁鸭类的身体形状非常适合漂浮，但并不像鸬鹚或者潜鸟那样是特化得非常适于游泳的鸟类。鸬鹚和潜鸟为了精通水性，牺牲了在陆地活动的灵活性。雁鸭类还保留了能方便地离开水到陆上活动的能力，不过它们短短的双腿和宽宽的身体还是更适于游泳，因此鸭子和天鹅在行走时还是左摇右摆的。但是雁的腿长一些，比鸭子和天鹅陆栖能力更好，它们主要在陆上觅食，相对地更加适应陆地。游泳能力更好的，往往在陆地以及在空中表现得更差。所以潜水的鸭类比那些只是在水面摄食的种类腿更短，位置更加靠后，而且分得更开，它们走起路来更困难，需要在水面上快速助跑才能起飞。相对地，水面摄食的种类可以用较少力气垂直跳起飞入空中，飞行也更灵活机动。相对于沉重的身体而言，鸭子的翅膀很小，所以在空中滑翔和翱翔就不用想了。不过，它们的龙骨突又长又宽，也相对较深，可以容纳较大的飞翔肌，通过快速直接地拍动翅膀，它们证明了自己是强大的飞行者。

雁鸭类摄食的基本方式是用舌头抵住上颚，吸进水或者泥浆，再沿着喙的两侧将其喷出去。微小的植物和其他有机质被梳状的栉板结构（喙的栉缘）留下来并被吞下。钻水摄食的鸭子的喙又长又扁，很擅长这种摄食方式。琵嘴鸭尤其如此，它们喙的栉板结构非常纤细，几乎像头发一样，甚至可以过滤出

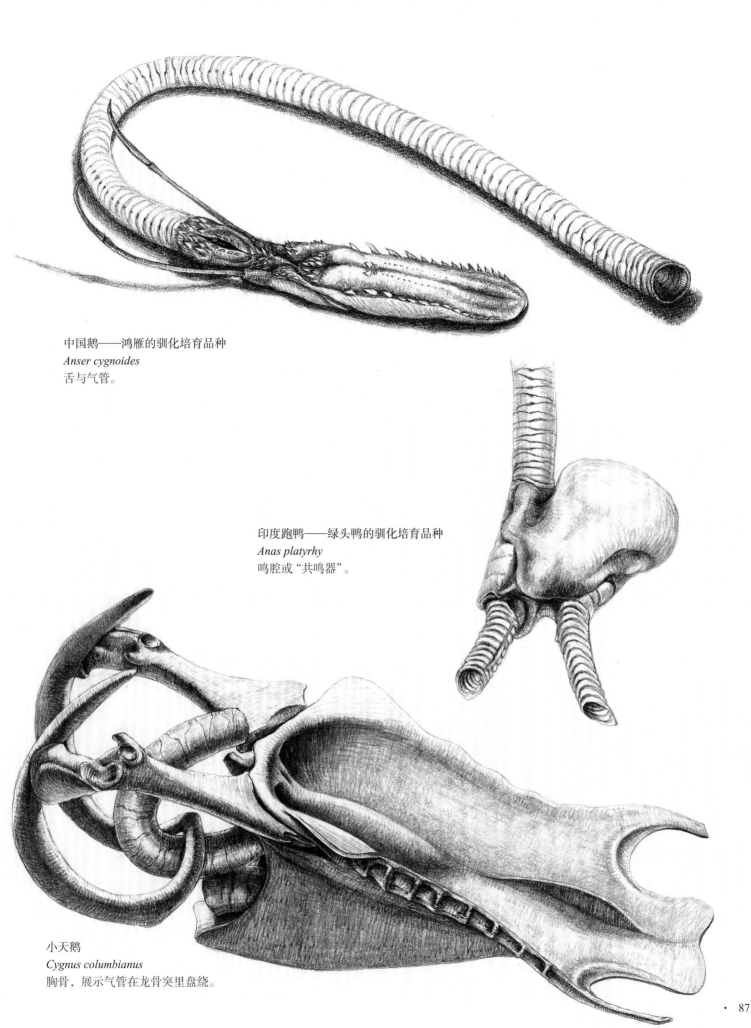

中国鹅——鸿雁的驯化培育品种
Anser cygnoides
舌与气管。

印度跑鸭——绿头鸭的驯化培育品种
Anas platyrhy
鸣腔或"共鸣器"。

小天鹅
Cygnus columbianus
胸骨，展示气管在龙骨突里盘绕。

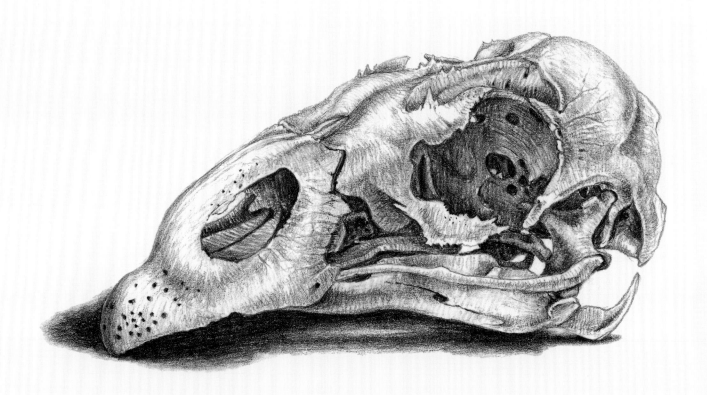

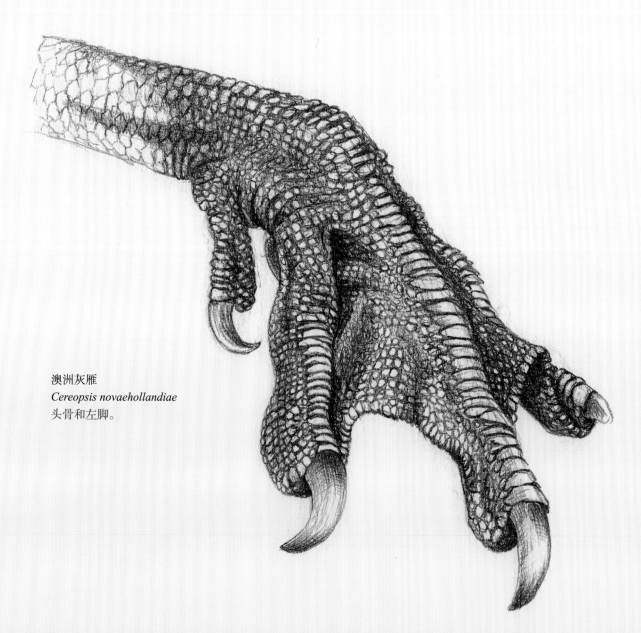

澳洲灰雁
Cereopsis novaehollandiae
头骨和左脚。

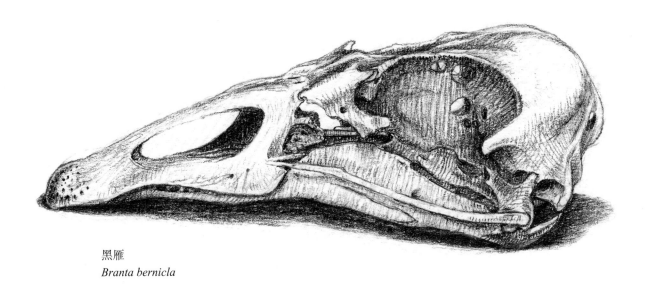

黑雁
Branta bernicla

加拿大黑雁
Branta canadensis

头骨。

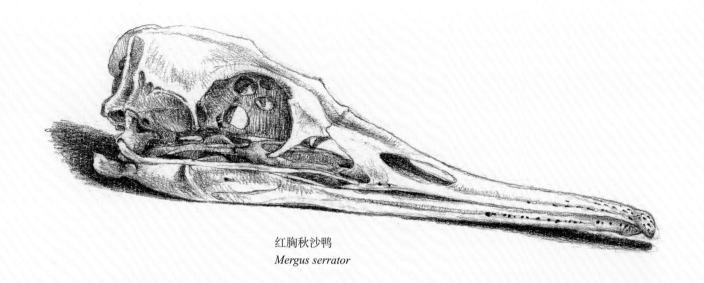

红胸秋沙鸭
Mergus serrator

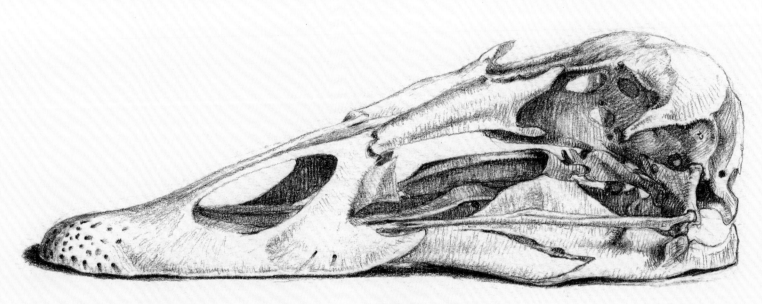

欧绒鸭
Somateria mollissima

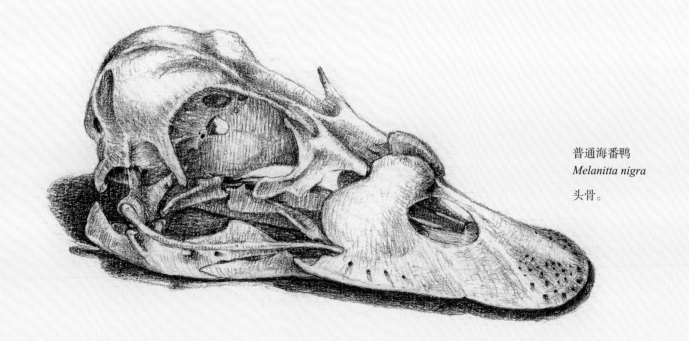

普通海番鸭
Melanitta nigra
头骨。

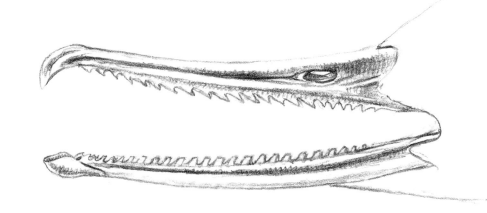

红胸秋沙鸭
Mergus serrator
喙鞘。

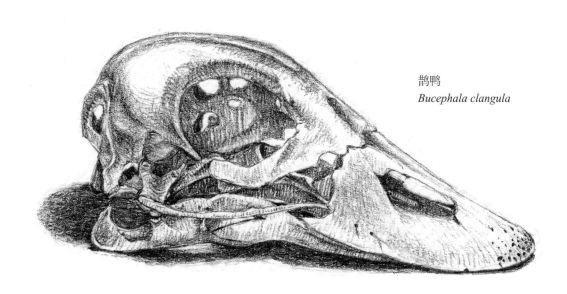

鹊鸭
Bucephala clangula

翘鼻麻鸭
Tadorna tadorna
头骨；线稿图展示翘鼻麻鸭喙的前面观。

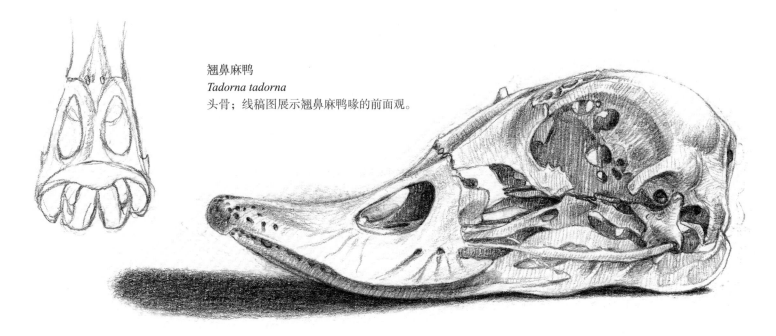

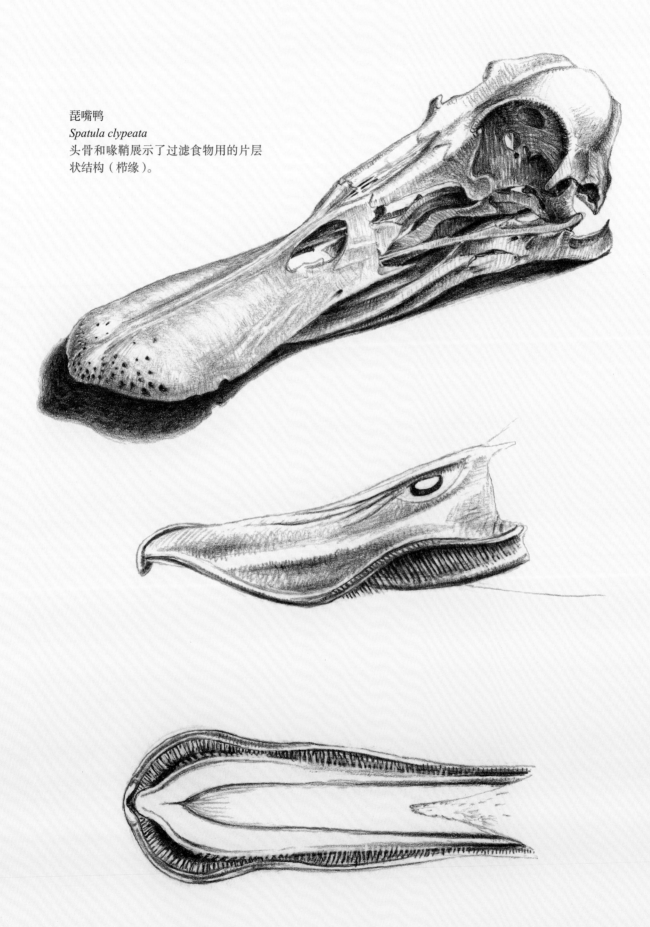

琵嘴鸭
Spatula clypeata
头骨和喙鞘展示了过滤食物用的片层
状结构（栉缘）。

微型浮游生物。然而，其他雁鸭类群喙的栉缘则适于更多不同目的。比如锯状喙的红胸秋沙鸭种类，它们喙的栉缘类似牙齿，呈微小的锯齿状，能用来咬住鱼，它们的喙本身也像鸬鹚的那样又长又细。像鹊鸭、海番鸭和绒鸭这样的"海鸭"主要以软体动物和其他无脊椎动物为食。绒鸭的喙大而呈楔状，用于打开和分离贻贝的壳。翘鼻麻鸭主要以咸水螺类为食，它们会在河口的淤泥中寻找这些螺。翘鼻麻鸭喙的前端尖锐而朝上，就像一只旧鞋子的鞋尖。

雁的喙不像鸭子的那样扁平，形状更像三角形，但仍然覆盖有柔韧的革质鞘，并且其末端有角质的嘴甲。鸭子和天鹅拥有的那种梳状的过滤结构在雁的喙上也存在，但这种结构在雁身上被放大了，更像比较钝的牙齿，非常适合切下靠近地面的植物。它们喙的栉缘与肌肉发达的舌头的锯齿状边缘协调合作，咬住植物的茎并撕扯下来。雁大多是素食鸟类，它们能在草原上吃草，在耕地上挖掘植物的根和块茎，但也会在水中摄食以及在海岸区域觅食水生动物。加拿大黑雁和黑雁这样全身羽毛以黑色为主的黑雁属种类，它们的喙往往比那些"灰色的雁"，（也就是雁属种类）的更细、更尖。

澳洲灰雁属的澳洲灰雁是澳大利亚的特有物种，这种鸟非常怪异。从外表看，它更接近于南美洲的草雁而不是"真正"的雁，而它实际的亲缘关系还存在争论。由于它们更喜欢在陆地上吃草而不是游泳，所以脚趾只有部分有蹼。当这些鸟在禾草丛生的坡地和其他崎岖的地面攀爬时，强壮的爪能保持良好的抓地力。澳洲灰雁非常适应在远离淡水供应的地区生活。但就像绒鸭和其他海上生活的鸭子一样，它们有调节的能力：通过眼眶上方发达的腺体将多余的盐分排出体外。

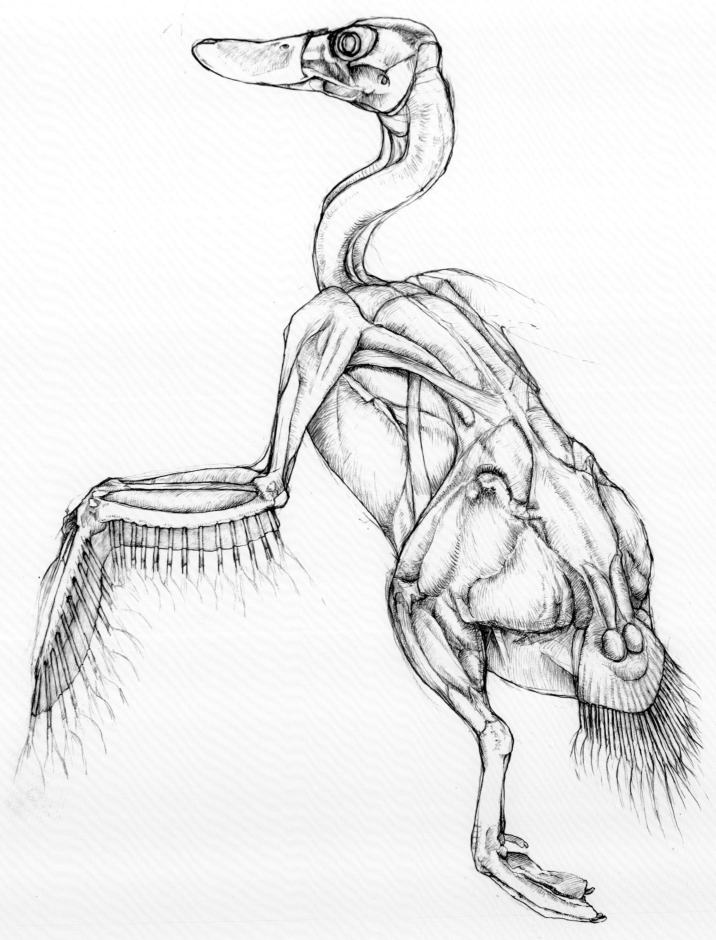

'AMY'

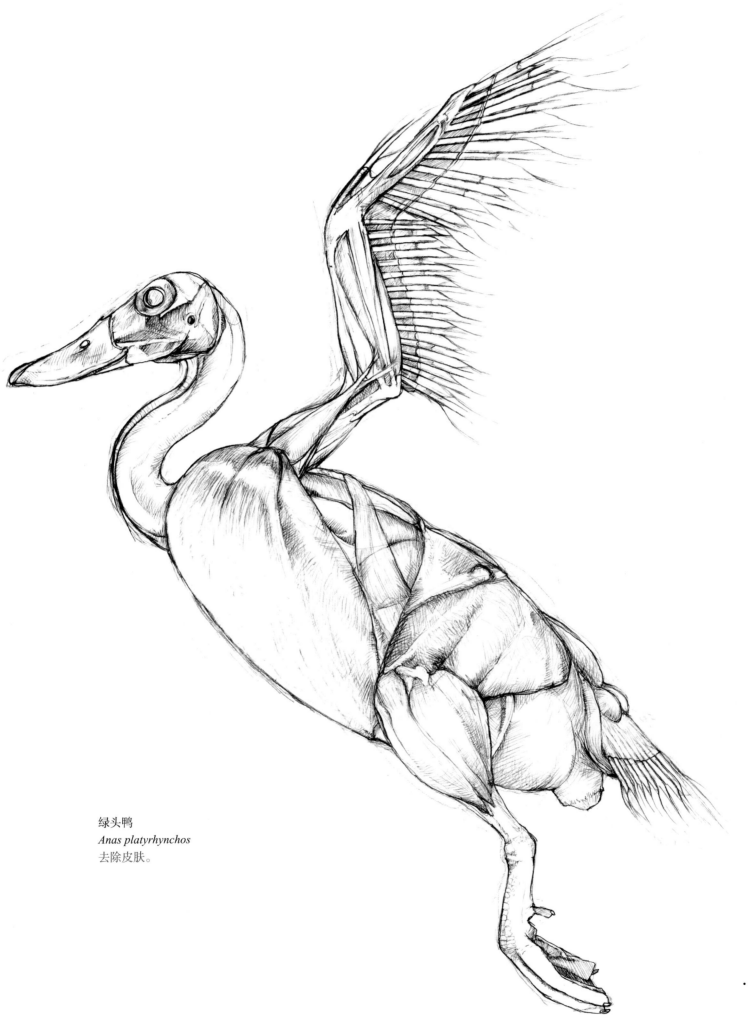

绿头鸭
Anas platyrhynchos
去除皮肤。

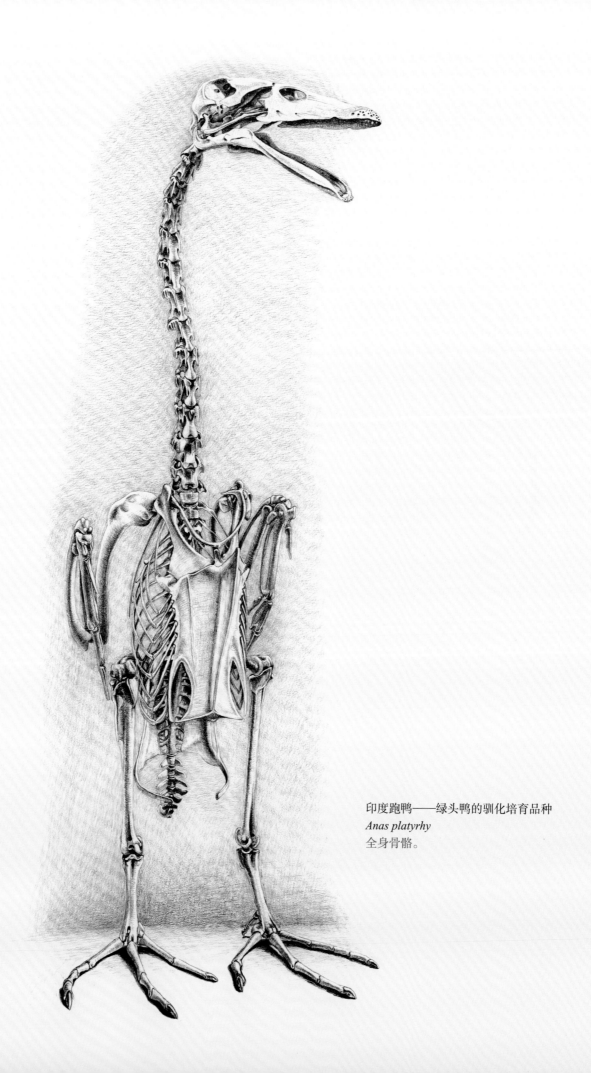

印度跑鸭——绿头鸭的驯化培育品种
Anas platyrhy
全身骨骼。

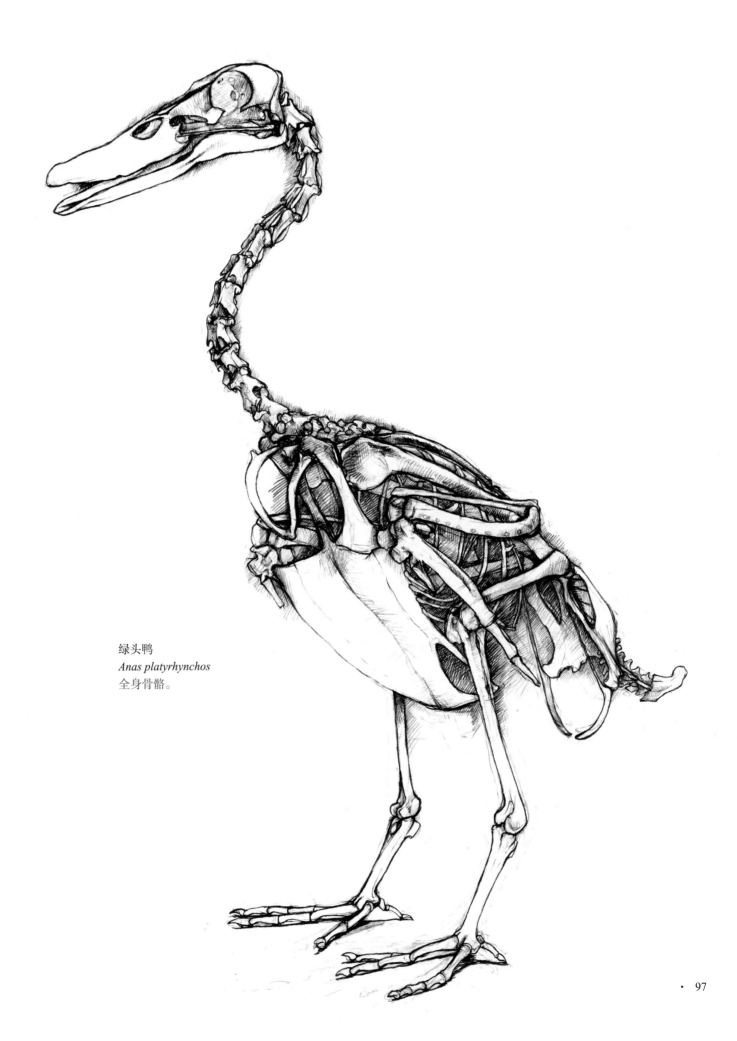

绿头鸭
Anas platyrhynchos
全身骨骼。

驯化的雁鸭

家鹅很不寻常，它们拥有两个野生祖先：来自欧洲中部的灰雁和来自亚洲中部的鸿雁。灰雁的颈部短粗，呈灰褐色，表面的羽毛呈波纹或者沟纹状，喙结实有力。鸿雁的颈部和天鹅一样细长，羽毛更为平顺，分为两种颜色：背侧部分为深褐色，腹侧部分为淡棕黄色。它的喙也更像天鹅，比其他雁的更长、更扁，基部还有一个小小的额瘤突起。

有些鹅的品种只来源于其中一种野生祖先。图拉鹅[21]是一个古老的俄罗斯品种，最初是从喙最大的灰雁个体中选育出来用于打斗比赛的品种，类似于斗鸡。这样选育得到的鹅体重大，喙又宽又高且微微弯曲，它们会在打斗中咬住对手，然后用翅膀猛力击打。相比之下，从鸿雁驯化而来的品种体态优雅，赏心悦目：天鹅般细长、弯曲的脖子，额瘤突出的喙，这些都是纯粹为了人的审美而选育加强的特征。

然而，多数的家鹅品种都携带这两个野生物种的基因，这也就是为什么我们看到的很多鹅身上结合了所有这些特征：有的喙高一些，有的喙扁一些，脖子既有沟纹又有前后差别的色带，再加上前额上的瘤，这些特征都混合在了一起。

除了和野外祖先（疣鼻栖鸭）相差不大的番鸭，其余所有家鸭都来源于绿头鸭。其中最奇异特别的品种是钩嘴鸭，这是一个来自荷兰的稀有而古老的品种，但这个品种其实可能源于远东地区。印度跑鸭站得像企鹅一般笔直，它们不像一般品种的鸭子那样左右摇摆地行走，而是鸭如其名——跑着走。这个品种最早在印度尼西亚群岛的龙目岛、爪哇岛和巴厘岛上被培育出来，在那些地方，它们走着（或者说是跑着）被赶去市场，作为产蛋鸭或者肉用鸭出售。它们名字中的"印度"是指东印度群岛而不是印度。位于摄政公园中的伦敦动物园保存着一份1837年的动物名单，也是这种鸭子在英国最早的公开记录："企鹅鸭……普通鸭子的一个品种，其姿态非常接近于企鹅，令人称奇。"

小叫鸭（也音译作"柯尔鸭"），最早是一种体型比正常绿头鸭小一点，但叫声洪亮而持久的品种，被当作吸引野鸭前来的诱饵。如今，它们成为观赏鸟类，外表也发生了很大变化：体形矮小，圆圆胖胖的脸，短得不成比例的喙，不过它们的叫声依然非常嘈杂！

凤头鸭头顶上有个样子可笑的羽毛"发髻"。它们也是一个古老的荷兰品种，出于观赏目的被培育，经常在17世纪画家扬·斯特恩和梅尔希奥·洪德库特尔的作品中出现。凤头鸭很容易被想象成凤头鸡那样，"发髻"般的羽冠覆盖着下面骨质的突起，但凤头鸭其实更为特别。这些鸭子是特别选育出来的，有一个基因缺陷：它们的头骨上有个洞。不是头骨下面连着颈椎的那个洞，而是在更高处有一个额外的洞。这个洞使非常脆弱的大脑暴露出来，因此作为身体防御系统的一部分，脂肪组织就会堆积在大脑周围，来保护这个容易受伤的部位。正是这些脂肪组织在皮肤下面向上推挤，让这个品种的鸭子头顶有个可爱的鼓包。但这个故事还可以更加凶险。为了自我修复，头骨的骨质有时会形成蛇一样的卷须，穿过脂肪块向外生长，甚至会向内生长穿过大脑。（在现代的观赏鸟类展览上，这种突出来的骨质卷须会被认为是一种瑕疵，评委们会仔细触摸"发髻"羽冠探查是否有这种骨质突出。）所以无怪乎凤头鸭常常因为身体协调能力差而处于痛苦中，很少能够长寿。

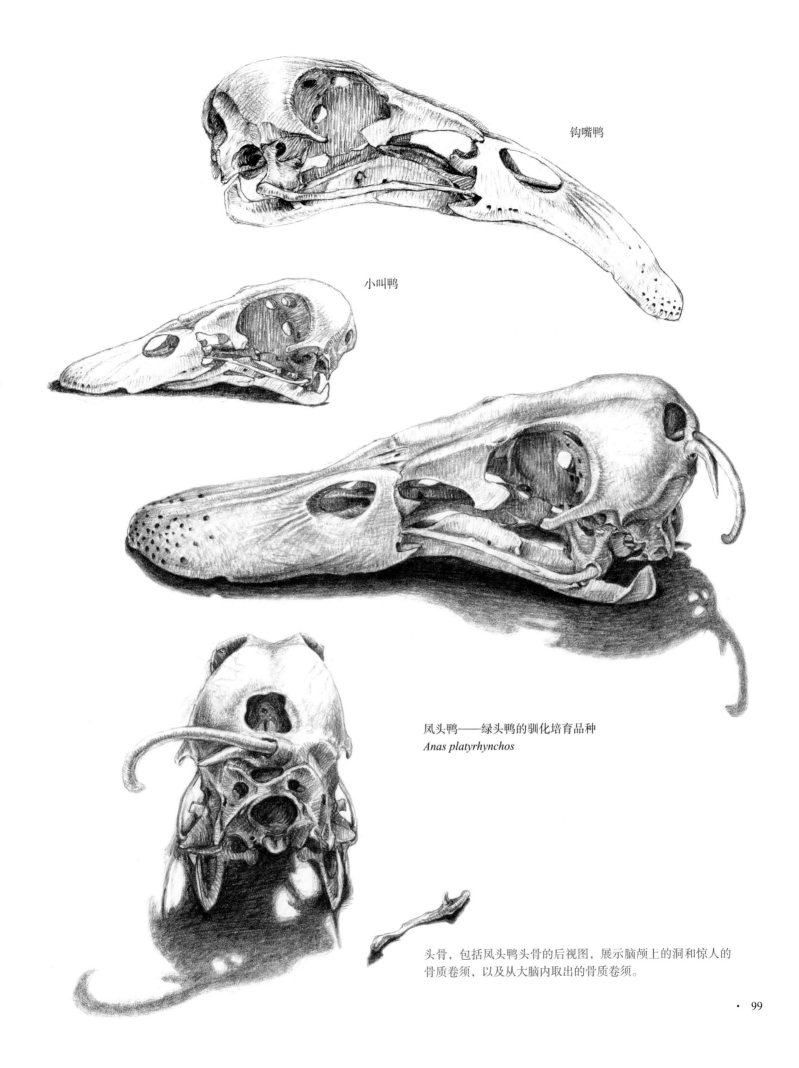

钩嘴鸭

小叫鸭

凤头鸭——绿头鸭的驯化培育品种
Anas platyrhynchos

头骨，包括凤头鸭头骨的后视图，展示脑颅上的洞和惊人的
骨质卷须，以及从大脑内取出的骨质卷须。

灰雁
Anser anser

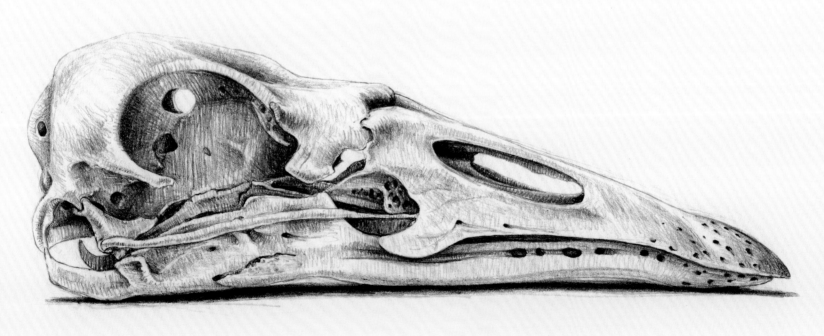

鸿雁
Anser cygnoides

头骨。

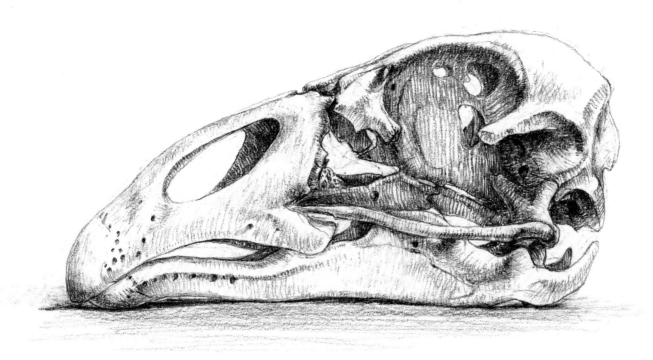

图拉鹅——灰雁的驯化培育品种
Anser answer

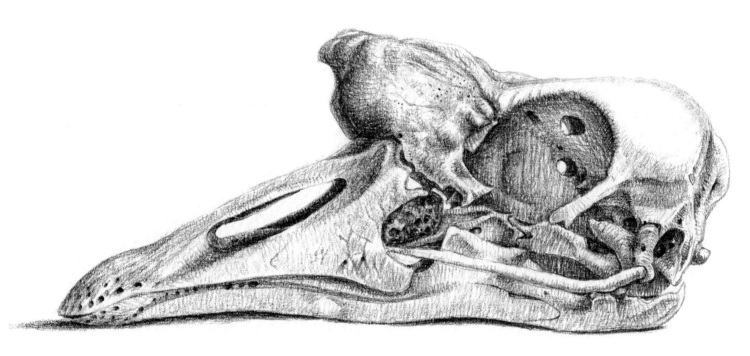

中国鹅——鸿雁的驯化培育品种
Anser cygnoides

头骨：与（左页）自然物种相对应的
驯化培育的纯种。

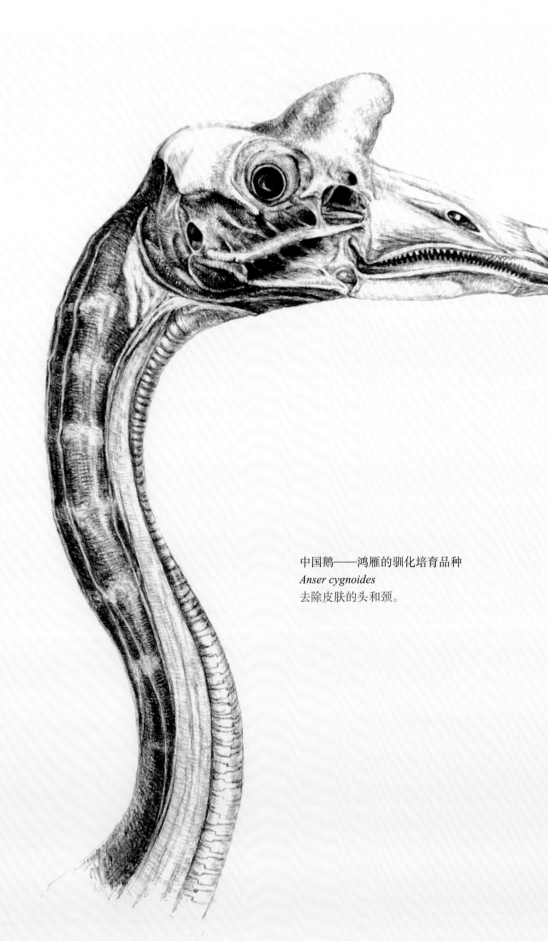

中国鹅——鸿雁的驯化培育品种
Anser cygnoides
去除皮肤的头和颈。

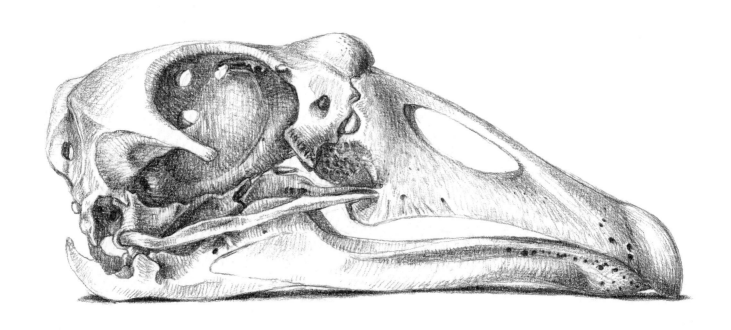

杂交家鹅
Anser anser × Anser cygnoides
头骨显示出两种类型的家鹅的特征。

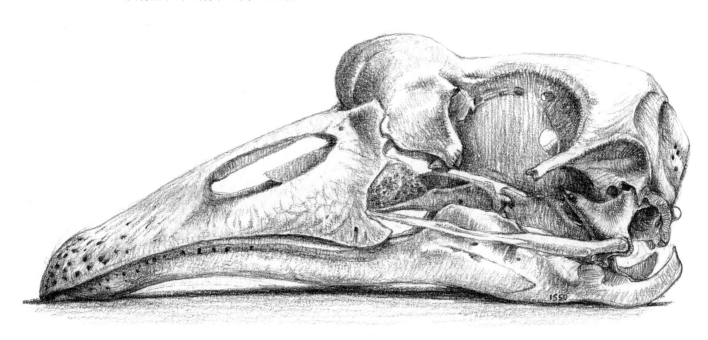

企鹅

企鹅是绝对不会被认错的鸟，而且很可能是最知名也最受人喜爱的鸟。它们身上的颜色如同穿着时髦的"晚礼服"，走起路来摇摇摆摆，再加上笔直的站立姿势，都让它们看起来很像人类。它们的部分魅力也许就是会让人把它们看作小小人类，不禁产生同情——不会飞，但又安然处于寒冷气候之中，从而忽视了它们的本质：高度特化的海鸟。的确，恐怕只有非常理性客观的鸟类学家才能对雄性帝企鹅不产生一**丝**怜悯，毕竟它们一年中有四个月没有食物，还要在南极的隆冬中挤在一起相互取暖。

还是把多愁善感抛在一边吧，企鹅实际上一点儿也不可怜。

要了解企鹅，就有必要来看看它们在北半球的生态位对应物种——海雀。海雀是一类和企鹅完全没有亲缘关系的海鸟，它们能用翅膀在水下畅游，也能在空中飞翔。不过，飞行和游泳的需求是相冲突的。飞行需要身体轻盈和较大的翅膀面积，而游泳的最佳条件是增加体重，对于用翅膀做水下推动力的鸟类来说，还需要比较小的翅膀面积。长的翅膀会在水下产生紊流和阻力，这就是为什么海雀在游泳的时候翅膀有一半是收拢的。海雀翅膀的尺寸已经是能满足飞翔所需的最低限度了，但即使如此，它们翅膀的双重用途还是意味着在游泳和飞行的效率上都有所损失。

最大的会飞海雀崖海鸦和最小的企鹅差不多大，这并不是巧合。崖海鸦是能让翅膀执行多种任务的最大体形鸟类了，再大一点，它们腕关节就没有足够的力量推动整个身体在水下前进了。企鹅有飞翔能力的祖先的体形可能也和崖海鸦一样大或者更小，与现代的海雀或者鹱燕类似。

在缺乏陆地捕食者的环境中，保留飞行能力几乎没有多少自然选择上的优势。而一旦摆脱了飞行所需的限制，企鹅的祖先就能够专一地发展出十分适于水下环境的完美体形，而不为飞翔做出妥协，这也包括了将体形变得更大。事实上，遗存的化石显示，曾经有企鹅站起来的身高几乎和人类相当。

在水下，推进一个较大的流线型身体比推进一个小的多耗费不了多少力气，所以身体的大小能够独立于翅膀的尺寸发展，这使企鹅的翅膀往往小得不成比例。同时，翅膀的面积也能够减小。飞行所需的长长的初级飞羽和次级飞羽对于水下运动并没有什么作用，只会阻碍鸟的前进。企鹅没有这样的飞羽，只保留一个小而窄的翅膀，非常适合游泳。企鹅翅膀的骨骼结构也发生了根本性的变动，形成了现代企鹅鳍状的前肢。相当于人类拇指的小翼指在一般鸟类身上用于防止飞行失速，在企鹅身上已经被抛弃，翅膀其余的骨骼变得扁平如一把坚固的刀片，前缘如剃刀一般锋利，在水中不会形成阻力。肘、腕和手部的关节几乎固定不动，增强了翅膀作为桨的力量，所以几乎所有的活动都来自肩部。相应地，企鹅的肩胛骨对于一只鸟来说非常大，又宽又圆，以支持巨大的肌肉组织，协助拉起双翅。这在鸟类中很不寻常：在空中飞行时，翅膀向上扬起只是一个恢复动作，并不起到向前推进的作用，并且大多数鸟扬起和扇下翅膀的动作并不是由背部而是由胸骨上的肌肉驱动的，其中控制扇翅的肌肉（胸大肌）覆盖在控制扬翅的肌肉（上喙肌）上面。然而，在水中，无论是向上还是向下划水都会提供前进的动力。这意味着企鹅的翅膀需要从它们能够使用的所有肌肉获得力量，**无论**是肩部的**还是**胸部的。企鹅的胸肌也相应地非常发达，并且胸骨龙骨突的坚固程度也不会比任何飞行鸟类的差。企鹅在水下运动起来显得几乎毫不费力，并且有着令人吃惊的优雅和敏捷。但当然，它们也需要浮出水面呼吸，以及探查周围的环境寻找前进方向。在水面上前进比水下费力得多，所以如果企鹅要游上一段距离，它们就会使用一种"豚跃"的方式——不断地跃出跃入水面，利用它们在水中的推动力进行波浪式的轻快前进。

小企鹅
Eudyptula minor
全身骨骼，翅膀和脚部的皮肤完整保留，
尾羽和尾脂腺保留。

白眉企鹅
Pygoscelis papua
去除皮肤。

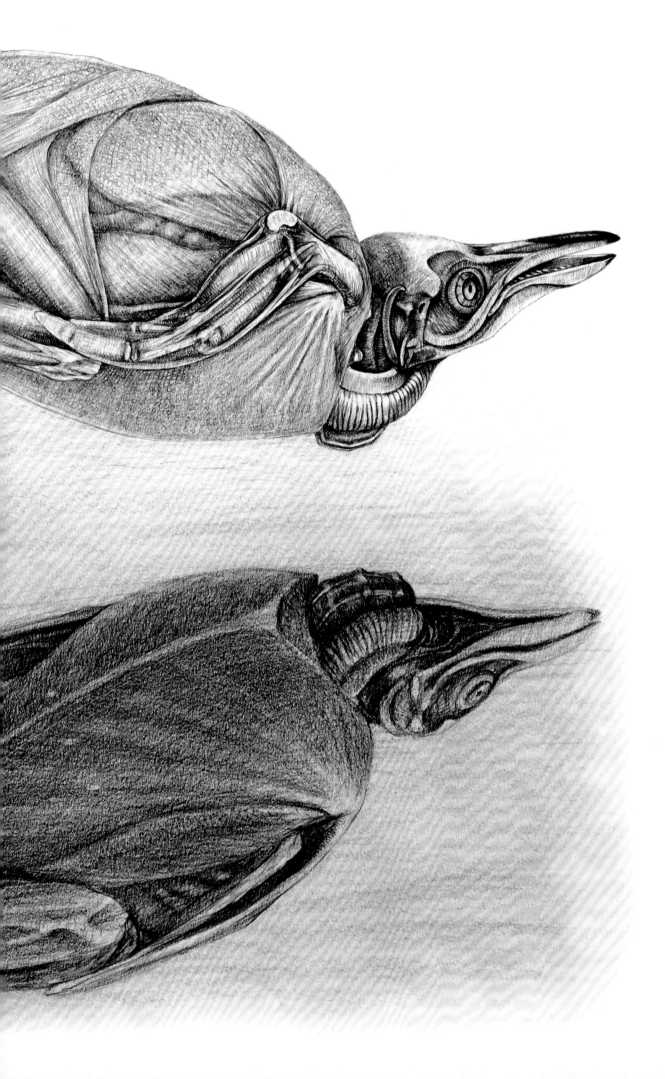

白眉企鹅
Pygoscelis papua
舌。

企鹅用双脚和尾羽作为舵掌控方向。尾骨，或者说愈合的尾椎特别长，并且往末端逐渐变细；尾羽虽然很窄，但又长又硬。

企鹅的双腿恰好位于身体后方，让企鹅保持直立的站姿。尽管胫骨很长，但它们的跗跖非常特别，又短又宽，就像哺乳动物的跗骨和跖骨一样。虽然和其他鸟类一样，企鹅也只是用脚趾行走，但它们休息的时候，整个脚部（脚趾和跗跖）都会接触地面或者是脚踵着地。它们的后趾已经退化，只残余非常小的了。

从企鹅摇摇摆摆的步态，我们很容易做出它们在陆地上行走很困难的推测。但事实上，它们有着惊人的行走和攀爬能力。而且它们的跳跃能力（以及腹部着地在冰雪上滑行的能力！）还很出色。它们拥有能够抓紧被海浪冲刷得光滑的岩石的强壮爪子，每天在它们的集群地与海洋之间来来回回，穿越艰难的天然障碍。

生活在最南部的企鹅物种还面临着一系列不同的问题。比如阿德利企鹅（Adelie Penguin），需要赶在浮冰不断增长占据更多面积而切断它们通往海洋的道路之前，在仅有的一小段时间内繁殖。企鹅需要在陆地上或者至少是稳定可靠的浮冰上繁殖和换羽，所以它们很早就开始准备，在前一年的浮冰还没有破开之前就已经行进很远的路程，以便在早春时分就抵达聚集繁殖地。

企鹅的皮肤下面有一层厚厚的脂肪，能够隔绝热量、抵御严寒，并且在它们无法去水里摄食的换羽和孵卵期间提供身体所需要能量消耗。这些脂肪让企鹅的身体保持流线型，同时让它们的脖子显得更短。不过企鹅的脖子实际上相当长。它们的羽毛很小并且呈鳞片状，在其基部有一层厚厚的绒羽。与大多数鸟类不同，企鹅的羽毛非常密集地长满全身，而不只是成片盖住。这也减少了羽毛下面保存的空气量，使这些鸟在水中的浮力更小。

对于需要潜水的鸟类来说，浮力是个很大的问题。因为它们需要消耗宝贵的能量储存对抗物理法则，保持潜在水中的状态。然而，失去飞行能力的鸟类可以使用特别的策略减少浮力：大而密实且缺少充气空间的骨骼，以及除了肺外没有用于呼吸的气囊。而这些策略对于飞行的鸟类来说是不可行的。企鹅会在潜水之前呼出空气，并且抚平羽毛以排出其中多余的空气。不过它们已经演化出一些特别的生理适应能力，以应对它们长时间处于水下期间的呼吸问题。

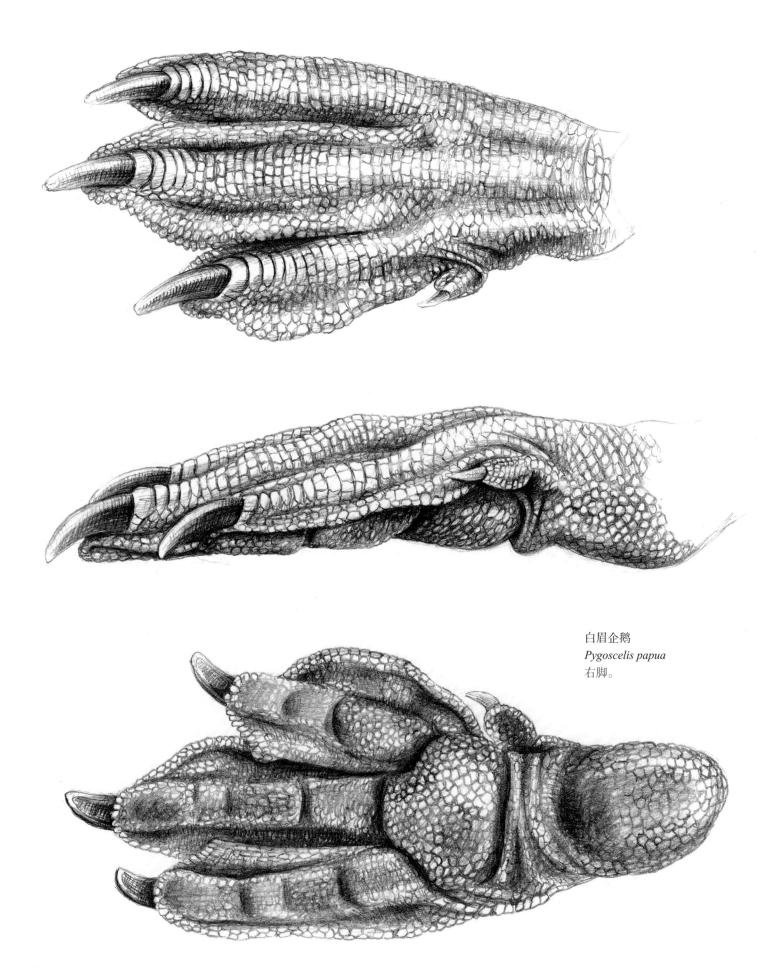

白眉企鹅
Pygoscelis papua
右脚。

并非所有的企鹅都生活在极地环境中。加岛企鹅恰好生活在赤道附近，而其他大多数企鹅生活在南极圈和南回归线之间的区域。事实上，保持凉爽和保持温暖一样，也是个大问题。当企鹅待在陆地上时，许多用于隔热和保持潜水状态的特征会对体温调节产生负面影响。和大象的耳朵一样，企鹅会把双脚的上表面和翅膀的内侧表面当作散热器，让空气冷却以应对那些负面影响。在温暖气候中生活的企鹅种类往往拥有稍大的翅膀来促进散热。它们也会从面部和喙散热，这就解释了为什么生活在最南部的企鹅物种的喙更窄，面部羽毛更多，而生活在更北部的企鹅的喙位置比较高，而面部常常是裸露的。

只有阿德利企鹅和帝企鹅生活在南极大陆上。阿德利企鹅将繁殖期集中在南极短短的夏季。与此相反，帝企鹅的雄鸟用整个冬季孵化一枚卵，它们紧紧地挤在繁殖群中抵御极度严寒。帝企鹅雄鸟将蛋置于双脚脚背上保持平衡，用一片垂下的皮肤将蛋盖住。它们可以挪动双脚改变位置，所以暴露在严寒中的繁殖群队列最外层是不断更换的。

帝企鹅雌鸟在海上度过冬季，当蛋孵化时它们会抵达繁殖群和雄鸟换班。虽然这样的分工看起来非常不合理，但对于帝企鹅来说这是最好的安排，时间也把握得非常完美：当集群繁殖地更接近大海，食物来源充足的时候，帝企鹅雏鸟也长出羽毛了。

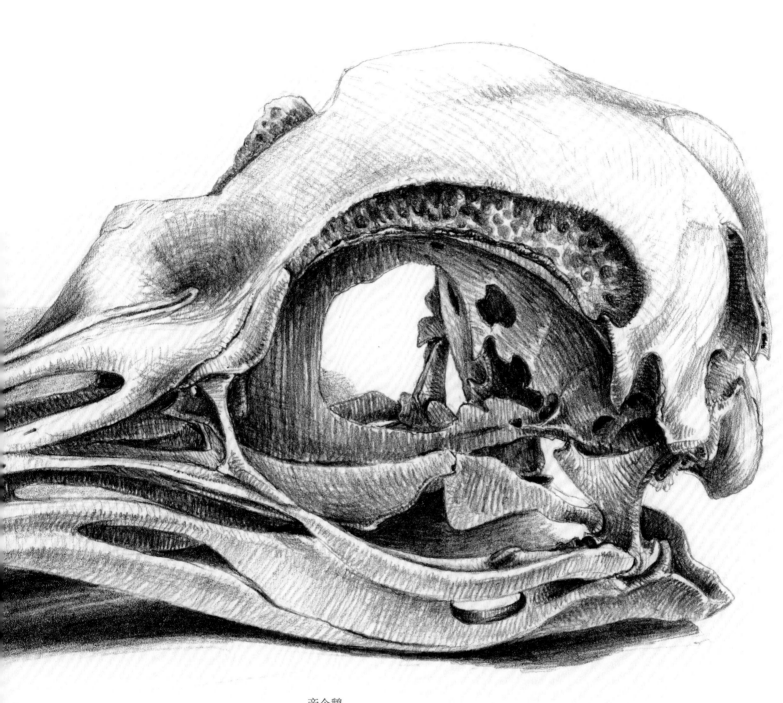

帝企鹅
Aptenodytes forsteri
头骨。

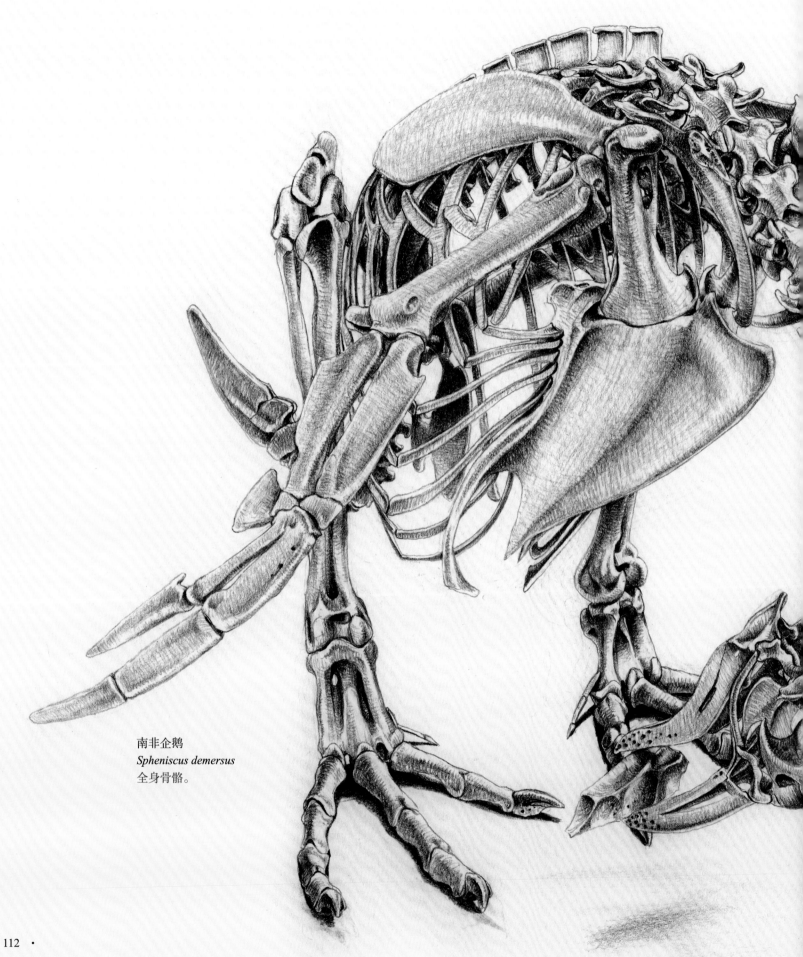

南非企鹅
Spheniscus demersus
全身骨骼。

　　企鹅如此完美地适应了无须飞行的生活方式，以至于长期以来它们都被认为是一类原始的鸟类，是不会飞的祖先的后代，而帝企鹅是其中最为原始的。20世纪早期有一种很流行的理论，认为胚胎会随着发育依次经历脊椎动物演化的每一个阶段：从类似鱼的阶段到两栖动物的阶段，再到爬行动物阶段……根据这个理论，人们期望对帝企鹅蛋的研究能够提供有关鸟类起源的重要信息。1910年冬天，为了收集帝企鹅蛋以证明或推翻这个理论，三个男人踏上了一段史诗般的旅程。记录这一旅程的著作《世界上最糟糕的旅行》成为有史以来最令人惊叹的游记之一。

潜鸟

潜鸟拥有长长的船形身体，有力的双腿位于身体后方，它们非常适应水中的生活方式。潜鸟的一生几乎都在水面或水下度过。它们上岸只是为了繁殖后代，而且因为巢就在水边，所以它们基本不用走路，在巢和水面间往返只需要腹部贴地挪动就够了。它们牺牲了陆地活动的能力，换回了在水域纵行无阻的极强本领。

潜鸟在水中依靠双脚推进，几乎不会在水下打开翅膀，所以它们在水域环境中快速而灵活地活动所需的推动力完全由双脚提供。它们的双腿也非常特别，完全为了发挥最大力量而生，更靠近身体的两侧而不是下方，并且位置非常靠后，这样的腿使潜鸟无法站立。

潜鸟的股骨短而粗厚，呈向后弯曲的弧形；它们长长的胫骨（小腿骨）前缘的一部分有一条粗厚的嵴隆起。这条隆起的嵴的末端是一条指向前方的巨大骨质突出物，就像膝关节上长出了矛头，用于附着脚部发力所需要的肌肉。潜鸟的整个腿部

都被包裹在躯干组织之中，几乎一直包裹到踝关节，只有脚部除外。这样的结构增加了身体的宽度，也提高了它们在水中的稳定性。它们的骨盆又长又窄，上缘如剃刀一般薄。骨盆侧突也就是耻骨的末端扩大，为肌肉提供了更大的附着表面。

潜鸟朝前的三根脚趾有全蹼相连，而不是鹏鹧那样呈瓣蹼状。这些相连的脚趾中外趾尤其长，这使脚蹼的面积达到最大，提升了潜鸟在水中推进的力量。而它们的跗跖和脚趾的前缘是扁的，这样在脚向前复位划动的时候阻力最小。它们的脚和身体的羽毛一样是"反影伪装"的，上面颜色深暗，下面颜色较浅。这种色彩风格在水生动物中很常见，从水面和水下看都呈现出一种保护色。

潜鸟的脚同时发挥着舵和推进螺旋桨的作用。它们的尾羽非常小，不像鸬鹚、蛇鹈和硬尾鸭的那样起到转向作用。

潜鸟又长又粗的颈部末端是相对较小的头部，这让它们的外观比较原始，形似蛇状。红喉潜鸟的喙角度朝上，使这种特

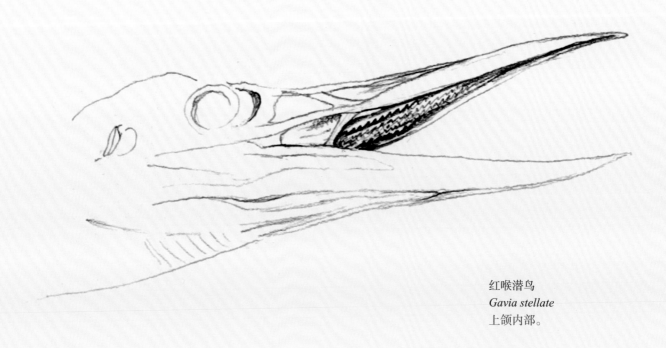

红喉潜鸟
Gavia stellate
上颌内部。

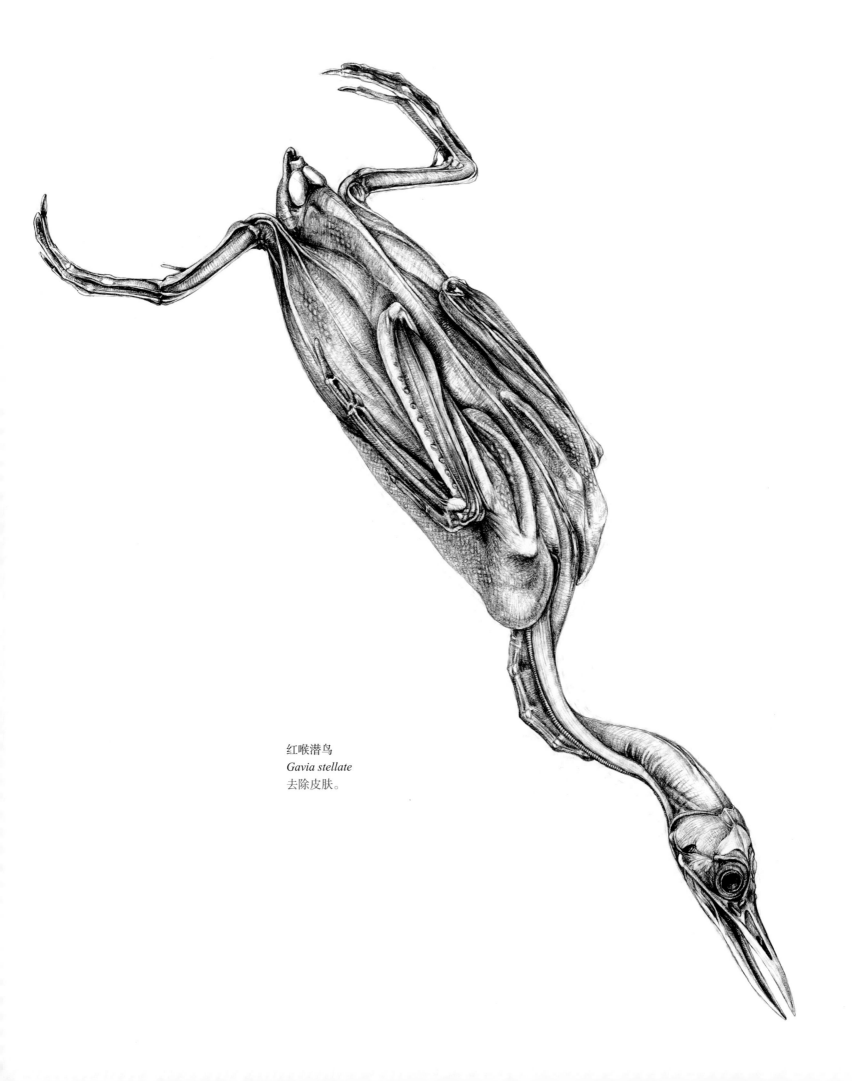

红喉潜鸟
Gavia stellate
去除皮肤。

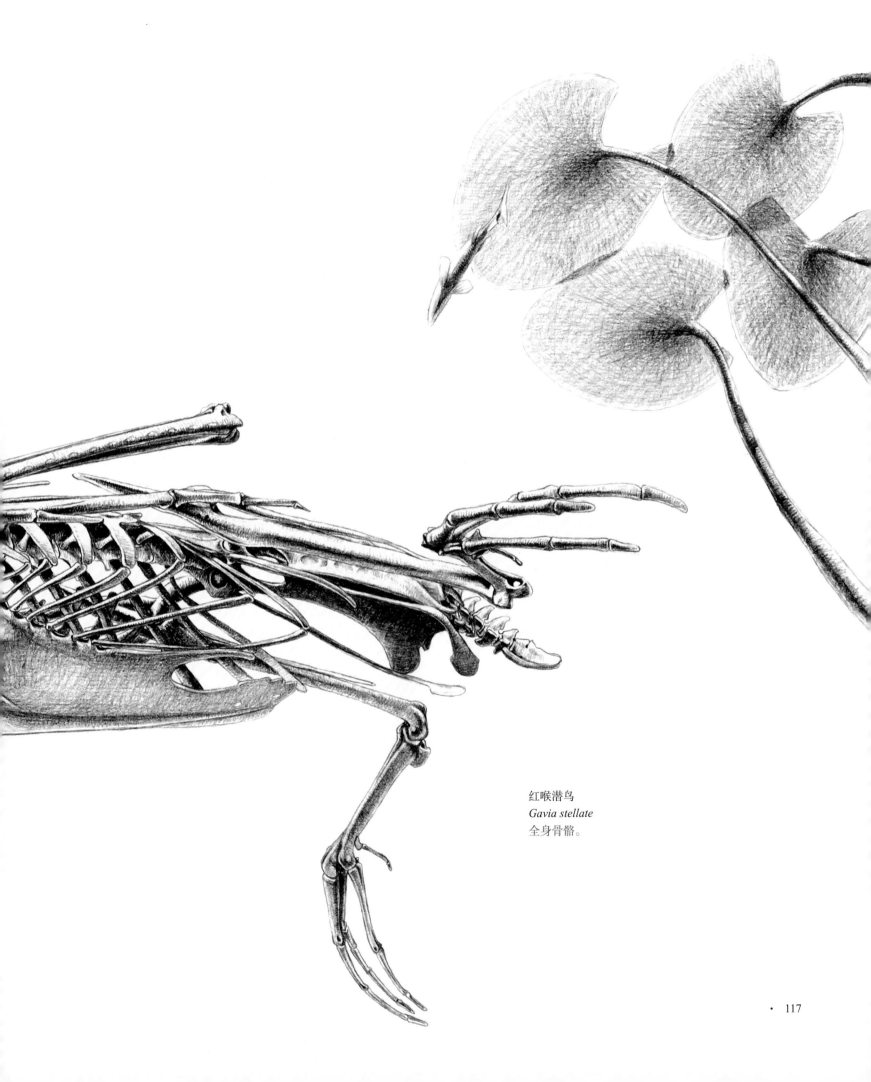

红喉潜鸟
Gavia stellate
全身骨骼。

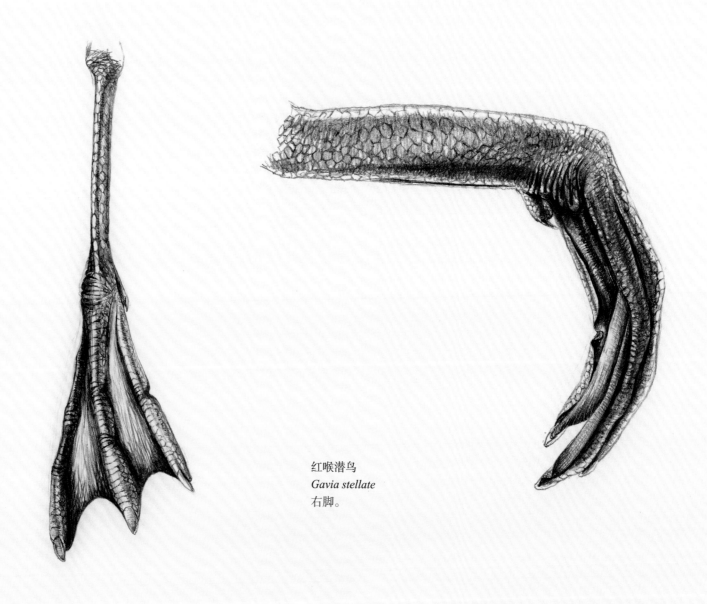

红喉潜鸟
Gavia stellate
右脚。

点更加明显，也可能让鸟儿下方的视野更大。它们的颈椎上有长长的骨质突起，捕捉并咬紧挣扎的猎物所需的肌肉就附着在这些突起上。它们喙的末端没有钩，而舌和上腭长有向后的棘刺，能防止鱼逃跑。

潜鸟游泳时的身体位置很低，有时候水会没过它们背部的一部分，有时候它们的身体位置低到只有头顶露出水面，犹如潜水艇的潜望镜，蛇鹈和鸊鷉也有这样的习性。长时间待在水下需要耗费相当多的能量，鸟类骨骼中有充气空间，这是对飞行的适应性，也使它们天生具有浮力。但在所有鸟类中，潜鸟、鸊鷉、企鹅和蛇鹈的骨骼密度最大，这使它们的浮力降到最低。它们潜入水中，几乎不留下一点儿涟漪，消失得无影无踪。一分钟或者更久之后，在很远处，它们又再次出现，让人怀疑是否可能与之前的是同一只鸟。

䴙䴘

䴙䴘和潜鸟占据相似的生态位，彼此也非常相似。它们都是用双脚推进潜水的鸟，并且能力卓越，不分伯仲；它们的腿都位于身体的远后端；它们在水里游泳时身体位置都很低，并且有相当小的头部、长脖子和末端尖尖的喙。因此，毫不意外长期以来分类学家一直争论它们究竟是亲缘关系真的很近，还是仅仅因为同样的生活方式而变得相似——这一过程被称为趋同演化。林奈认为它们十分相似，并把它们置于同一个类群中，但它们很可能有完全不同的起源：潜鸟与企鹅和鹱有共同的祖先，而䴙䴘演化自与秧鸡类似的曾经在湿地植被中漫步和游泳的鸟。DNA证据表明，䴙䴘甚至有可能和红鹳（火烈鸟）有共同的祖先。

䴙䴘和潜鸟的主要区别是，潜鸟三根向前的脚趾有全蹼相连，而䴙䴘的脚趾是延展而成的大而扁平的瓣蹼状，只在脚趾基部有蹼。不过，瓣蹼足也绝对不是"贫弱"的蹼足。䴙䴘采用了一种不同的推进机制，反而提供了更强的灵活性和控制力，尤其是在穿过水下的植物时。与蹼状脚趾（蹼足）只能张开或者合拢不同，瓣蹼趾能独立转动以便控制水流通过，在把阻力保持在最小的同时最大程度地提高推进力。作为所有双脚推进的水鸟中最为特化的一种，䴙䴘是终极版"浴缸玩具"。

䴙䴘的腿和潜鸟的一样，更多位于身体的后端和侧边，而不是下方。它们的双脚能进行旋转运动，运动程度令人惊讶。䴙䴘（尤其是体形比较小的种类）经常会在保持身体不动的情况下摄食，啄取水中植物上的无脊椎动物。尽管这时候它们看上去毫不费力，但实际上它们的双腿正费力地让身体保持这个姿势，我们能看到它们的双腿滑稽地在身体上下摆动，相当于在水下做悬停动作。和其他潜水鸟类一样，䴙䴘在水下会同时使用双腿，而在水面会轮替地使用，不过它们在水下缓慢觅食的过程中，两条腿是独立发挥作用的。䴙䴘腿的后缘有一排奇怪的锯齿，可能用于帮助鸟儿在穿过植被时开路。

䴙䴘和潜鸟在潜水行为上也有差别：潜鸟仿佛是从水面上蒸发一般潜入水中，几乎不留下涟漪，而䴙䴘潜水时有在水面上跳水的感觉，"扑通"一声消失在水中，这使它们入水的角度也更偏向垂直。和潜鸟、蛇鹈一样，䴙䴘能在水下游泳的同时只把头部露出来，也可以在水面游泳时把头部浸没在水中。它们骨骼中的充气空间比其他大多数鸟类的更少，并且在潜水之前会把空气从稠密的羽毛中挤出来以尽量减少浮力。䴙䴘的尾脂腺很发达，令人惊讶的是，它们分泌的油脂主要成分竟然是石蜡！

䴙䴘的尾羽短到几乎没有，所以它们的腿基本上长在身体非常靠后的位置，就像船的舷外发动机。实际上，这也是它们的学名"*Podiceps*"莫名其妙的含义"屁股的脚"的由来。和潜鸟一样，它们完全依靠双脚在水中掌舵推进，甚至在飞行时，也能用脚替代尾羽发挥控制方向的作用。

䴙䴘的胸骨比潜鸟的短得多。它们背部的脊椎骨愈合成一根粗壮的圆柱形骨骼，由此带来的僵硬身体劣势可以由它们特别细长的颈部弥补。它们骨盆长长的侧突称作耻骨，细长如刀片一般，在体形较大的种类中尤其如此。䴙䴘往往更活跃地在水下捕食鱼类，而不是寻找那些无脊椎动物。它们的股骨短而弯曲，最大程度地加强了腿部力量。像潜鸟一样，䴙䴘的膝盖处也从小腿突起一个延长的骨质冠，但这个突起的"冠"后面还额外有一枚尖头状的"膝盖骨"。䴙䴘的头骨和潜鸟的头骨也不难区分，除了尺寸更小外，䴙䴘的眼睛上方只有一个很小的凹陷，盐腺位于此处，这反映出它们以淡水环境为主的生活方式。

虽然比起潜鸟，䴙䴘对陆地的适应能力稍强一点儿，但它们的生活完全与陆地隔绝，不需要上岸繁殖。䴙䴘的巢建在植物形成的浮岛上，它们甚至会建造一个单独的浮岛在上面交配。

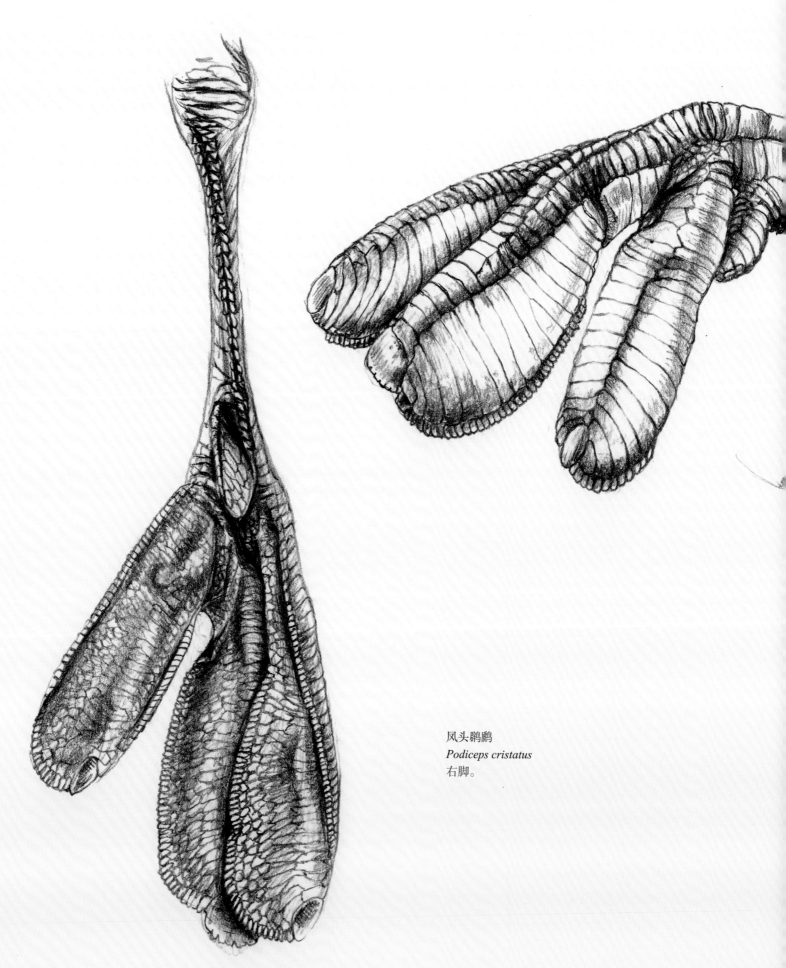

凤头䴙䴘
Podiceps cristatus
右脚。

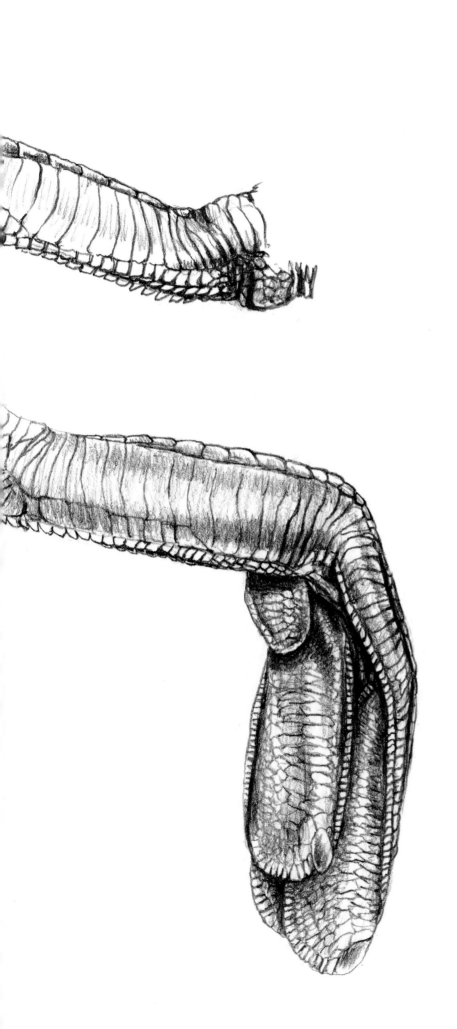
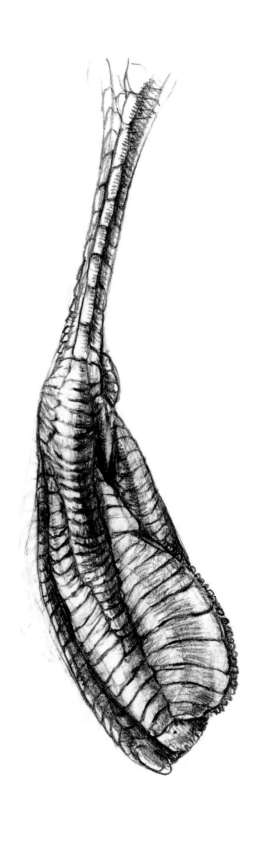

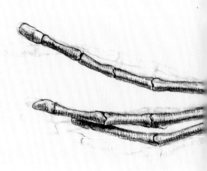

鸊鷉以动作同步的优美求偶炫耀而闻名，这些炫耀方式名称动人，包括"猫姿""水草舞"以及"幽灵企鹅舞"。它们的雏鸟身上有漂亮的斑纹，在出生后的几周内都被亲鸟背在背上生活。在那些更"正常"的食谱中，雏鸟也会被喂食成鸟从胸口和腹侧（胁）拔下来的羽毛。成鸟也会吃这些羽毛，人们认为这些羽毛用于包裹鱼骨和其他难以消化的物质，再形成"食丸"从嘴中吐出。

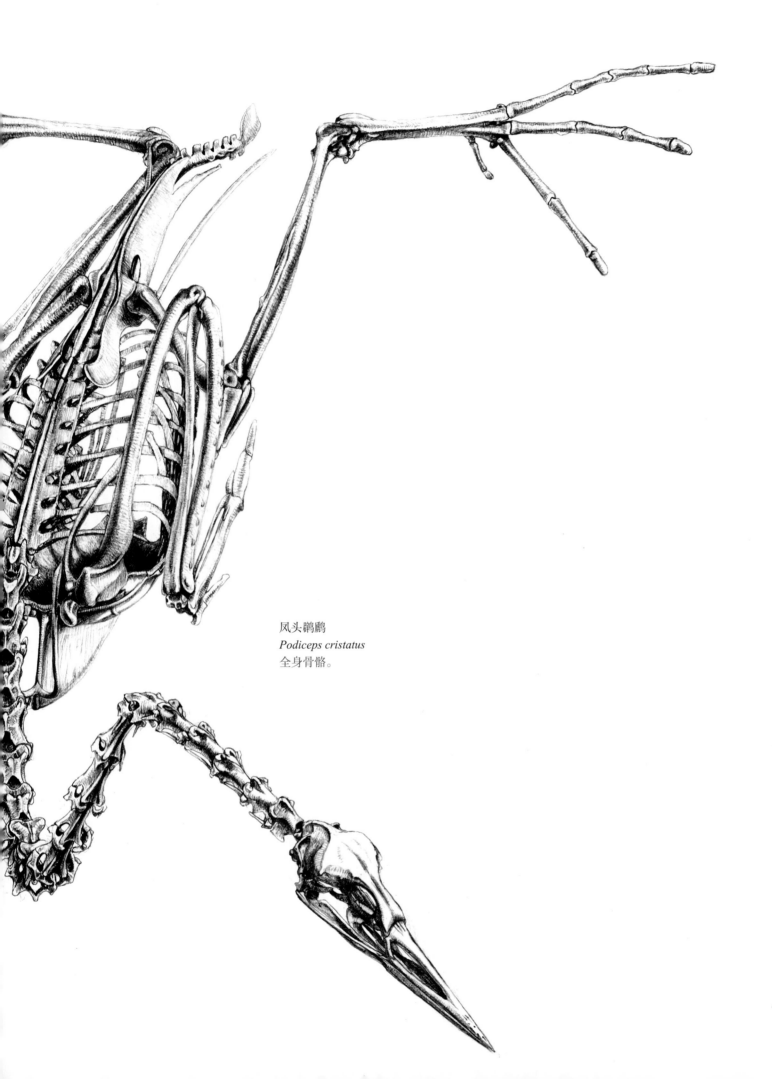

凤头䴙䴘
Podiceps cristatus
全身骨骼。

信天翁、鹱和海燕

"咆哮西风带"[22]，靠近地球南端纬度的地区有这样的称呼并非无缘无故。南部大洋——澳大利亚以南、南非以南和著名的合恩角周围，是咆哮的大风、暴雨和巨浪的同义词。信天翁却能轻松地驭风飞翔，甚至不需要动一下翅膀，这对水手们来说是好兆头。

信天翁不仅仅能应对这些极端状况，它们还依赖于此。它们是超级特化的滑翔者，它们整个生物系统都是为了很好地适应海上的强风和气流。它们的翅膀不是用肌肉力量对抗这些恶劣环境，而是像刚性机翼那样，在与风形成直角向下滑行之前，利用好每一个波浪产生的向上气流。虽然这种"动态翱翔"意味着鸟儿要以更长、更曲折的路径飞行，但所消耗的能量是最小的。信天翁的飞翔肌相对较小，胸骨也相对较短。这些鸟只有在起飞和降落的时候才需要扇动翅膀，对它们来说这是唯一有困难的事情。没有风的时候，它们基本都待在陆地上。

信天翁狭长的翅膀主要是由于长臂和前臂骨骼（肱骨和尺桡骨）的加长，这两部分骨骼的长度大致相当，鹱形目的所有鸟类都是如此。比起其他的鹱形目鸟类，信天翁的前臂骨（尺骨和桡骨）更直，两者之间的距离也更近。同时，除了沿前臂排列有很多根次级飞羽外，沿着上臂也有额外几组羽毛作为补充。不过这些"肱骨的飞羽"并不是真正的飞羽，它们并没有着生在翅膀的骨骼上。鹱形目鸟类的另外一个特征是，手部骨骼长度的缩短与手臂骨骼长度的增加形成平衡，这就形成了一种在空气动力学上非常高效的翅膀。这种翅膀很适合滑翔，但在空中几乎没有什么机动能力。

即使不扇动翅膀，只是长时间保持翅膀的张开姿势也会使肌肉疲劳，但信天翁有办法解决这个问题。信天翁翅膀前缘的肌腱中嵌有一根小小的骨头，能让皮肤紧绷以应对迎面而来的风，同时在肘关节和肩关节拥有锁定机制，能保持翅膀的伸展并防止翅膀被推到最理想的水平位置之上。

信天翁所属的鹱形目还包括了真正的鹱、海燕以及鹈燕。鹱形目的共同特征是喙的上缘有延伸的管状通道连着鼻孔开口，因此这个类群也拥有另外一个名字——"管鼻类"。大多数的鹱都只有一根管道，里面分成两半。而信天翁的鼻孔是各自分开的，它们喙的两边各有一个鼻孔，但依然分别被包在小管状通道内。

所有的鹱形目鸟类都是海鸟，它们会通过饮食摄入大量盐分。它们依靠位于头骨顶上眼睛上方的腺体（盐腺）从身体中排出这些盐分。排出的盐溶液被喙导流到喙尖，它们再定期将液体从喙尖甩出去。

信天翁是鹱形目鸟类中为数不多能挺直身子的一种。它们能走、跑，甚至还能翩翩起舞。与许多依靠声音和气味交流并在夜间繁殖的鹱形目鸟类不同，信天翁白天在陆地上也很活跃，这意味着它们能靠视觉交流。它们会通过仪式化的动作进行这种交流：头指向天空，翅膀张开，同步开始炫耀性飞行，头部摇晃并以左摇右摆的奇怪姿态步行。这有时显得很滑稽，但总是令人着迷，并常常让人深受感动。

信天翁会与伴侣相伴终身，它们通常会回到出生、长大的地方，回到同一个繁殖群中去繁殖，尽管这需要迁徙数千公里的距离。它们的繁殖速度很慢，每次只养育一只雏鸟，甚至不是每一年都繁殖，幼鸟也需要很多年才能达到性成熟。信天翁几乎没有天敌，尽管生活的环境很艰苦，但它们的寿命很长。因此，至少在近代之前，需要长时间养育后代对它们来说并不是什么问题。直到商业捕鱼开始采用多钩长线鱼饵的作业方式，对海鸟种群造成了巨大的打击。[23]目前，世界上大多数信天翁种类都面临灭绝的危险。

在鹱形目的四个科中，鹱科最为多样化。和这个目的其他类群一样，鹱科鸟类的鼻孔也是管状的，但与信天翁不同，它们的两个鼻孔都被包裹在喙上面的一个单独的管道里。这四个

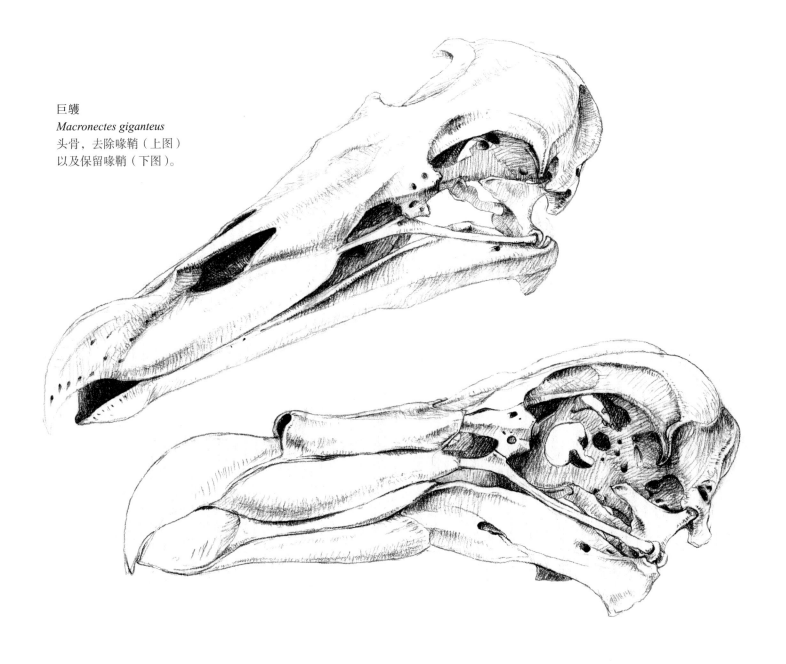

巨鹱
Macronectes giganteus
头骨，去除喙鞘（上图）
以及保留喙鞘（下图）。

科所有鸟类的喙也都是末端向下，呈尖锐的弯钩状，同时表面被深深的沟槽分成明显的几个部分。在巨鹱等看上去就像捕食者的一些种类身上，这些特征更加夸张；在一些貌似无辜善良的中小型鹱身上，这些特征则更隐微。这些鸟的管状鼻孔与它们特别发达的嗅觉有关，也和它们体内的盐分排出有关。盐分可以从管状鼻孔排出，它们消化道分泌的一种刺鼻的麝香味油脂也会从鼻管中流出来。但如果一只鹱真的想把它囊状食管中部分消化的内容物排出来，比如在捕食者或者鸟类学家接近它的巢时，它会以一种夸张的方式将其完全从口中直接呕吐出来。

大多数鹱形目鸟类在夜间繁殖，在黑暗中利用气味确定洞穴巢的位置。它们也依靠气味在浩瀚的大洋上寻找食物，远洋观鸟者们已经学会了利用这一点，他们把一种叫"chum"的液体状鱼肉混合物[24]抛下船去吸引远远近近、四面八方的鹱形目鸟类。大多数鹱形目鸟类都在水面上觅食，而巨鹱比较特别，它们扮演着兀鹫那样的食腐角色，主要以岸边被冲上来的尸体为食，因此它们在陆地上比其他鹱灵活得多。其他种类，尤其是一些中小型鹱是技术娴熟的潜水者，这种区别明显地反映在它们内部解剖特征的差异上。

这些中小型的鹱在水下会同时用翅膀和双脚推动前进，因此它们既和海雀这样用翅膀推进的潜水鸟类有共同特征，也和潜鸟、鸬鹚这样用双脚推进的潜水鸟类有共同特征。和海雀一样，它们在水下游泳时翅膀保持一半合拢的姿势，它们的翅膀和双脚的骨骼都是扁平的，像刀片一样，可以轻松地划水前进。它们的双腿多位于身体两侧，而不是下方，这一特征也有助于它们挖掘洞穴。它们的双腿也是"反影伪装"的，上面深暗色，下面浅色，这是许多游泳动物共有的特征，是一种伪装色。所

有鹱形目鸟类都只有三根朝前的脚趾有蹼，它们的后趾实际上退化消失了。它们的骨盆很窄，有长而突出的骨头用于附着提供腿部动力的肌肉。和潜鸟、䴙䴘一样，中小型鹱的大腿骨（股骨）短而弯曲，以提供最大的腿部力量，膝关节处也同样有矛一样的骨质突起。

然而，鹱的腿位于身体很靠后的地方，主要用于游泳和挖掘，就很不擅长在地上行走了。大多数鹱站起来蹒跚地走不了几步，就又会回到趴下休息的姿势。它们的翅膀如此之长，因

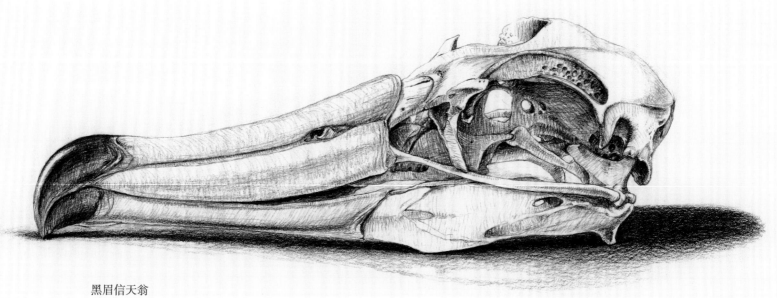

黑眉信天翁
Thalassarche melanophris
头骨。

此也无法从地面起飞，必须从悬崖或者其他地方跳下才能飞起来。这种无助使它们很容易惨遭那些强盗般的鸥和贼鸥的毒手，这也是大多数鹱有夜间繁殖行为的原因。

夏季夜晚，众多大西洋鹱会聚集在海上，等待返回它们的集群繁殖地。全世界大多数的大西洋鹱都在距离英国和爱尔兰西海岸不远的小岛上繁殖，直到相对近期，这种鸟才开始在北美洲的大西洋海岸有集群繁殖地。然而，它们在南美洲南部的近岸海域越冬，估计每年至少需要飞行3.2万英里（约5.1万千米）。环志回收的记录表明它们是世界上最长寿的鸟之一。

海燕神秘而浪漫，人类对其所知甚少，而且大多数人也很难见到它们。然而，海燕可能是世界上数量最多、分布最广的一类鸟。海燕顶多有椋鸟那么大，体重更是轻许多，加上细长得不成比例的腿和雅致的蹼足，它们看上去是如此精致而又脆弱的生物。实际上并非如此。海燕一生中大多数时间都远离陆地，在狂风大作、严寒刺骨的海上生活，这样的环境是其他任何体形相近的鸟都无法忍受的。它们在海浪的波谷中寻找安身之所，很少在水面上降落。但它们降落时仿佛翩翩起舞：用双脚轻快地拍打水面，扇动翅膀，再扑向水面，落入其中，以被

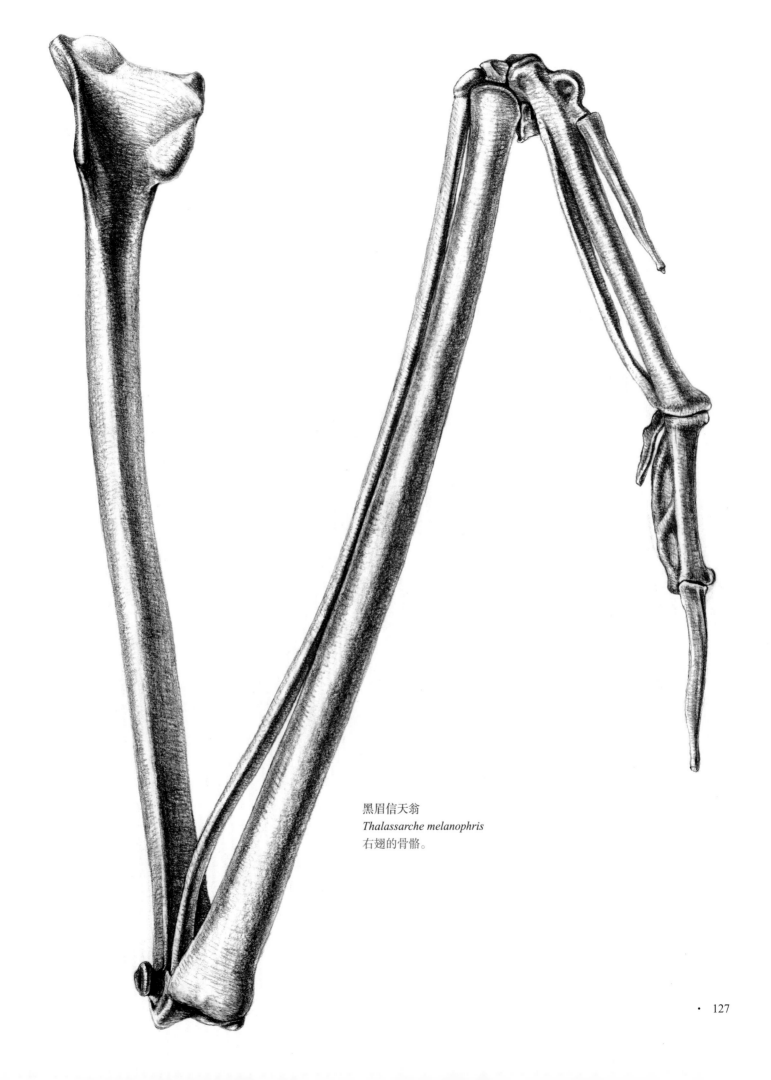

黑眉信天翁
Thalassarche melanophris
右翅的骨骼。

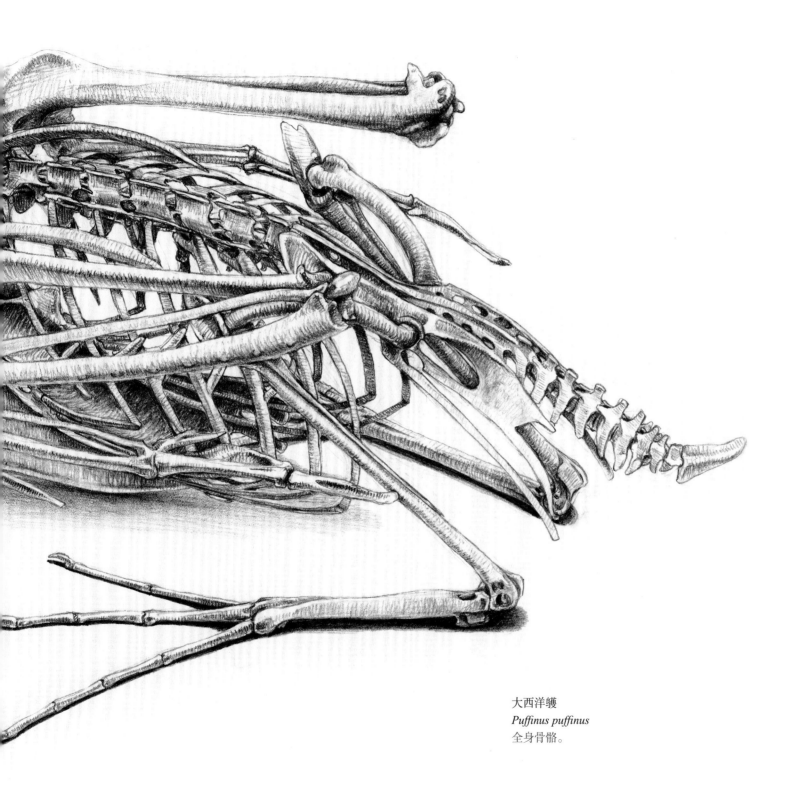

大西洋鸌
Puffinus puffinus
全身骨骼。

湍流扰动的微小海洋生物为食。海燕也是飞翔能力高超的鸟类，尽管它们利用空气动力学的方式在很多方面与信天翁截然相反，不过其飞行技巧同样符合完全的海洋环境的需求。

所有鹱形目鸟类的上臂和前臂骨骼长度大致相同，而手部骨骼的长度各有差异。一般来说，鸟的体形越大，手部骨骼相对就越小，信天翁的就是典型。海燕的情况却正好相反，它们从腕部到翅尖的长度明显长于上臂和前臂。与信天翁相比，海燕相应地拥有更多功能性的初级飞羽（着生在手部），而次级飞羽相对较少（着生在手臂）。它们的胸骨也更长，叉骨向外弯曲，为发达的飞翔肌提供最大的附着区域。海燕也许不能像它们那些翅膀狭长的表亲那样长时间毫不费力地翱翔，但它们可以像蝴蝶那样飞行，只要稍微一动就能改变方向。

虽然海燕健壮而顽强，但它们毕竟是一种小型鸟类，若不是有在黑暗掩护下前往集群繁殖地的习性，它们很容易就成为鸥和贼鸥的猎物。在其他时间，海燕会远离陆地，到那些捕食性鸟类活动范围之外的安全区域觅食。它们在岩石、干燥岩壁以及碎石坡上的洞穴和裂缝中筑巢。海燕的腿又长又细，在陆地上只能笨拙地移动，用跗跖贴地站在地上。降落在地上后，它们会迅速拖着脚挪回巢穴。白天，只有一种微弱的麝香气味会暴露海燕的存在。但到了晚上，整个鸟群都变得热闹起来：充满它们奇怪的喳喳叫声，翅膀的扑腾声，还有这些鸟儿偶尔在空中碰到而发出的轻柔撞击声。海燕敏锐的嗅觉使它们得以在夜间活动，这样的嗅觉在鸟类中很少见，但对于大多数鹱类来说是很普通的事情。它们发达的嗅觉感受器与特有的管状鼻孔相连。这些鸟用嗅觉定位和辨别它们的巢穴位置、觅食，甚至识别彼此。确实，大多数鹱都拥有一种刺鼻的气味，但它们也大多在人烟稀少、难以接近的岛屿和浪蚀岩柱上筑巢繁殖，不会受到能通过这种气味找到它们的捕食性哺乳动物的影响。海燕的芳香气味纷繁复杂又令人感官愉悦，就如同这些鸟儿本身一样神秘莫测。

黄蹼洋海燕
Oceanites oceanicus
全身骨骼。

鹲和军舰鸟

鹲和军舰鸟虽然在传统上和鹈鹕、鲣鸟以及鸬鹚被放置在同一个目里，它们却是鹈形目中的特立独行者。对它们来说，几乎每一条定义这个类群的规则都是无效的。它们少了两节颈椎骨，颈部更短，并且没有"Z"字状的弯曲。它们的蹼足有四根脚趾，不过军舰鸟的脚蹼已经退缩到只在脚趾间基部有一点儿了。军舰鸟和这个目其他科的鸟类都拥有带锯齿的中爪，但鹲不包括在内。鹲和军舰鸟与其他科的鸟并没有多少共同点，甚至彼此之间的共同点也不多。实际上最近的观点是（原先的）鹈形目是一个无效的目，而军舰鸟和鹲各有独立起源并且差异很大。[25]

无论它们之间亲缘关系如何，鹲可能都是热带海洋中最美丽的鸟类，而军舰鸟无疑是最激动人心的。

鹲有前端更为突出的体形。它们的胸骨龙骨突很深，拥有强大的飞翔肌肉、长长的翅膀和一个大头骨，但它们的骨盆和后肢骨不成比例地小而且瘦弱。毫无疑问，鹲在陆地上行走非常困难，但它们是技巧娴熟的飞行者，那超群的空中求偶炫耀行为尤其将这一点展露无遗：长长的中央尾羽在身后如飘带般，仿佛拖着尾巴的彗星。尽管鹲在空中本领高强，但还是无法和在空中飞翔掠食的军舰鸟相匹敌。

体形巨大、颜色深暗，拥有巨大且棱角分明，犹如史前动物般的翅膀，深深开叉的尾，以及前端呈钩状的长喙，军舰鸟是热带地区的海盗，它们的外形也完全符合这一身份。它们完

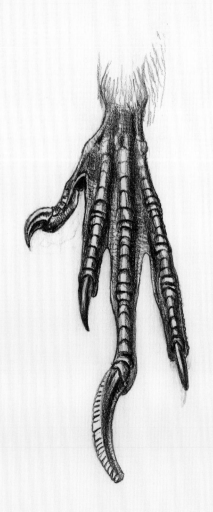

华丽军舰鸟
Fregata magnificens
左脚，展示了拥有锯齿的中爪。

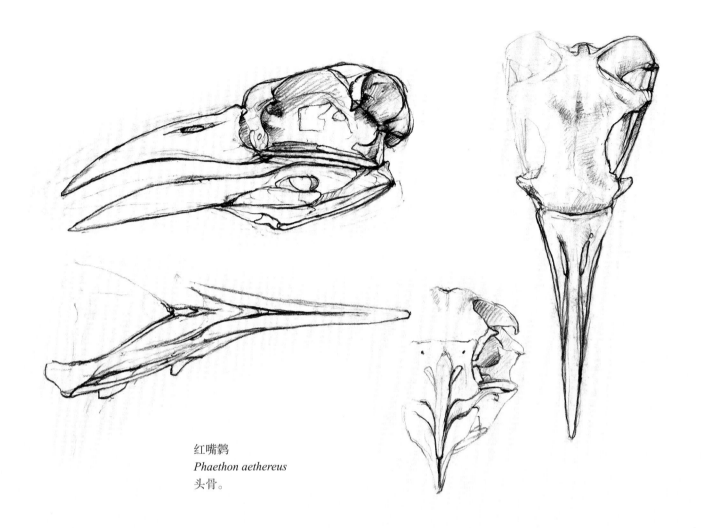

红嘴鹲
Phaethon aethereus
头骨。

全依靠翅膀在空中捕食，尽管一生都在海上生活，但它们的羽毛并不防水，它们也很少游泳，甚至很少在水面上降落。相反，军舰鸟在飞行中抓取猎物，并且能将头（向下）转动90度，以惊人的精确度从水面上咬住飞鱼或者小块的食物。然而，鹲、燕鸥或鲣鸟这样的鸟类多半会成为它们的受害者。军舰鸟会毫不留情地欺负和骚扰这些鸟，逼迫它们把上一餐反吐出来。

和鹲一样，军舰鸟的骨盆也发育不良，后肢又小又弱，对于一直很少需要运动双腿的鸟来说，这并不奇怪。甚至在集群繁殖的矮树顶上，它们也基本上不怎么动弹，不在植物上爬来爬去。军舰鸟和鹲的另一个相似之处是，它们有宽且龙骨突深的胸骨用于附着飞翔肌，因此它们的飞行能力也非常强。但军舰鸟并不仅仅是大号的鹲，它们的叉骨与胸骨的龙骨突愈合在一起，就和鹈鹕的一样，这使得胸带更为强硬坚固。鹲的上臂比较长，前臂和手部比较短，以此维持有力的飞行；而军舰鸟在结构上则相反，它们的上臂比较短，前臂较长。这虽然让军舰鸟的飞行不那么稳定持久，却让它们获得了优异的空中机动能力，也是它们的"海盗"生活方式所需要的。

甚至军舰鸟的骨骼构成也是以空气为主！军舰鸟在鸟类中属于骨骼最轻的那类，因此能在海上长时间飞行，寻找猎物和新的受害者。

鹈形目的另一个特征是下颌骨间拥有一个松弛的皮肤囊袋（喉囊）。当然，鹈鹕的喉囊极度发达，而鲣鸟、鸬鹚和蛇鹈虽然也有这种喉囊却不太发达，但这几类鸟的喉囊都在摄食中发挥重要的作用。鹲没有这个特征，而军舰鸟的喉囊并不用于摄食，雄性军舰鸟在求偶炫耀时会将其充气膨胀起来，如同一个巨大的红色气球。

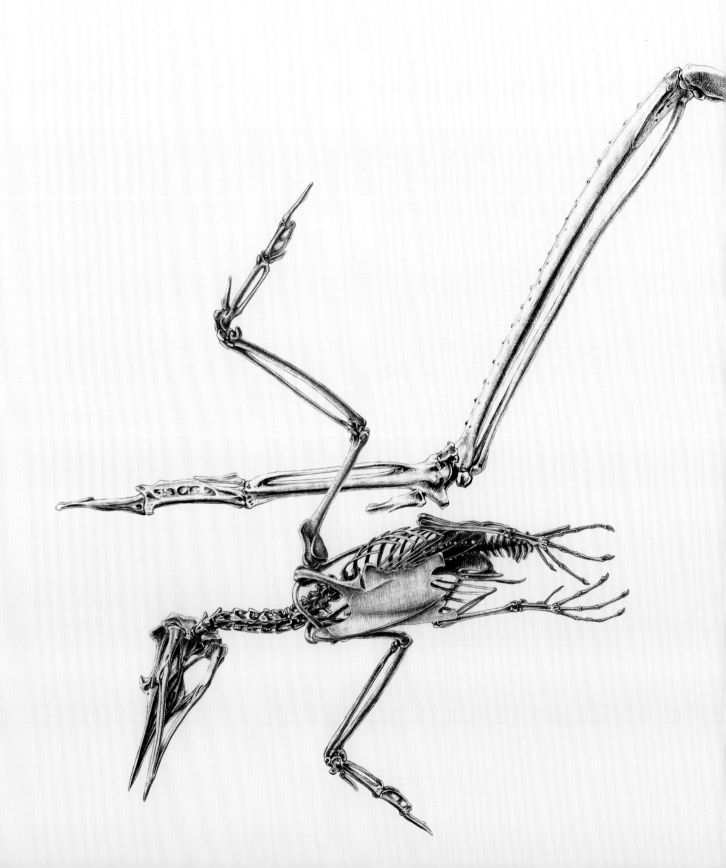

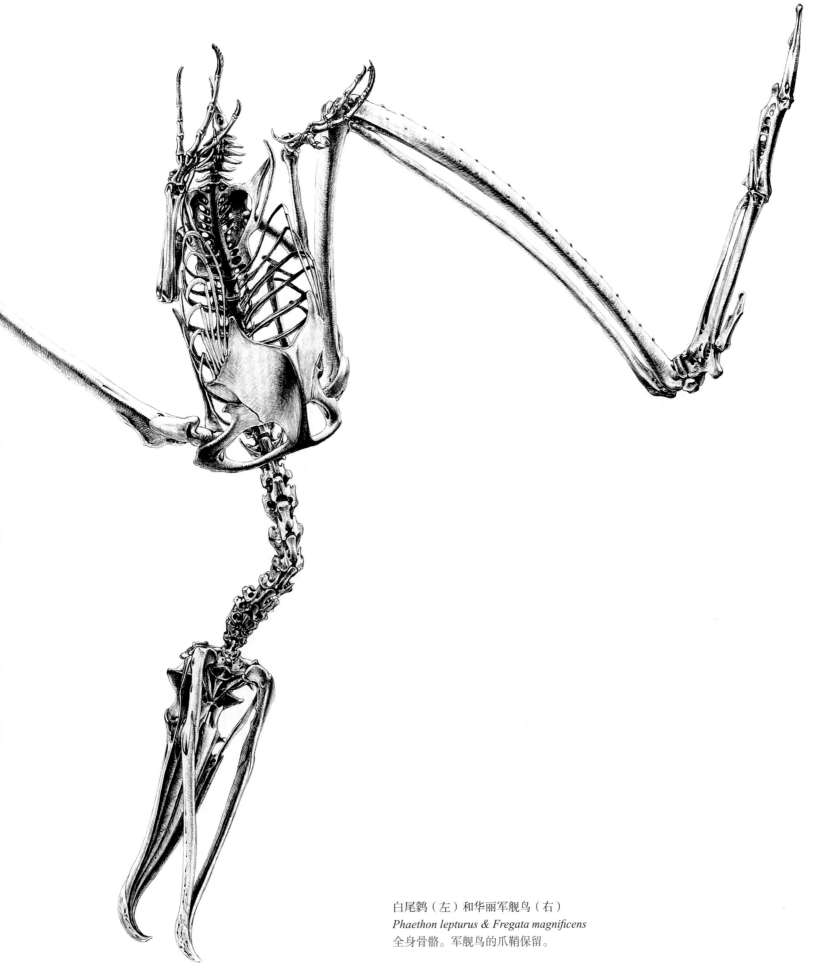

白尾鹲（左）和华丽军舰鸟（右）
Phaethon lepturus & Fregata magnificens
全身骨骼。军舰鸟的爪鞘保留。

鹈鹕

巨大的喉囊如同喙下面膨胀出来的口袋，鹈鹕是人们最熟悉的鸟类之一，大家一眼就能够认出来。实际上，鹈鹕的喙是所有鸟类中最长的，澳大利亚鹈鹕的喙尤其长。鹈鹕下颌两侧的骨仅在尖端相连，中间的喉囊由松弛的皮肤形成。这个喉囊很有弹性，装满的时候可以容纳多达10升的水和鱼；空着的时候喉囊又会弹回到嘴底位置，让这些鸟的样子看上去和之前完全不同。尽管流行的说法是它们用喉囊储存或携带鱼，但实际上鹈鹕不这么做。它们仅仅把喉囊当作渔网使用，在水面上向下舀起猎物，褐鹈鹕则会使用一种从空中俯冲入水的壮观方式捕捉猎物。它们上颌基部有铰链系统，能够向上运动，让嘴张得更开；下颌的两侧是灵活的，能够向外弯曲，进一步增加"渔网"的尺寸。当鱼被捕获后，鹈鹕的喉囊会收缩，将多余的水从喙的两侧排除，小一点的鱼经常会意外地随着水流喷出来。因此，鹈鹕摄食的时候，经常有投机取巧的鸥、燕鸥和玄燕鸥跟在它们旁边，抓住时机把这些小鱼抢入口中。

鹈鹕是体重很大的鸟，翅膀长而宽，腿比较短，所以它们很难起飞。鹈鹕胸骨的龙骨突也相对较浅，对于这么大的鸟来说，它们的飞翔肌很不发达。不过，它们的龙骨突和叉骨愈合，增加了胸带的刚性强度。一旦成功起飞，鹈鹕就会成为出色的飞行员，它们尤其擅长利用上升的热气流翱翔。它们前臂的骨骼比上臂的长很多，因此比其他鸟类多了许多次级飞羽，数量为30～35枚，它们的翅膀的表面积因此很大，可以充分地利用上升气团。

鹈鹕的骨盆很宽，但支持着相对小的腿部肌肉，这些肌肉使它们能持续游泳。它们的腿短而粗壮结实，位于身体很靠后的位置，让它们能挺直身子站立，并且舒服地行走和栖站。鹈鹕的四根脚趾间都有蹼，但这似乎并不影响它们栖站在树上，尽管脚上有蹼，它们也经常把后趾转过去与其他脚趾相对，以抓紧栖枝。

说起运动能力，鹈鹕是杰出的全能型选手。在水、陆、空中都能行动，但也都不出色。拥有喉囊的它们能够以最小的精力最大限度地捕捉猎物，从而获得大量富有营养的食物喂养在集群繁殖地的雏鸟。它们不需要更进一步的特化。

传统分类中，鹈鹕、鲣鸟、鸬鹚、蛇鹈、鹲和军舰鸟一起被置于鹈形目。它们确实有许多相同的解剖学特征，但也有许多差异，而且它们之间的相似之处很可能是趋同演化的结果，而并不反映实际的亲缘关系。比起之前的那些海鸟，鹈鹕很有可能与鹈形目中样貌奇特的鲸头鹳亲缘关系更为接近，不过后者的脚不具有蹼。

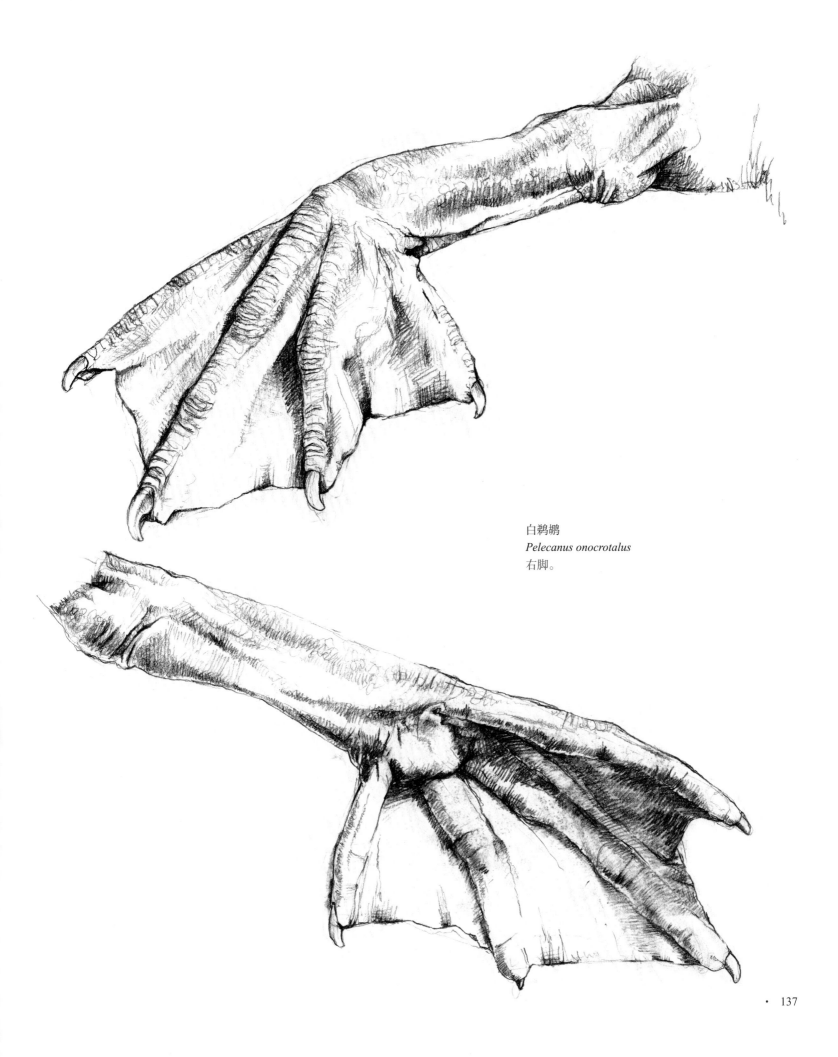

白鹈鹕
Pelecanus onocrotalus
右脚。

白鹈鹕
Pelecanus onocrotalus
全身骨骼。

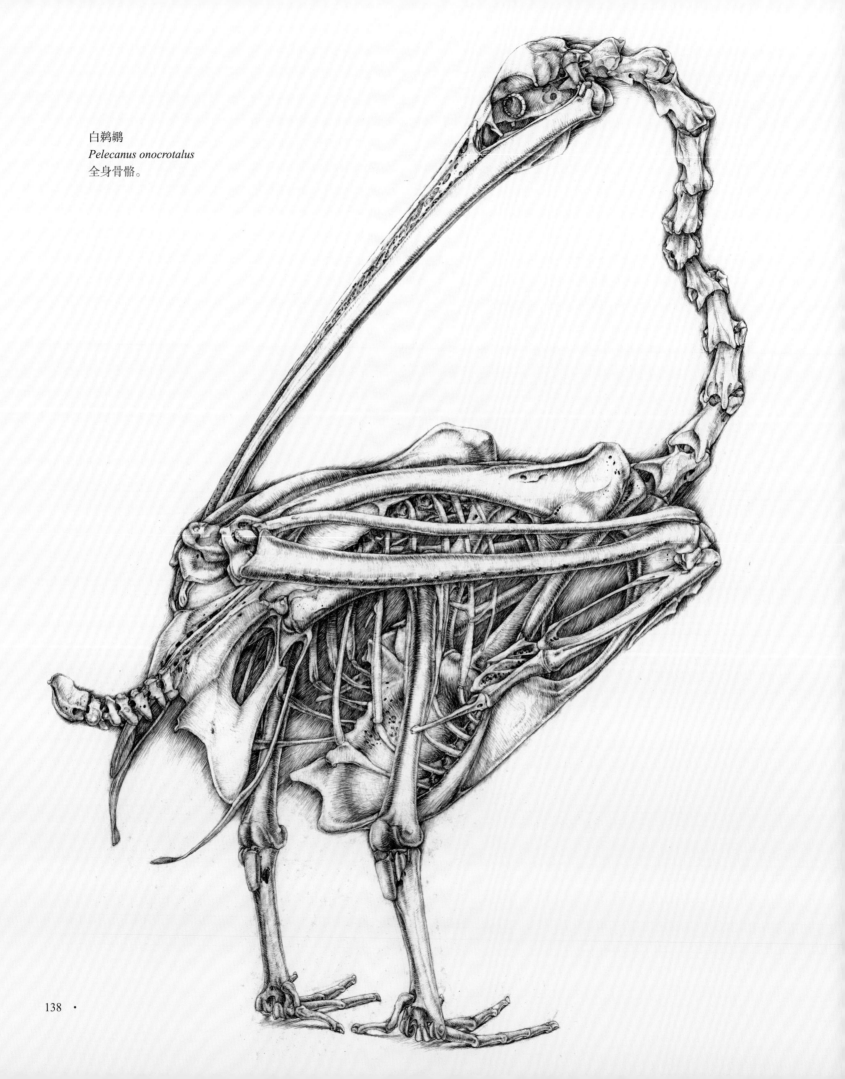

鲣鸟

一头是尖尖的喙，另一头是尖尖的尾羽，鲣鸟的身体经常被描述为"雪茄"形[26]，这个说法相当传神，它们窄长的翅膀又使流线造型更加完美。尽管这类鸟体形很大、外表壮实，但它们并不是强壮的飞行者，并且更适合滑翔而不是扇翅飞翔。

鲣鸟翅膀的"手臂"部分，尤其是从肩部到肘部的上臂特别长，而"手部"也就是从腕部到翅尖的部分相对较短。这对于利用强风长途飞行非常有利，几乎不消耗什么能量，但在空中也几乎没有什么机动性。它们的胸骨不大，飞翔肌也不是很发达。

鲣鸟需要风才能飞翔，对它们来说起飞和降落都很成问

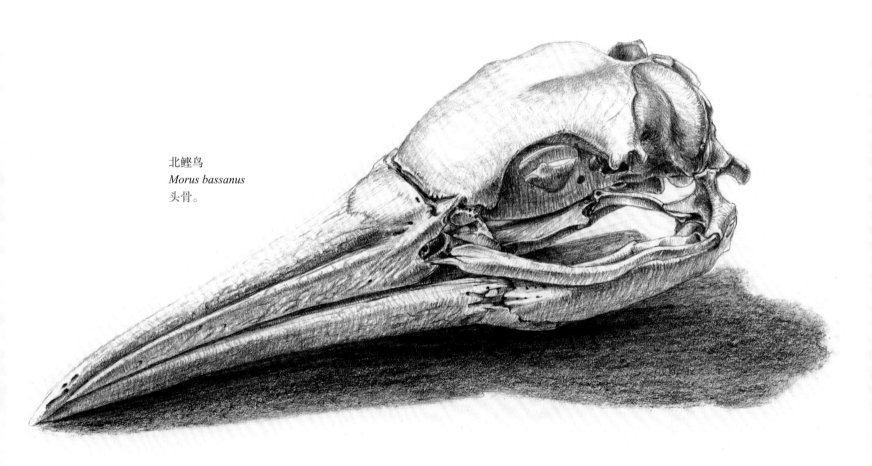

北鲣鸟
Morus bassanus
头骨。

题，这就是鲣鸟的集群地总是位于多风的悬崖顶部和岛屿上的原因。在这样的地方，鲣鸟能从边缘起飞到空中。在潜水之后，它们要从水面上飞起来也有些艰难。

鲣鸟每次进出它们的巢都要面对考验。尽管它们集群繁殖，但也有很强的领地意识，并且能用带锯齿的长喙给彼此造成严重的伤害。毗邻的每个领地范围都正好是一只鲣鸟从它的巢中向外所能触及的距离，两个领地之间没有一丝一毫空间浪费。一系列复杂的仪式维持了集群繁殖地中的等级制度，使它们将对彼此可能发生的实际身体伤害降到最低。

然而，集群在狩猎时对这些鸟儿有利。鲣鸟以鱼群为食，

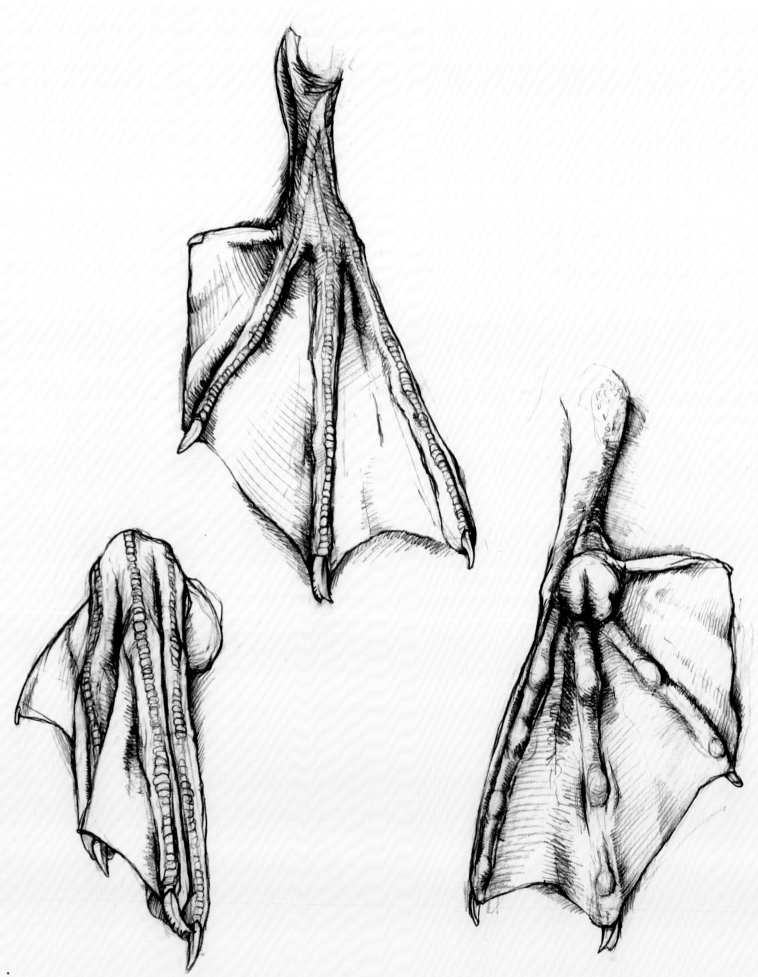

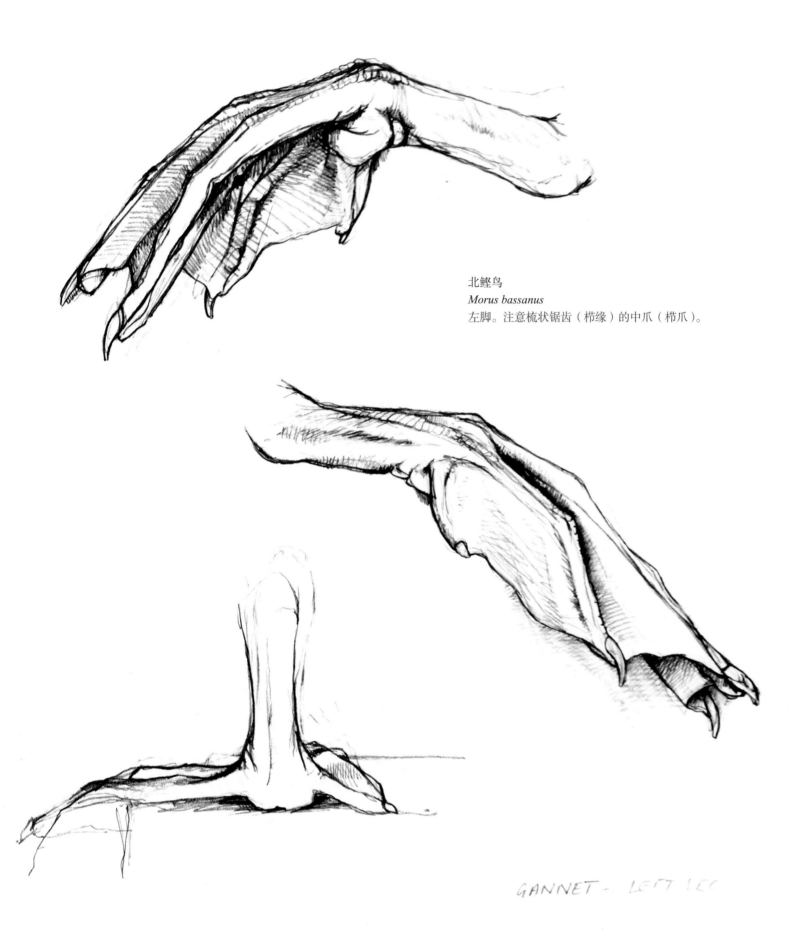

北鲣鸟
Morus bassanus
左脚。注意梳状锯齿（栉缘）的中爪（栉爪）。

GANNET - LEFT LEG

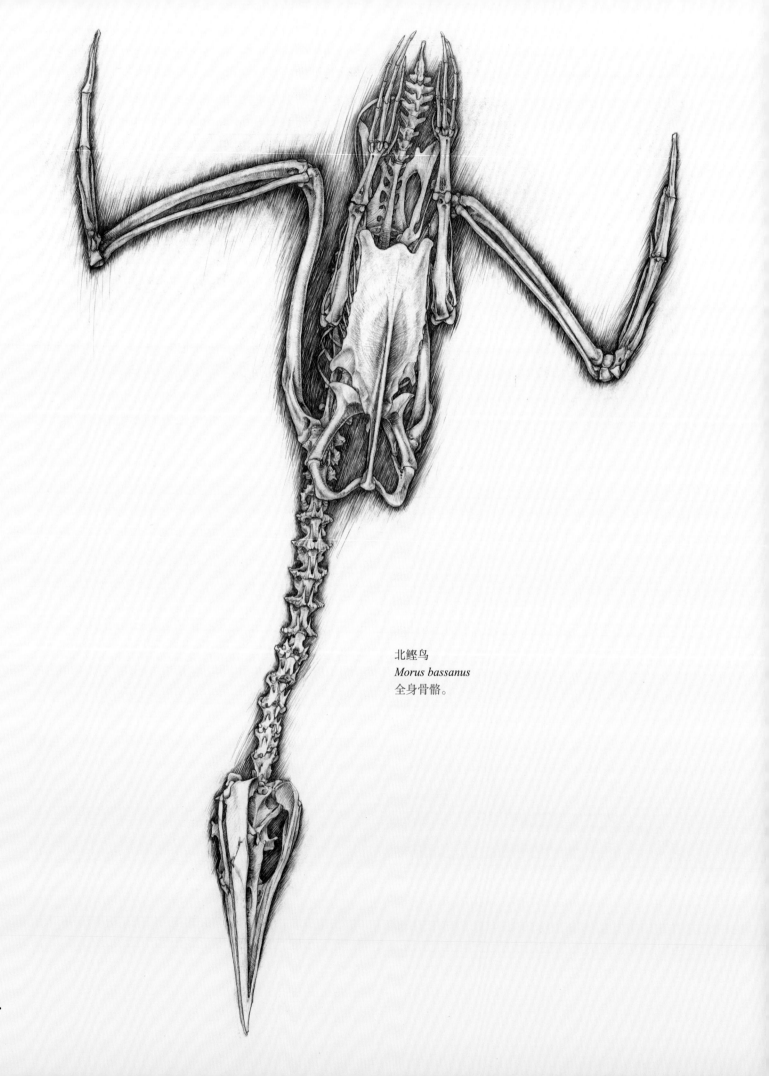

北鲣鸟
Morus bassanus
全身骨骼。

每个捕鲱鱼的渔民都知道找到鱼群的最好办法就是往有鲣鸟身上醒目条纹的方向去寻。当越来越多的鸟儿加入捕猎队伍，它们就开始疯狂取食，像箭雨一样从天而降。

鲣鸟的眼睛在头骨中朝向前方，这让它们拥有双目视觉，能够精确地判断距离。它们发现一条鱼时，会将翅膀向后收起一半，身体垂直下落，在下降过程中始终盯着鱼，并细致调整下落的角度和位置，在最终撞击水面之前将整个翅膀贴着身体向后伸直。

鲣鸟的喙上面有一条纵向的浅凹槽，可能拥有瞄准线的功能，增加瞄准猎物的精确度。鲣鸟没有外鼻孔，因此入水时不会有水从鼻孔涌进来。它们皮肤下的气囊起到减震的作用，缓和身体受到的冲击力。它们最多可以潜入水下27米深的地方，更常见的潜水深度为9至15米，入水的时速可以达到100千米以上。不过，它们潜得并不深，这类鸟在水下待的时间不会超过几秒钟。它们的翅膀和双脚都会用于在水中推进，不过这两方面都缺少精通此项的适应性结构。鲣鸟的翅膀太长，在水下效率很低，而双腿的位置也太靠前了。它们的强项在于突然袭击，而不是在水下追击。

鲣鸟的上颌拥有铰链系统，下颌的关节也有特别的适应性结构，再加上喙的表面由有弹性的鞘片构成，它们的大嘴可以张开得更大，除了少数特别大的鱼以外都能吞下去。

和所有的海鸟一样，鲣鸟也必须排出体内多余的盐分。大多数海鸟都是通过它们的鼻孔排出盐分的，但在没有外鼻孔的鲣鸟身上，高浓度的盐溶液会从上颌的内部排出，流到喙的尖端滴下来。

鲣鸟的四根脚趾间都有蹼，中爪（中趾的爪）上有锯齿（栉缘），这些锯齿被认为有助于它们梳理羽毛。这些特征是包括鹈鹕、鸬鹚、蛇鹈在内的几类水鸟共有的，传统分类法中，这几类鸟都被归为鹈形目。但这个传统的目现在被认为是无效的，不过其中的鲣鸟、鸬鹚和蛇鹈之间的亲缘关系可能确实比较近。

鸬鹚和蛇鹈

很难想象，一只会花很多时间在水下追逐鱼的鸟，它们身上的羽毛竟然不防水。一直以来，鸟类学家都为鸬鹚标志性的晾晒翅膀姿势困惑不已：它们真的是在晾干翅膀吗？还是有另有隐情？鸬鹚有发达的尾脂腺，和其他鸟一样，它们也会花很多时间梳理羽毛，并在上面涂抹油脂分泌物。那为什么它们的羽毛还会被浸湿，然后需要使用这种相当原始的方式来干燥羽毛呢？

答案是肯定的，鸬鹚就是在晾干翅膀。它们迎向风的时候，晾干的效果特别好。关于它们羽毛的吸水能力还存在很多未知，但可能答案就在于这些鸟对水下环境的适应性，而非与之无关。潮湿羽毛携带的空气比干燥羽毛携带的更少，很可能在潜水时起到减少浮力的作用。一层干燥的绒羽紧贴身体，被浸湿的只有部分外层羽毛，这最大程度减少了热量散失。这些鸟也可以在身体羽毛保持相对干燥的情况下潜入更深的水中。这些证据表明鸬鹚是非常成功的水鸟，它们羽毛的这种特性很明显不是什么弱点。

鸬鹚身体内部结构也非常适应水下的生活方式：脖子很长，身体呈流线型并且形状有点像船，双腿位于身体很靠后的位置，让它们在陆地上能够以挺直身子的姿势站立，但也没有靠后到不好在树上栖站。和很多潜水鸟类一样，它们的骨盆狭窄，但拥有很长的骨质侧突，用于附着为结实有力的腿部提供力量的肌肉。它们的膝关节同样也特别发达，以适配巨大的腿部肌肉。鸬鹚是用双脚推进的潜水鸟类，所以它们的龙骨突不像用翅膀推进的海雀或者企鹅的那样深。它们在水下时双翅紧紧闭拢，用双脚和又长又硬的尾羽作为舵来控制方向。它们的双脚与身体两侧形成一定的角度，同时划水并产生一个单独的强大推动力，推进自身在水中前行。不过在水面上时，它们的两条腿轮替划水。它们的外趾比其他脚趾长，欧鸬鹚这类更多生活在海水环境中的种类尤其如此。这使它们的脚蹼表面积更大，每一

次划水都更有效率。和鹈鹕、鲣鸟一样，鸬鹚每只脚的所有四根脚趾之间都有蹼。鸬鹚的胸腔（肋骨篮）甚至也比通常鸟类的更加结实，能承受更大水压，它们确实是一类特别适应深水潜水的鸟。

每个潜水者都知道，如果不戴潜水面罩，在水下看东西就是模糊不清且失焦的。然而，鸬鹚拥有一双高度适应的眼睛，它们的眼部肌肉能控制调节瞳孔和晶状体，让它们在水下也拥有极佳的视力，并且能非常敏锐地聚焦到近距离的物体上。在水面上和靠近水面的时候，它们的瞳孔会收缩成眼睛中间的一个小黑点；但在相对黑暗的深水环境中，它们的瞳孔会扩张，让更多光线照射到视网膜上。为了防止进水，它们的耳孔缩小到只有一个很小的缝隙，出于同样的原因，它们也没有外鼻孔。

鸬鹚头部的解剖结构中，最为显著的特征或许是在头骨后面有一枚向后突出的骨头。这枚骨头为颌部肌肉提供了额外的支撑，让这些鸟能够紧紧地咬住猎物。尽管它们的喙的尖端有一个结实的弯钩，但喙的两侧都很光滑，不具有锯齿，所以为了防止那些有力而且不断扭动的鱼滑脱，强大的咬合力非常必要。鸬鹚每次追逐捕鱼都必须尽可能地有效，避免反复潜水而散失更多热量。这常常意味着它们要去捕捉非常大的鱼，而它们的嘴可以大大张开，顺利地将其吞下。这一特点也使它们在中国和日本成为对渔民非常有用的工具。

蛇鹈与鸬鹚有很多相似之处。它们也是技术高超的潜水鸟；也使用粗壮有力的双腿在水下推进，并将长而坚硬的尾羽作为舵；蛇鹈的颈部也很长，中间部分有一个明显的弯曲，最上面是它们细长的头骨。它们也没有外鼻孔，并且和鸬鹚一样，耳孔非常小，嘴可以张得很大，能吞下大鱼。蛇鹈也在树上筑巢，在陆地上有相同的直立站姿，甚至拥有和鸬鹚一样羽毛吸水的不寻常特征。蛇鹈一直都被认为是鸬鹚的近亲，然而，它们之

普通鸬鹚
Phalacrocorax carbo
全身骨骼。

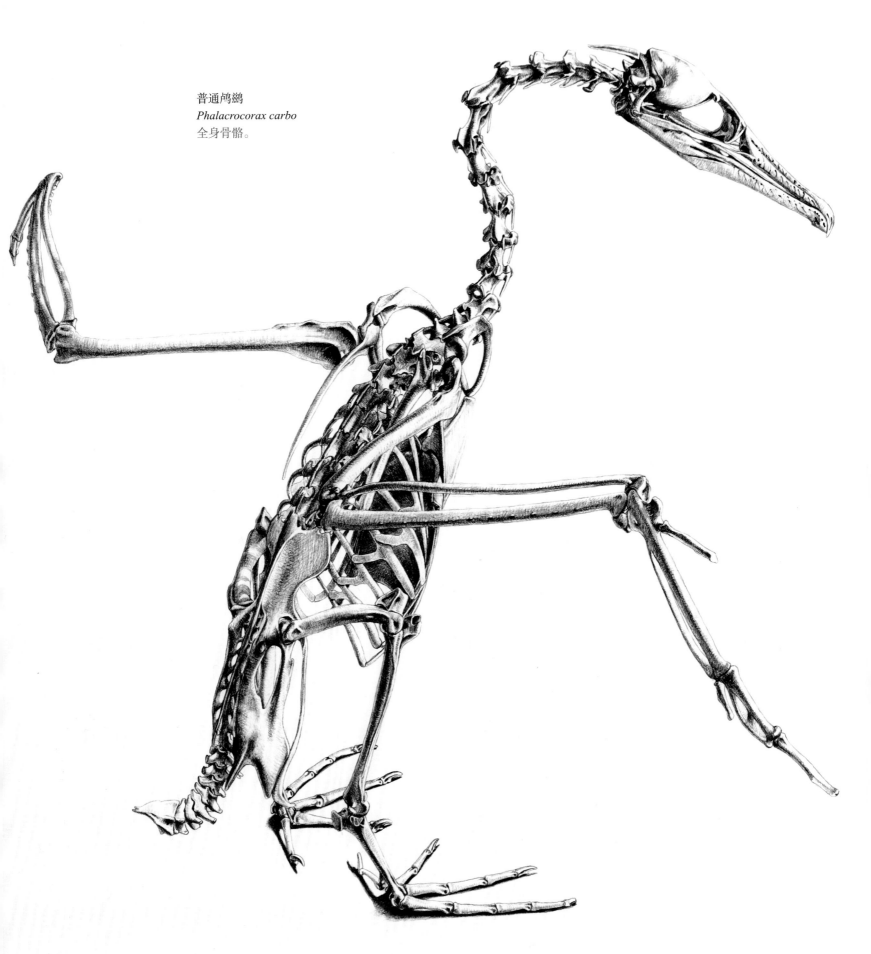

普通鸬鹚
Phalacrocorax carbo
除左脚以外，去除皮肤。

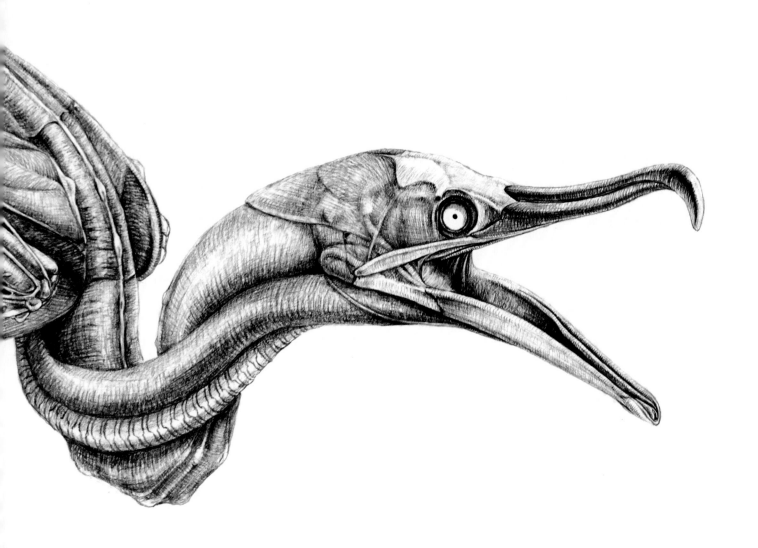

间的差异又足以让蛇鹈被单独划为一科。

鸬鹚和蛇鹈的主要区别在于摄食习性不同：鸬鹚抓住猎物，用它们尖锐的弯钩状喙尖将其紧紧咬住；蛇鹈则以一种鱼叉般的方式刺穿猎物，然后将刺在喙上的鱼熟练灵巧地抛入空中，再咬住并吞下。因此，蛇鹈的喙又直又尖，末端没有弯钩，喙的边缘有锯齿，能够防止鱼逃跑。与鸬鹚相比，蛇鹈身上许多这样的适应性特征和与它们亲缘关系较远的鹭更相似。然而，鹭一边站着一边盯住猎物，因此眼睛朝下看，而蛇鹈在游泳的时候捕食，因此它们的眼睛朝前看。这三个科的鸟类颈部都具有"Z"字形的特征，这一特征形成了一种快速弹射释放的机制，能够让头部以惊人的速度和精准度向前刺出，而在蛇鹈身上这一特点尤为突出。这种机制是依靠单独一枚延长的骨头（颈椎）的变动特化形成的，这枚颈椎的上表面和下表面——而不是两端——与其相邻的颈椎相连。这样的特化结构简单而又有效！鹭特化的是第六枚颈椎，而蛇鹈特化的是第八枚颈椎，这使蛇鹈颈部弯曲的地方更靠近下端，远离头部。这大概再次解释了蛇鹈采取在游泳时捕猎的方式，同时它们的喙刺出的方向轨迹与鹭不同的原因。

鸬鹚、蛇鹈和鹭，这三个科的所有鸟类朝向前方的中趾爪的内侧边缘都有锯齿，这些锯齿用于清理羽毛上的鱼类残渣，蛇鹈的这一特征也尤为发达。事实上，已经证明这些锯齿的宽度与对应的羽枝完全相同，不过这种一致性并不是所有具备这一特征的类群都有。

蛇鹈是生活在有植被覆盖的热带沼泽中的淡水鸟类，鸬鹚分布广泛，更为常见，既能在淡水中生活，也适应海边环境。两者的一些差异是适应特殊生活环境的结果。例如，蛇鹈在水下需要穿行树根形成的"迷宫"，为了掌控方向，它们的尾羽特别长而有力，翅膀也能起到辅助作用，因此在水下时它们的翅膀会保持部分张开。它们与前臂相称的较长上臂可能在其中起到作用。与鸬鹚相比，蛇鹈的股骨更长也更直，这使它们更容易从水中爬到树枝上。蛇鹈习惯于悄无声息地从一根悬在上方的树枝落入水中追捕猎物，尽管四根脚趾间都有蹼，但它们非常适应树栖的生活。

蛇鹈还有一个很不寻常的特点：它们在游泳时习惯于只把头部露出水面，如同潜水艇上的潜望镜，有时候它们的头部也会逐渐完全消失在水面上。鸟类天生具有浮力，部分原因在于它们中空充气的骨骼，它们要保持潜在水下就需要消耗宝贵的能量。然而，蛇鹈的骨骼可能在所有鸟类中都属于密度最大的，人们都说它绝对会沉水！它们常常将细长的颈部和头部从水面上诡异地探出来，这也是它们这个非常合适的名字"蛇鹈"的由来。[27]

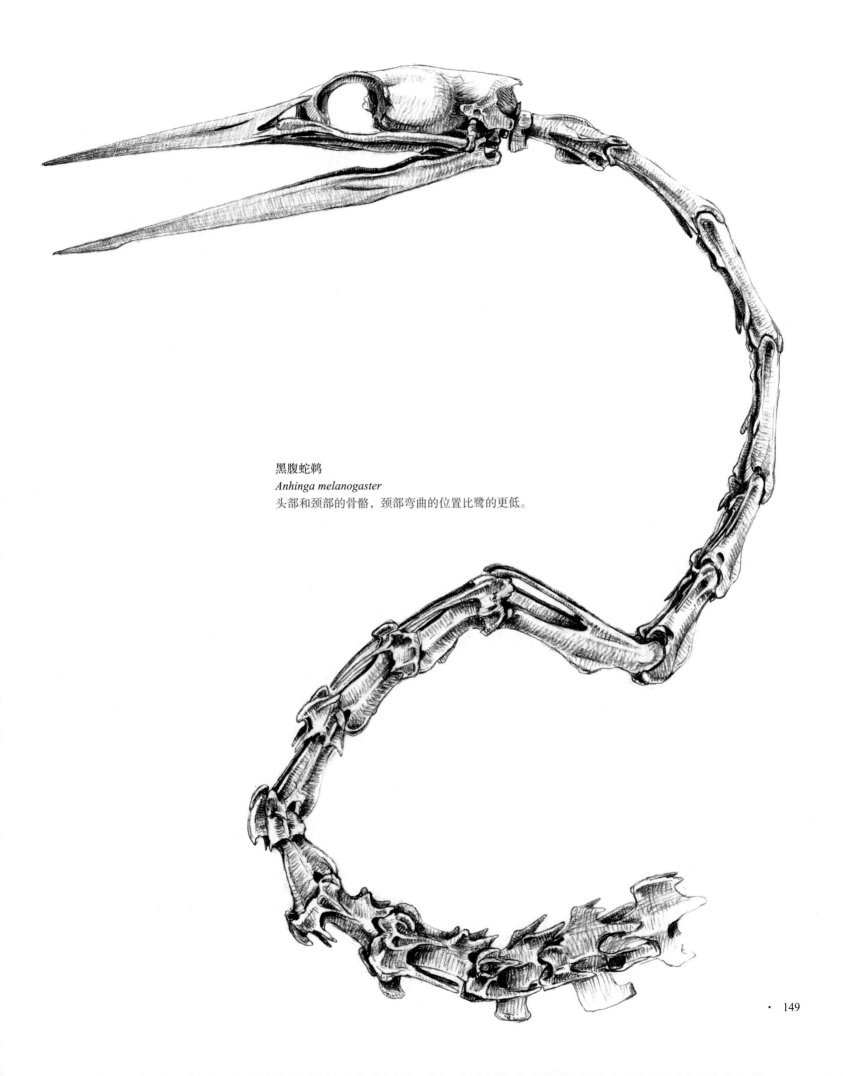

黑腹蛇鹈
Anhinga melanogaster
头部和颈部的骨骼，颈部弯曲的位置比鹭的更低。

鸥、燕鸥、剪嘴鸥和贼鸥

提到"特化"这个词，我们脑中不会浮现出鸥的形象。它们无所不在、无所不吃，适应性强，伺机而动，从沙漠到极地，从热闹喧嚣的城市中央到荒郊野外的偏远湿地，鸥已经占据了地球的各个角落。它们是鸟类世界中著名的多面手。

鸥的成功很大程度上归功于它们的身体结构。无论在水里、空中还是陆地上，它们都随遇而安。它们能用又长又直的双腿灵活地奔跑行走。它们的后趾很小，甚至几乎消失，这让它们可以在陆地上快速行动，也使它们可以在建筑物屋顶或者狭窄的岩架上这类平坦的表面营巢。它们有用于游泳的蹼足，有用于飞行的长长翅膀和强健胸肌。它们几乎可以垂直起飞，而在找到食物时又能非常灵活地低速飞行，然后几乎不怎么费力地再次降落。

鸥是群居的鸟类，它们的身体以白色为主，很容易被其他鸥看到，因此它们能够充分利用可获取的食物来源。它们的眼睛中含有微小的油滴，能过滤掉太阳光散射的效应，让它们能看到很远的地方。它们的长脖子补全了远距离视力，这对于孵蛋中的鸟来说是一个特别的优势，因为这时候鸟儿要在保持隐蔽的同时持续进行敏锐的观察，密切注意是否有捕食者到来。

鸥的脖子很宽，它们的食管与张嘴的尺寸（喙裂）也相应很宽，这使它们什么都吃得下去：大小不一的鱼，蛙类、蠕虫和其他小型动物；蛋、雏鸟，甚至其他成年的海鸟——鸥会在这些鸟进入或离开洞穴巢时捕捉它们；内脏、腐肉，人类丢弃的外卖食品、家庭垃圾，蝇蛆，还有很多肮脏得无法形容的东西。

虽然和鸥的亲缘关系很接近，但燕鸥是完全不同的鸟类。燕鸥的外表优雅，身形更为瘦长。包括头骨、喙，以及躯干，它们的各个部位都比鸥更细长一些，只有它们的腿，更准确地说是跗跖除外。燕鸥的脚和脚趾小得不成比例。它们行走起来还算过得去，但不太能像鸥那样跑起来；虽然脚趾间有蹼，但燕鸥从来不游泳，它们的羽毛甚至也不是防水的。与鸥正相反，燕鸥已经踏上特化的道路。它们一般只在有水的地方出现，以鱼类和其他水生动物为食，不过已有燕鸥将食谱扩展到了沼泽地的飞虫。

剪嘴鸥的形态与燕鸥相似，有着长长的翅膀和短腿，不过与燕鸥相比，它们与鸥的亲缘关系又稍微远一点儿。它们那奇异的喙如此与众不同，更加衬托出流线型的身体。从侧面看去，它们喙很深，看上去有一点像步枪前端的刺刀，不过是"枪口"锋利，"刺刀"粗钝——它们下颌的长度远远超过上颌的尖端。不过，从头骨下方看，它们的喙更像一把拆信刀：喙的两侧从较宽的基部突然向内收窄，形成薄薄的刃片。剪嘴鸥把这刀片般的喙当作犁头使用，它们沿着同一片水面来回飞行，用下颌划开水面。当下颌碰到鱼或者小型甲壳类动物的时候，它们的喙就会"啪"地一下合上，立刻将猎物咬住。

剪嘴鸥上下颌长度的差异完全由覆盖在颌骨上的角质喙鞘造成，在喙鞘之下，上下颌骨的长度没有什么差别。喙鞘会不断地生长，下喙鞘的生长速度比上喙鞘快，但喙鞘的长度因为与沙子和其他水下物体的摩擦而受到限制。因此在剪嘴鸥的一生中，它们上下颌的相对长度会明显地发生变化，而且没有两只鸟的喙是完全相同的。

剪嘴鸥主要依靠触觉而不是视觉觅食，所以它们无论在白天还是夜晚都能摄食。相应地，它们的眼睛也高度适应这两种极端条件的变化：巨大的瞳孔会在白天收缩成一条细长的垂直窄缝，保护视网膜免受热带刺眼阳光的伤害。剪嘴鸥是唯一一种拥有竖瞳的鸟类。

与鸥相近的类群，贼鸥是第四类。鸥、燕鸥、剪嘴鸥和贼鸥之间的亲缘关系一直是分类学家们争论不休的话题。但无论

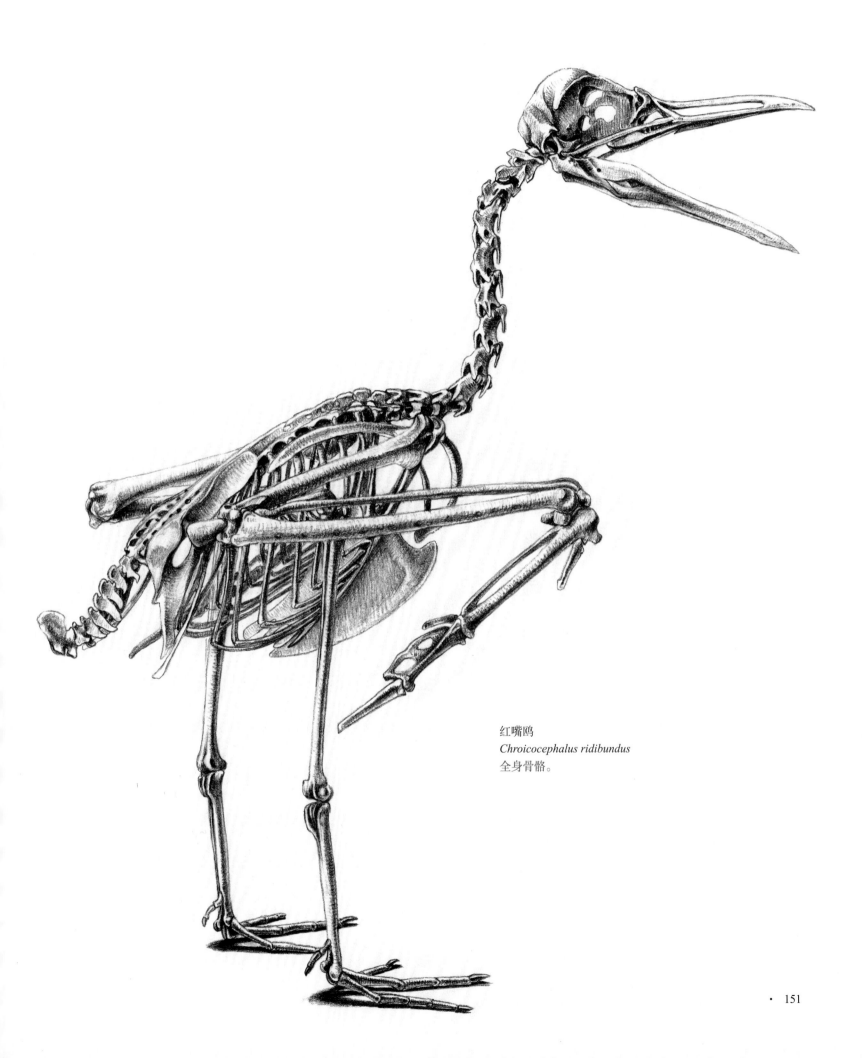

红嘴鸥
Chroicocephalus ridibundus
全身骨骼。

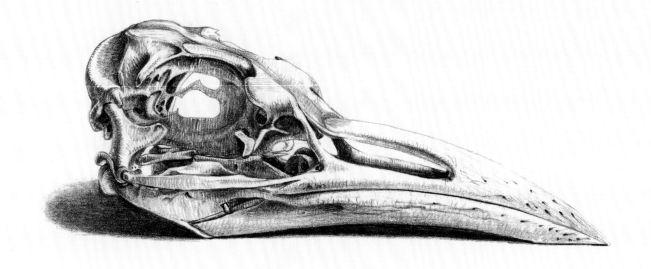

红嘴巨鸥
Sterna caspia

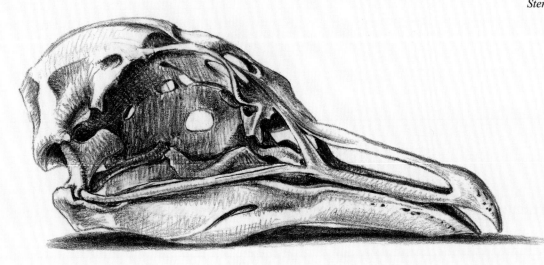

北贼鸥
Stercorarius skua

头骨；以及贼鸥的左脚。

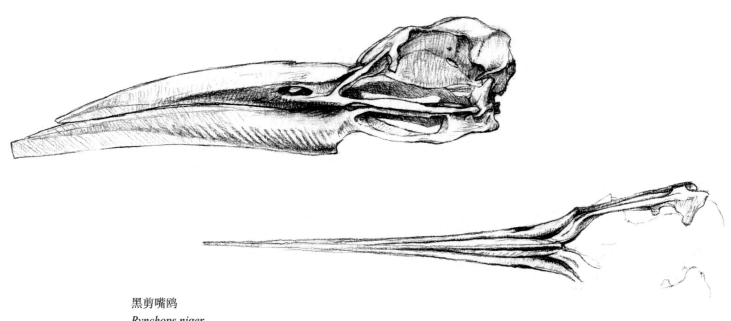

黑剪嘴鸥
Rynchops niger
头骨的侧视图和底视图，底视图去除了喙鞘。

如何，鸥是贼鸥关系最近的亲戚，这两类鸟有许多共同的行为特征。不过，夺取食物和捕食只是鸥所采用的众多摄食策略中的两种，而贼鸥是一类专门的"捕食性海鸟"，它们的胸骨更深，因此飞得更快，也更加有力。它们的颈部更短，肌肉更发达，更容易撕扯猎物；它们的蹼足上有更大的爪，它们的喙强而有力，末端呈弯钩状。

海雀

海雀是北半球的企鹅。两者在陆地上有同样的直立站姿，身体差不多也同样是黑白两色；它们都集群繁殖，并且也都非常适合追逐捕食海洋鱼类的生活方式。它们共有的这些特征都只是对相同的生态位的适应性，各自独立演化发生——这个过程被称为趋同演化。海雀和企鹅并不是近亲，尽管它们与大多数用翅膀在水下推进的潜水鸟类拥有共同特征，但它们的内部结构显示出一些明显的差异。

当然，两者最主要的区别就是企鹅不会飞。企鹅的飞行能力在很久之前就已经在演化过程中失去了，在这一过程中，它们的翅膀和身体特化成更适合在水下推进的形态。对一只鸟来说，飞行和在水下游泳的需求是相互冲突的。最适合飞行的身体是轻盈的，并且翅膀的表面积要大；而对于水下游泳来说，最理想的身体形态是体重大而翅膀小。在水下，大的翅膀只会产生不必要的阻力，这就是海雀的翅膀大小处于能满足飞行所需最低限度的原因。即使如此，它们在水下游泳时，翅膀也是一半闭拢的。不过，海雀的翅膀是一种妥协的产物，能够让它们拥有水下游泳的非凡技巧，也具有飞行的能力。崖海鸦是现存海雀中体形最大的一种，对于一种既能飞，又能用翅膀在水下推进的潜水鸟类来说，它们的体形可能就是同时满足这两个要求的最大程度了。而崖海鸦和体形最小的企鹅差不多大，这并不是巧合。如果再大一点，它们的腕关节就没有足够的力量推动身体在水下前进了。

但是，飞行能力的保留，让海雀能在高于海平面的地方集群繁殖，它们会在近乎垂直的岩壁的岩架上繁殖，除了那些会飞的捕食者，其他捕食者都无法接近这里。而海雀也学会了利用上升气团和气流来弥补它们翅膀狭小的局限性。

然而，并不是所有的海雀都能飞。大海雀牺牲了飞行能力，体形比它们那些会飞的表亲要大很多。虽然它们的翅膀小得不成比例，却能完美地推动这些鸟在水中快速而高效地前进。大海雀在北大西洋上那些并不比海平面高多少的岩岛上集群繁殖，它们在那里生活得很好，直到路过的水手发现它们可以成为唾手可得的食物和羽毛的供给来源。这些鸟遭到了肆无忌惮的捕杀。海雀们在数量非常有限的传统集群点繁殖，它们扩张的速度很慢，要经过很多年的时间，才会占据新的繁殖地，因此要让一个像大海雀这样容易接近的物种迅速走向灭绝并不是什么难事。到19世纪早期，冰岛附近的盖尔菲格拉岛是大海雀所剩不多的几个繁殖点之一，而在1830年，大海雀命运发生了最后的残酷扭转，整个岛屿被火山活动摧毁并沉没了。可悲的是，这个物种最终灭绝了，不是因为被当作食物，而是因为它们变得稀有而提升的身价，富有的收藏家们会花一大笔钱购买大海雀的标本或者蛋。在盖尔菲格拉岛被摧毁之后，邻近的埃尔德岩岛上有少数大海雀还在继续繁殖，最后一对大海雀的记录是在1844年7月3日，在那里最后一对大海雀因为"订单"而遭到杀害。[28]据称，这对大海雀中的雌鸟正在孵蛋，而这枚蛋在猎杀者们争先恐后地抓捕这些"标本"时被弄碎了。

本书中绘制的这只大海雀的头骨被敲碎了，据推测是在它被棍棒打死的时候造成的——为了被一个收藏家收藏。这件标本安装得也不正确，胸腔（肋骨篮）被扩大成不自然的样子。

大海雀最初的英文名"Pinguinus"（也是其学名 *Pinguinus impennis* 的一部分）与表示企鹅的英文词"penguin"相似，这并非巧合。早期抵达南极的旅行者们也很熟悉北半球的海雀，他们很快就发现这两个类群很相似，所以就简单地使用同样的名字称呼它们。

在水下游泳时，海雀以半合拢的姿势上下扇动翅膀，将翅膀作为短而结实的桨，有效地利用它们，其中翅膀的前缘发挥了主要的作用。这种动作与扇翅飞行完全不同。在飞行中，向下扇翅遇到的空气阻力最大，上抬翅膀则主要是一种恢复动作。然而，在水下的时候，翅膀向上和向下运动都会推动鸟儿前进。

崖海鸦
Uria aalge
去除皮肤。

而控制翅膀向上和向下扇动的肌肉沿着胸骨两侧上下相叠[29]，胸骨中间有发达的龙骨突让这些肌肉附着。所以，甚至是大海雀这样不会飞的种类，也和那些会飞的鸟一样，拥有很大的龙骨突，只是作用完全不同。

海雀翅膀的骨骼也相当宽而扁平，当它们在水中破水前进时，比较薄的翅膀前缘在保持力量的同时也减少了阻力，不过程度和企鹅还相去甚远。

很多海鸟头骨两侧的眼眶上方都有一个凹陷，这里是排出盐分的盐腺所在的位置，海雀的这个凹陷尤为发达。它们头骨这里的凹孔可能是年龄的一个标志，随着骨骼的继续发育，这个孔会逐渐变小。

北极海鹦的喙带有一些凹槽，并且色彩明艳，这使它们成为最受欢迎的鸟儿之一。然而，在繁殖季节之后，它们的喙会变成完全不同的样子。因此，很多年来科学家们深信自己观察到的是两个截然不同的物种。尽管鸟儿的喙鞘本身还保留着，但覆盖在喙基部的九枚黄色和蓝色的鞘片，以及眼睛上下的装饰物都会分别脱落，鞘片下面深色的皮肤会露出来，到来年春天新的鞘片会再次长出来。海鹦大大的喙只有炫耀展示的作用，与它们可以衔很多条鱼的能力没有关系。它们是通过将鱼夹在长长的肉质舌和上腭突出的角质刺突之间来做到这点的。

海雀拥有三根朝向前方并且带蹼的脚趾，它们的后趾很不

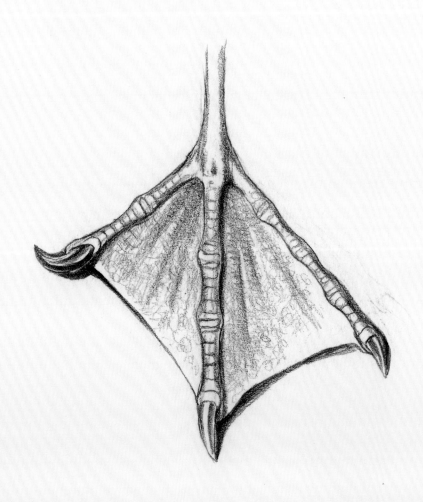

北极海鹦
Fratercula arctica
左脚，展示了内趾的爪朝向内侧。

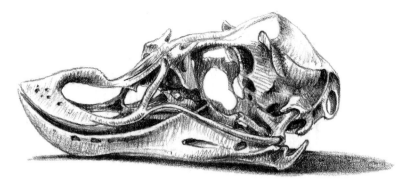

白腹海鹦
Aethia psittacula

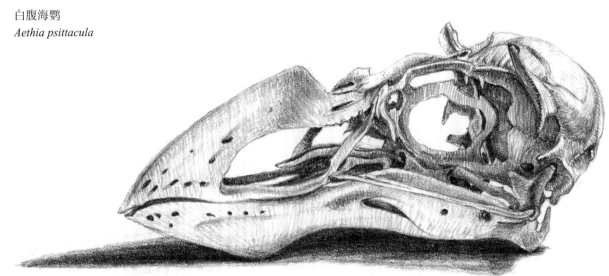

北极海鹦
Fratercula arctica
头骨；左图为冬季时海鹦的喙鞘，
下图为夏季时。

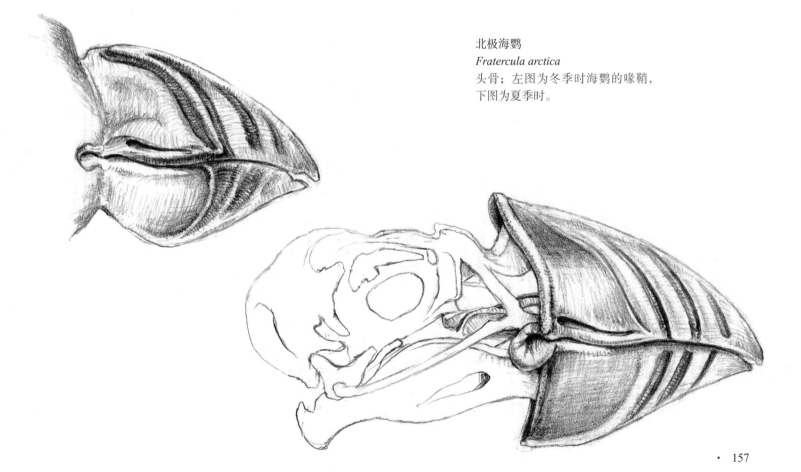

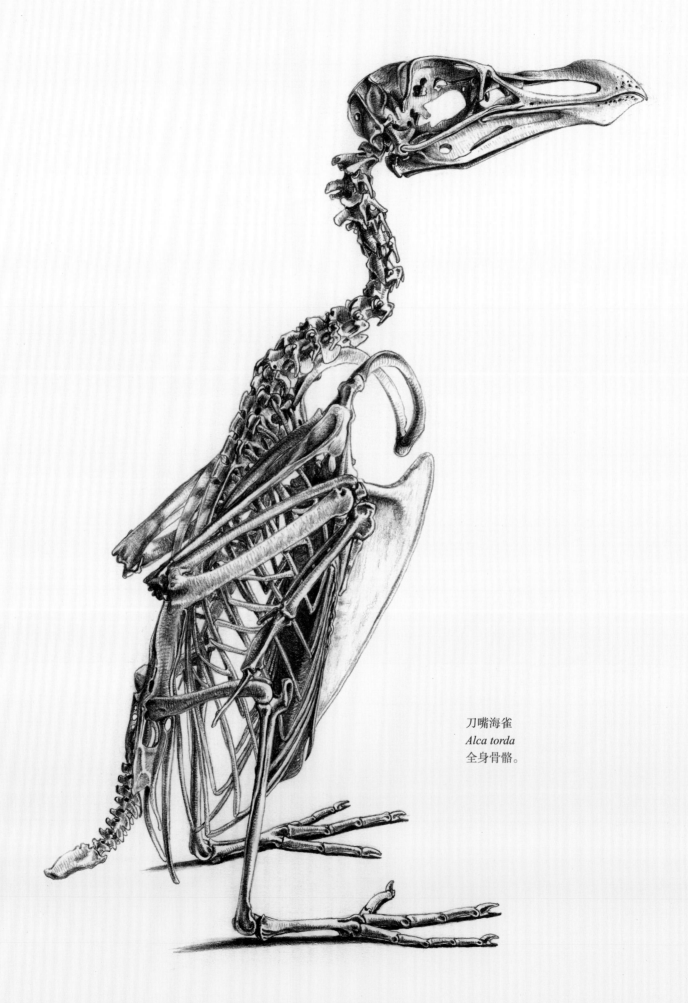

刀嘴海雀
Alca torda
全身骨骼。

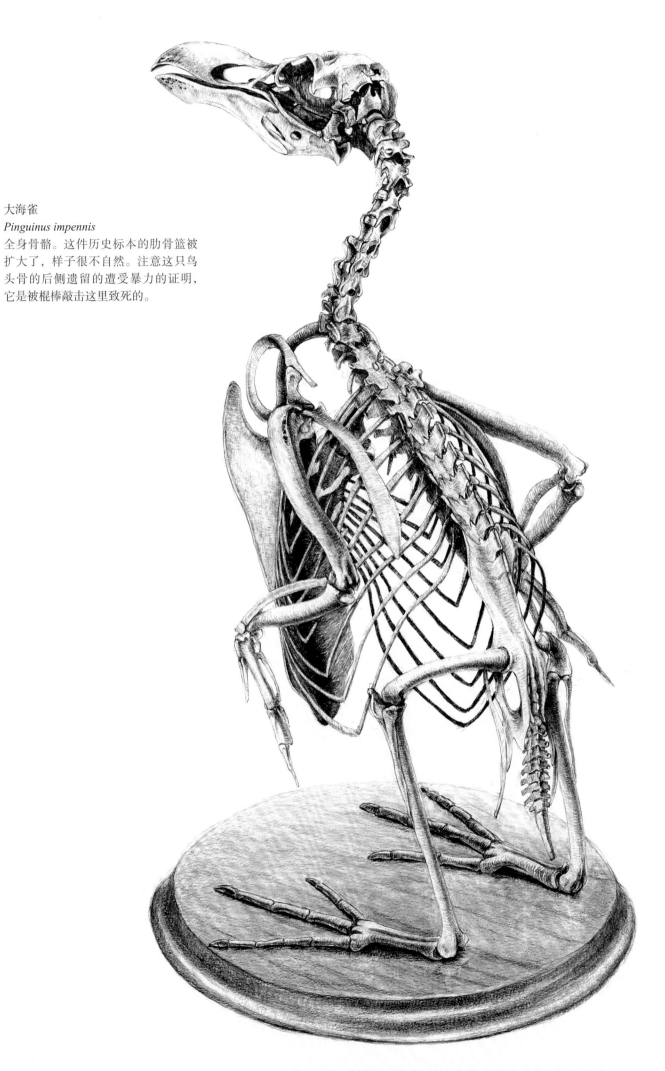

大海雀
Pinguinus impennis
全身骨骼。这件历史标本的肋骨篮被
扩大了，样子很不自然。注意这只鸟
头骨的后侧遗留的遭受暴力的证明，
它是被棍棒敲击这里致死的。

崖海鸦
Uria aalge

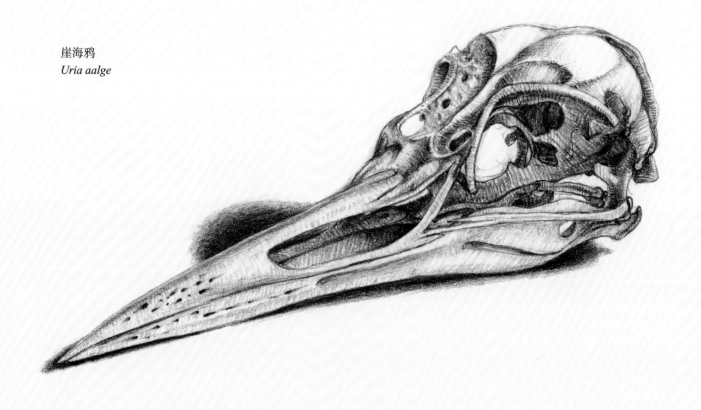

刀嘴海雀
Alca torda

头骨；保留了刀嘴海雀的喙鞘。

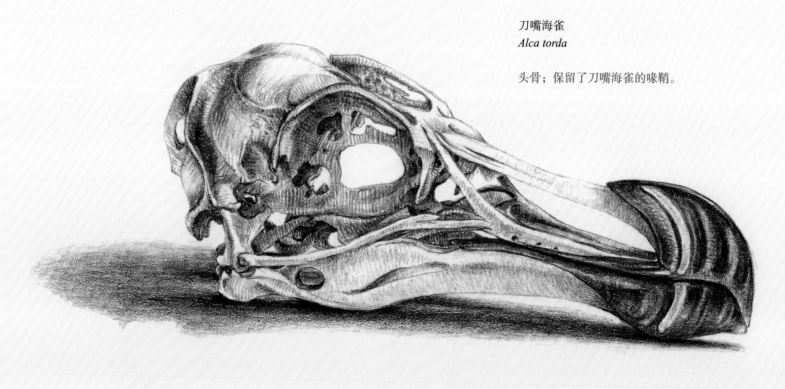

发达或者已经退化消失。而海鹦这样需要用强有力的爪来挖掘洞穴的种类，它们内趾的爪是转向侧面朝内的，这样可以防止被岩石的表面磨损。由于海雀在潜水时不用双脚来推进，它们的跗跖很短，其截面也很圆，不像潜鸟或者一些中小型鹱的那样是扁平的。当这些鸟需要在水面快速前进时，它们常常会用翅膀做"明轮船桨轮式"的运动来推进——这也是海雀特别讨人喜欢的一个习性。

IV 长腿小纲

喙近圆柱形；腿适于涉水，所有脚趾显著；大腿半裸
露；身体紧凑，覆盖薄薄的皮肤；肉质细嫩；尾短；以沼泽
微型动物为食；主要营巢于地面；生活方式多样。

这是一个长腿水鸟的类目：体形较大的如红鹳、鹳和鹭，较小的如鸻鹬类涉禽和秧鸡。如果不考虑奇怪的鸥、海雀和三趾鹬，林奈的这个类目的定义非常符合传统分类上的几个现代的目：鹳形目、鹤形目以及鸻形目。但很有可能，就在不久的将来，分类学家们将会再次激起千层浪。几乎可以肯定的是，鲸头鹳与鹈鹕的亲缘关系更为接近，而不是之前认为的鹳，不过这个观点在一开始就被提出过。同时，鹳与新大陆的鹭的关系还处于争议之中，而且大家还都搞不清楚红鹳的分类位置在哪里！

大红鹳
Phoenicopterus ruber
全身骨骼。

红鹳

很遗憾，我们太过于把红鹳（俗称"火烈鸟"）的样子当作一种理所应当。它们的颜色和身体比例几乎奇怪得难以想象，它们对极端环境条件的忍耐能力近乎超乎自然。所以，毫不奇怪，它们一直以来都充斥在民间传说中，甚至被认为就是神话中的"不死鸟"。实际上，红鹳科的学名"*Phoenicopteridae*"就来自不死鸟的英文"phoenix"一词。它们显然不同于其他任何鸟类，即使经过几十年的研究，分类学家们依然不知道把它们放在什么位置。

从外表上看，红鹳是长腿、长脖子的水鸟，传统上它们和鹳、鹭以及鹮一起被置于鹳形目中。这些鸟的骨骼与肌肉的解剖结构当然有很多共同之处，但红鹳还有其他一些特征，让人怀疑它们是否应该与雁归为一类：它们的叫声，它们的营巢行为，它们雏鸟的发育方式，以及可能最为明显的——它们喙与舌的结构。雁和红鹳也有同样的羽毛寄生虫（羽虱），这是暗示它们有着较为接近的亲缘关系的重要线索，因为羽毛寄生虫是专性寄生的，不会从一个鸟的类群转到另外一个鸟的类群。红鹳也有可能与反嘴鹬和长脚鹬[30]有亲缘关系。它们在摄食策略和栖息地选择方面最为接近，尤其是和澳大利亚的斑长脚鹬很相似，这似乎不仅仅是巧合。但正如分类学家们所决定的那样，也许最好的方式是直接给红鹳这一类群设立一个新的目，他们也确实这样做了。DNA研究则得出了一个更为古怪、更为矛盾的结果，认为红鹳与䴙䴘拥有最近的共同祖先，而更怪异的是，它们与夜鹰、雨燕和鸠鸽也拥有较近的共同祖先！

无论被放在什么位置，红鹳肯定是与众不同的鸟。它们的腿和颈部都又细又长，而且就体型比例而言，即使和其他任何鸟相比，它们的颈部和腿也更长。它们的双腿则显得更长，因为在小腿上，被羽毛覆盖的皮肤所包裹的软组织（也就是控制小腿的肌肉）仅分布于胫骨（胫跗骨）的最上端，即膝关节的下方。（要记住，它们的膝关节藏在躯干的皮肤之下。）换句话说，红鹳的腿实际上缩至和腹部齐平的位置，这样它们就能够在非常深的水中漫步。

大多数腿长的鸟也需要有比较长的颈部，这样它才能够得到地面（不过也有许多鸟的腿短但颈部长，以及甚至有些鸟的腿长但颈部不长）。红鹳长长的脖子不仅让它们的头能潜入水下，够得到深深水底的淤泥，也方便它们在浅水中摄食时，可以使头部在一个很大的弧形范围中扫来扫去。

虽然红鹳的颈部很长，但实际上它们的颈椎数比许多其他长脖子的鸟要少，比如天鹅拥有24枚颈椎，而红鹳只有17枚。但颈椎数量少并不代表颈部一定就短，红鹳的颈椎骨本身比较长，因此当这些鸟弯曲脖子的时候，它们的脖子看上去会有一系列的折角，就像是连点成线游戏那样，而不是连续的平滑曲线。

除了涉水行走，红鹳也能够游泳。它们游泳的样子非常奇怪，身体在水中位置很高，整个看上去像是粉红色的天鹅。和天鹅一样，红鹳游泳时也会不时地头朝下、身体朝上，让喙能碰触到水底。它们三根朝前的脚趾间都有完全的蹼，不是反嘴鹬那样不完整的蹼。它们的后趾很小，着生位置高于地面，而且也不是所有种类的红鹳都有后趾。和其他长腿的水鸟一样，红鹳也能毫不费力地单腿站立休息，并且已经观察到它们能将抬起的腿"锁定"住，保持这个姿势。

红鹳的喙很像一支"飞去来器"（也称"回旋镖"）：在中间向下弯曲出角度。它们的上颌在弯曲之后的部分变得扁平，就像一个盖子盖在深得多的下颌上。进食时，它们的姿势通常是头部直接低垂，面朝水面，这样它们喙的前端就与水面平行。红鹳并不会像人们通常认为的那样头朝下进食，它们只有喙的前端是倒转的。

薄薄的上颌骨让这些鸟既能在浅水摄食，也能在深水中靠近水底摄食。这对大红鹳来说十分重要，它们基本上完全从水底层摄食。小红鹳的上颌厚一点（喙的结构也略有不同），因此它们更擅长在水面摄食，主要以浮游藻类为食。这使得两个物种能够在彼此竞争最小的情况下共享同一个栖息地。

和须鲸一样，红鹳是滤食性动物。它们较深的下颌腔中有大而肌肉发达的舌头，可以前后移动产生吸力和推挤力，完全像是注射器中的活塞。微小的食物颗粒——藻类、小型软体动物以及其他无脊椎动物——随着水或者泥浆被吸入喙中，然后被喙的两侧向内突出的梳齿状、似毛的栉板困住。然后水从口腔后侧被挤出，这些微小生物就被吞下去。要做到这点，重要的是精确地控制上下颌之间的缝隙大小，保持上下颌之间的距离始终一致。有观点认为，"L"形的喙对于做到这一点是有益的，因为直喙张开时开口是宽的扇形。

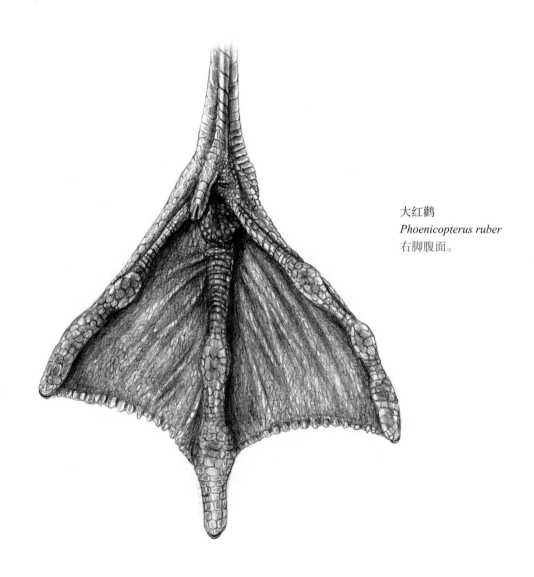

大红鹳
Phoenicopterus ruber
右脚腹面。

红鹳的粉红色来源于它们食物中所含的类胡萝卜素蛋白——要么直接来自产生类胡萝卜素蛋白的藻类，要么间接来自以这些藻类为食的动物。这些蛋白[31]作为色素沉积在红鹳的羽毛和皮肤上。虽然这种色彩是摄取食物的副产物，然而红鹳需要变成这种粉红色，以刺激它们进入繁殖期。在适合它们的色素作为一种人工食品补充剂成为商品之前，动物园里圈养的红鹳都会很快褪成灰白色，并且不会繁殖。

就像鸽子的雏鸟，红鹳的雏鸟也会被它们的亲鸟喂食一种富含蛋白质的脂质"乳汁"，这种"乳汁"由上消化道内壁分泌，浓稠度类似白软干酪。通过媒体广为传播，以及作为大众

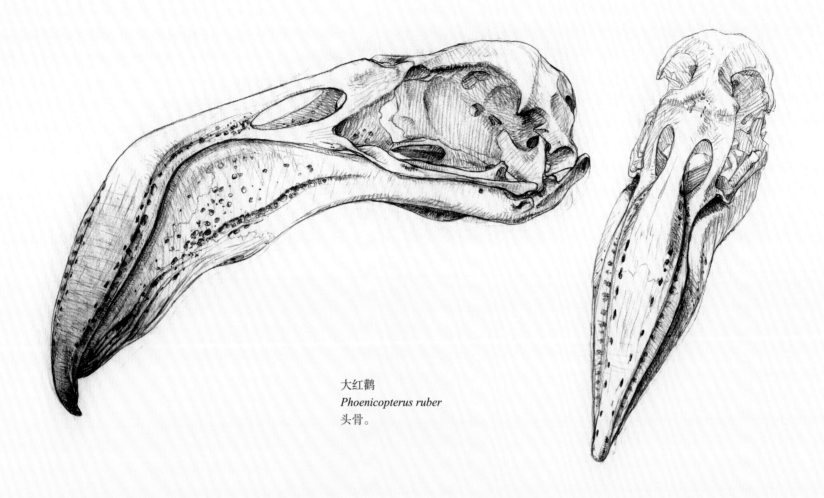

大红鹳
Phoenicopterus ruber
头骨。

流行的形象存在，我们对红鹳并不陌生，它们以巨大的数量聚集成群。尽管如此，红鹳的繁殖行为却一直笼罩在迷雾之中，直至近期才被人们了解，并且仍然有许多问题有待解答。它们经常集群生活在一些地球上最不适宜居住的地方——盐水潟湖和碱湖中，这些地方的腐蚀性环境甚至能将大多数脊椎动物的皮肉都剥蚀下来。红鹳似乎和它们赖以为生的藻类和无脊椎动物一样顽强，在其他动物甚至无法生存下去的环境中，它们的

种群却繁荣兴旺。它们甚至会饮用几乎达到沸点的水。和海鸟一样，它们会从眼睛上方的腺体中分泌多余的盐分，再沿着喙排出去。但是红鹳所偏好的盐碱环境的盐浓度可能是海水的两倍以上。红鹳确实是一类不同寻常的鸟，在热带的盐湖，与胭脂红色的翅膀一起，它们的身影从化学反应产生的高温中浮现，这当之无愧于"不死鸟"之名。

鹭

鹭有大而宽圆的翅膀、华丽的羽毛，站立时显得很高，给人的印象是一类体形相当大的鸟。在飞行时，它们的体形显得尤其巨大。但事实上，在那一身极长而蓬松的羽毛下面，鹭的身体小得难以置信。

鹭的身形也非常狭窄，实际上整只鸟都很扁平。甚至有一些种类的鹭的乌喙骨（从胸骨向两侧支出以支撑翅膀的支柱骨）基部是交叠在一起的，以此尽量缩减身体的宽度。再加上一点适合隐藏的伪装，将羽毛收紧在身体两侧，一动不动，从正面看，它几乎快要隐形了，甚至可能会随着周围的植物一起微微摇摆。属于鹭科的一个脖子较短的亚科鹃亚科的鹃特别擅长这种藏身之术。受到威胁时，鹃会将喙的尖端直直地朝向上方，身体僵直；它几乎隐形，只有那双锐利的黄眼睛盯着危险的来源。

鹭科鸟类整个身体的构造都是为了让它们那如匕首一般的喙做出向前刺出的动作。就像鸬鹚和蛇鹈的颈部，鹭的颈部有个永久性的扭结，这是由于有一枚延长的颈椎与其两侧相邻的颈椎以直角相连，而不是通常那样首尾相连。不过，鹭的这枚特化的颈椎是从头部数的第六枚，而鸬鹚和蛇鹈的是第八枚，这意味着鹭颈部的扭结位置更高，更靠近头部。这个扭结形成了一种铰链机制，让这些鸟能以闪电般的速度和惊人的精度向前方猛刺。这种猛刺产生的冲击力会被脊椎之间的韧带吸收。考虑到其中所需要的力量，鹭颈部的骨头也许太过纤细了，但是这些椎骨上拥有指向身体后方的发达的刺状突起，这些突起是围绕着颈部的细长肌肉和肌腱的附着点。这些特点都为鹭向前刺的动作提供巨大的推力，但大大限制了它们横向运动的能力。

鹭的颈部相对缺乏灵活性，不过卓越的视力和广阔的视野弥补了这一缺点。鹭科鸟类的眼睛很大，那些夜行性的种类尤其如此，而且它们的眼睛在眼窝内有一定可动性，这在鸟类中很少见。它们不仅拥有全角度的单眼视觉，还有角度狭窄的朝前和朝下的双眼视觉，这让它们能准确地定位猎物的位置、判断距离，以及校正水的折射造成的误差，同时还能留心是否有捕食者！

大多数鹭科鸟类捕食时的姿势要么是低下身子，要么是直直地站立。它们有一种古怪的能力：身体移动的时候头部可以保持不动，这使它们在调整位置姿势准备攻击时还可以一直紧盯着猎物。同样，在袭击猎物时，它们也可以让身体保持不动，只有脖子向前刺出。那些脖子比较短的种类，会把整个身体向前猛冲，但双脚还可以保持不动，仿佛黏在原地。它们看上去总像不受地心引力的束缚一样，可以从陡峭的河岸或者悬垂的枝条上捕食，仿佛有条看不见的线拴着它们似的。鹭科鸟类还会采取各种各样的非常规捕食技术，包括用双脚搅动水，用诱饵吸引鱼，以及展开双翅形成遮阳篷，就像一把伞一样。[32] 流线型的喙、头部和颈部对水面的扰动最小，使这些鸟能够在同一个区域反复捕食而不需要移动地方。

总的来说，鹭的喙都是又长又直、末端尖锐的（船嘴鹭除外），但也会根据主要猎物的不同和捕食方式的差异有一些细微的区别。它们角质喙鞘的锯齿状边缘能防止滑溜溜、不断扭动的猎物逃脱。

鹭的腿很长，尤其是跗跖部分，不过那些从垂下来的植物或者在河岸上捕食的种类的跗跖相对较短。它们的脚趾也是如此，长而发达，即使是在巢里的雏鸟也一样，这样它们能在学会飞行之前就离开巢，在树冠上爬来爬去。那些更偏向在陆地上活动的种类脚趾就短。既需要在厚厚的芦苇床上爬来爬去，又需要涉水的鹃有最长的脚趾，按比例来说，它们的爪也比较长。鹃的另外一个特别之处在于它们的内趾比外趾长，这和真正的鹭以及大多数其他鸟类都相反。这样的脚显然也有尴尬之

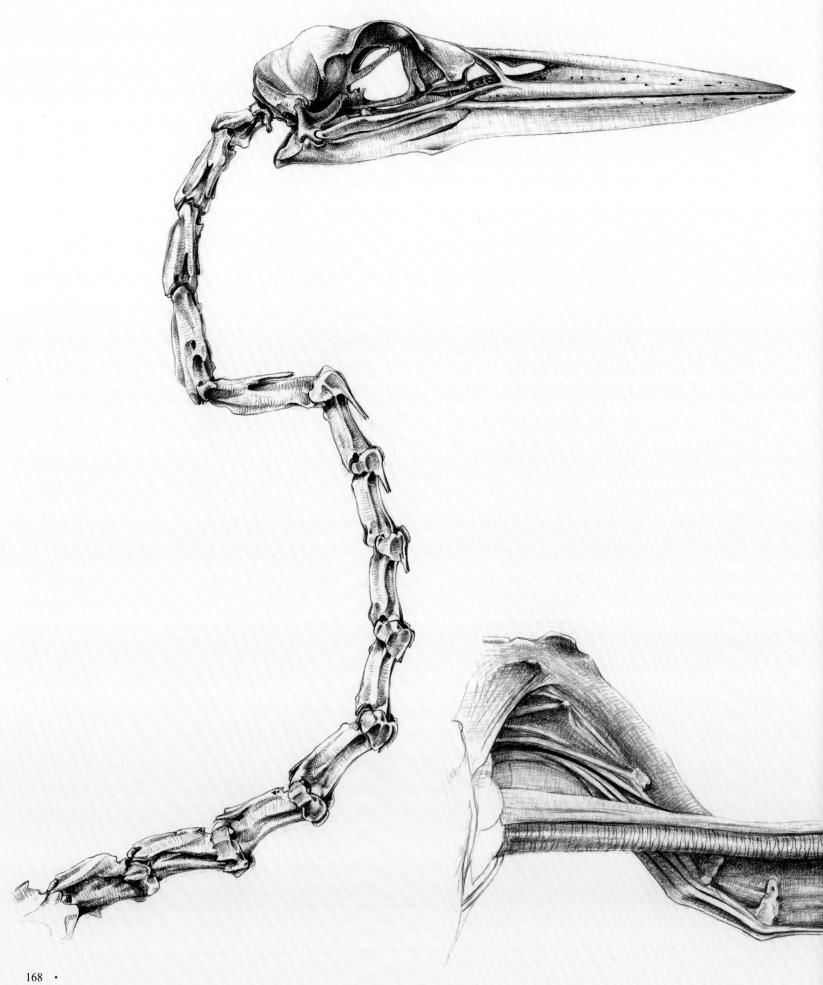

处：它们站立的时候，经常会踩到自己的脚趾。

所有鹭科鸟类的中爪都有锯齿状或者梳状的内缘（栉缘），这是用来梳理羽毛并且清理掉上面鱼的黏液的。这一特征出现在很多不同的鸟类类群之中，对此还无法做出简单的解释。在一些类群中，这一特征与羽毛养护明显相关，因为锯齿整齐地对应于单个羽枝的宽度，而另一些群体中出现这一特征的原因还不是很清楚。

大多数鸟类主要用它们位于尾羽上方的尾脂腺所分泌的油

苍鹭
Ardea cinerea
头和颈部的骨骼，以及去除皮肤的头颈部。

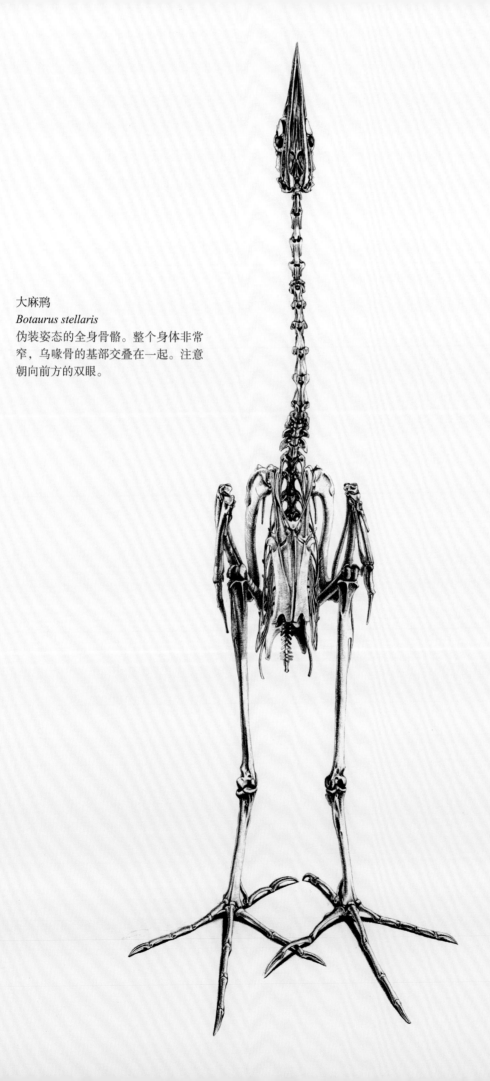

大麻鳽
Botaurus stellaris
伪装姿态的全身骨骼。整个身体非常
窄，乌喙骨的基部交叠在一起。注意
朝向前方的双眼。

170 ·

脂来养护羽毛，鹭科鸟类也有一个比较小的尾脂腺。不过，包括鹭在内，有些类群的鸟类在梳理羽毛时会用一种细粉末来补充甚至完全取代这种油脂。这种细粉末是由一种被称为"粉䎃"的特化绒羽产生的。粉䎃会不断地生长然后破碎，它们生长得很快，然后也很快破碎成粉末颗粒。在鹭科鸟类中，粉䎃成对排列分布，呈奇怪的苔藓簇状。鹮只拥有两对粉䎃，而大多数真正的鹭有三对。鹳、鹮以及琵鹭都没有粉䎃，不过另外一种外形似鹳但与鹳之间的亲缘关系还是个谜的鸟类也拥有粉䎃，这种鸟就是神秘的鲸头鹳。

苍鹭
Ardea cinerea
左脚。内趾比鹮的短。注意带有梳齿（栉缘）的中爪（栉爪）。

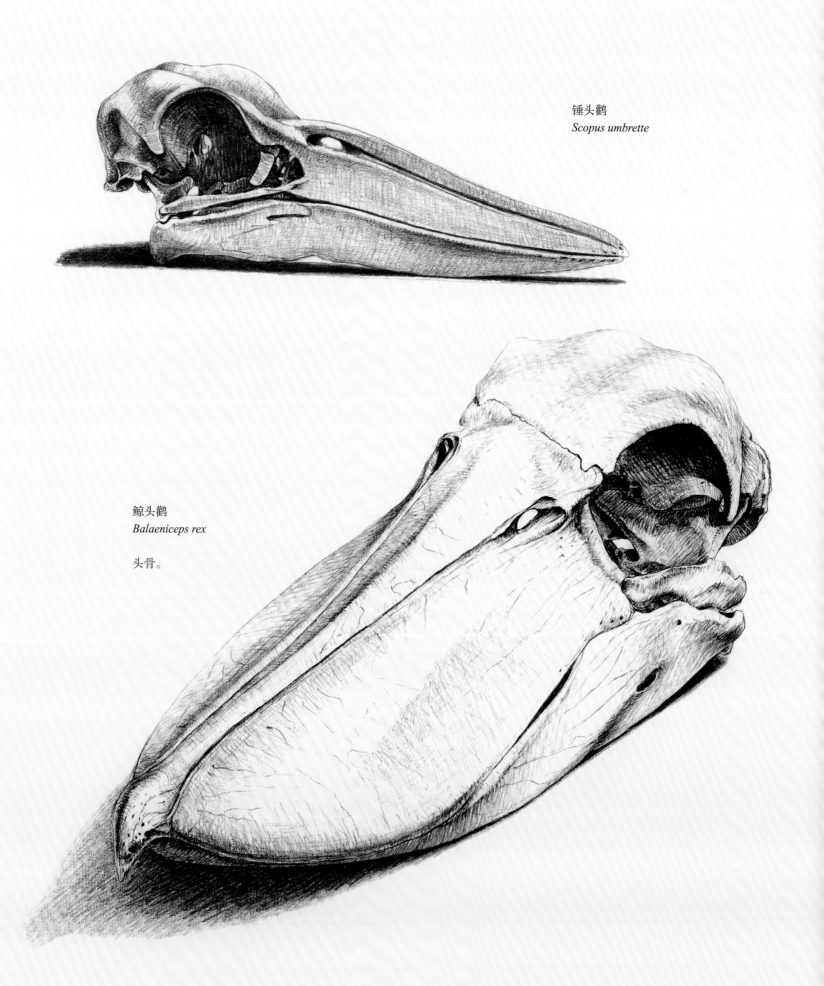

锤头鹳
Scopus umbrette

鲸头鹳
Balaeniceps rex

头骨。

鲸头鹳

鲸头鹳到底属于什么类群，还尚无定论。目前，它被置于鹳形目下单独的一个科中，鹳、鹭、鹮、琵鹭以及另外一种怪异的鸟——锤头鹳也都在这个目中。[33]鲸头鹳一直都被认为是鹳的一种，因此无论是"鲸头鹳"还是它的另外一个名字"靴嘴鹳"，里面都带有"鹳"字。

19世纪的鸟类学家和出版人约翰·古尔德最早描述了这个物种，他还提出鲸头鹳可能与鹈鹕的亲缘关系最为接近，这一理论如今得到了DNA和骨骼研究证据的支持。目前的观点是鹈鹕也许应该归在鹳形目中（而不是和鸬鹚、鲣鸟等归在一起），鲸头鹳和锤头鹳可能代表了这两者（鹈鹕和鹳）之间的联系。

顾名思义，靴嘴鹳有一张宽大而沉重的喙，就像木头鞋子一样往上翘着。这奇怪的喙主要是适应捕捉大型猎物，同时也用来把水带到巢中给卵和雏鸟降温。鲸头鹳的头骨确实与鹈鹕有一些相似之处，喙的末端同样是粗壮的钩钉状，不过表面上和船嘴鹭的头骨也有一些相似。

不过与鹈鹕及其他鹈形目成员不同的是，鲸头鹳并没有那样带有蹼的四根脚趾。实际上，它们的脚趾非常长，适于在沼泽地带和浮水植物形成的"筏子"上行走，根本没蹼。和鹭一样，鲸头鹳也拥有粉䎃，但鹳、鹈鹕以及它们那些传统分类上的亲戚都没有这一特征。

在飞行时，鲸头鹳会将它们的头部向后缩起，靠在肩上。

这大概很有必要，因为它们的喙非常沉重。在这一点上，它们和鹭以及鹈鹕相似，而与鹳不同。鹳飞行的时候脖子是完全伸直的。不过，喙同样沉重的非洲秃鹳（Marabou Stork）是个例外，所以很明显，这个特征并不能当作反对鲸头鹳和鹳属于一类的论据。

不管鲸头鹳属于哪一类，它依然是所有鸟类中最奇特和最具标志性的种类之一。它们稀有、怕人、罕见，直到19世纪中期才被人发现。它们栖息于东非热带地区茂密的纸莎草沼泽中，以各种水生脊椎动物为食，其中最著名的是体形大而有力的肺鱼。虽然像鲸头鹳这样身躯和头都很庞大的鸟没办法像苗条的鹭那样隐蔽自己，但它们在接近猎物时还是相当悄无声息。它们捕食的时候，要么一动不动地等待，要么缓步向前，头朝向下方。它们有优秀的双眼视觉，两只眼睛都朝前方，能准确地判断距离并校正水的折射。鲸头鹳在突袭时会以全身的重量扑向猎物，从猎物的上方一头扎入水中。它们巨大的喙不仅能将受害者整个吞入，还能在造成的冲击时起到缓震的作用。然而，这样一来它也是将自己原有的威严抛到了身后。因为它们要与一条不断翻滚的鱼缠斗，所以重新站起来就显得很笨拙，它们需要花些功夫，甚至经常需要翅膀的帮助才能站稳，恢复原先的姿态。

鹳、鹮和琵鹭

传统的分类上，鹳科的各种鹳与鹮科的鹮鹮、琵鹭都和鹭一起被归在鹳形目之中（几种独特的奇怪物种鲸头鹳和锤头鹳也被扔在其中）。鹳、鹮、琵鹭，所有这些长喙、长腿、长颈的涉禽的身体结构表面上都和鹭相似，只是更加"立体"。鹭的体形非常轻盈，并且身体两侧扁平，这有利于伪装，也易于在芦苇丛和其他植被中行走。它们身体的整个解剖结构都是为了朝向前方寻找、扑击和捕捉猎物。相比之下，鹳生活在更开阔的环境，因此它们的身体更宽、更粗壮。鹳的颈椎结构也非常不同，它们的每一枚颈椎都更短、更粗，并且没有鹭那样特别的扭结。鹭依靠向前刺击的机制捕捉猎物，鹳、鹮和琵鹭的进食策略则不同，后者在觅食时都采取头颈向两侧大幅运动的方式。

这些鸟儿觅食的具体方式也各异。喙很大的非洲秃鹳与鬣狗、胡狼、兀鹫这些动物为伍，在非洲平原上以大型哺乳动物的尸体为食，不过它们在屠宰场和村庄的垃圾堆附近也同样能够安然自得地觅食。它们也会在蒿草丛中开心地漫步，把沿途惊扰出来的小鸟囫囵吞下，它们甚至还有捕食成年红鹳的习性！白鹳和其他"喙比较普通"的种类是杂食动物，会在陆地上或者水中觅食各种各样的小动物和植物，而鹮鹮属那些喙有些弯曲的种类则更偏向捕食水生生物。鹮鹮属的林鹮曾经被认为是鹮而不是鹳，因此得名"林鹮"，不过当人们认识到它们真正的亲缘关系后，它的名字被改成了"林鹳"[34]。但是鹮鹮确实和鹮有很多相同之处，比如它们都生活在混浊的沼泽之中，那里的水下能见度很低，这些鸟都严重依赖它们高度敏锐的喙来感知活猎物的存在，这意味着它们也能够在夜间捕猎。它们在水中走来走去，头朝下，喙微微张开，一旦碰触到什么就会自动猛然合上。最后是琵鹭，它们不用探查或网罗的方式搜索食物，而是用铲刀一般扁平的喙以镰刀割草般的动作扫过水面，过滤出那些微小的生物。

鹳的胸骨宽而短，龙骨突又高又圆，叉骨牢牢地附着在龙骨突上。与长长的翅膀、脖子以及双腿相比，它们的躯干显得很小。不过，鹳是强大的飞行者，一旦飞到空中，它们就能利用上升的热气流，双翅静止不动地翱翔以保存体力。相比之下，尽管同样拥有宽大的翅膀，鹭基本上不会利用上升热气流，尽管它们的翅膀同样宽阔。实际上两者翅膀骨骼的长度也非常不同。鹳前臂的长度大大超过上臂和手部的长度，而鹭的前臂只是稍微长一点点。因此，鹳的身体上有足够的空间附着次级飞羽，形成宽大的翅膀。和飞行时头会缩到后方贴着躯干的鹭不同，鹳、鹮和琵鹭飞行的时候脖子是伸直的。不过，非洲秃鹳要负担一个实在巨大的喙的重量，所以是个例外，这也不足为奇。

和许多"头重脚轻"的鸟一样，鹳通过固定在两肩之间椎骨上的强壮肌肉支撑头部和和喙的重量。这些椎骨有隆起的脊突，以增加肌肉附着的面积，使这些鸟看起来像是驼背。

鹳的腿特别长，它们能迈开大步走动，也能在深水中涉行，不过它们的大腿相对较短。这使鹳科的鸟类拥有挺直的站姿，它们的躯干需要保持几乎垂直，让身体的重心位于双脚的上方。因为大多数鹳通常不像鹭那样依赖水生环境，所以它们的脚趾也略短，后趾着生位置稍微高于地面。相比之下，更偏好水生环境的鹮脚趾更长（包括后趾）。鹳、琵鹭和大多数鹮也缺少鹭那种梳状的中爪（栉爪），不过这可能和它们不是专门捕鱼的鸟没有太大关系，很多并非以鱼为食的鸟也莫名地拥有这个特征。

考虑到鹳是一类水鸟，那么非洲秃鹳食腐的习性似乎和它的同类格格不入。但在20世纪80年代，当研究人员率先使用DNA杂交技术，发现鹳在现今最近的亲戚不是鹭，甚至也不是鹮和琵鹭，而是新大陆的鹫时，秃鹳的这种习性就不难理解了。事实上，19世纪后期的一些分类学家已经从纯解剖学的角度得

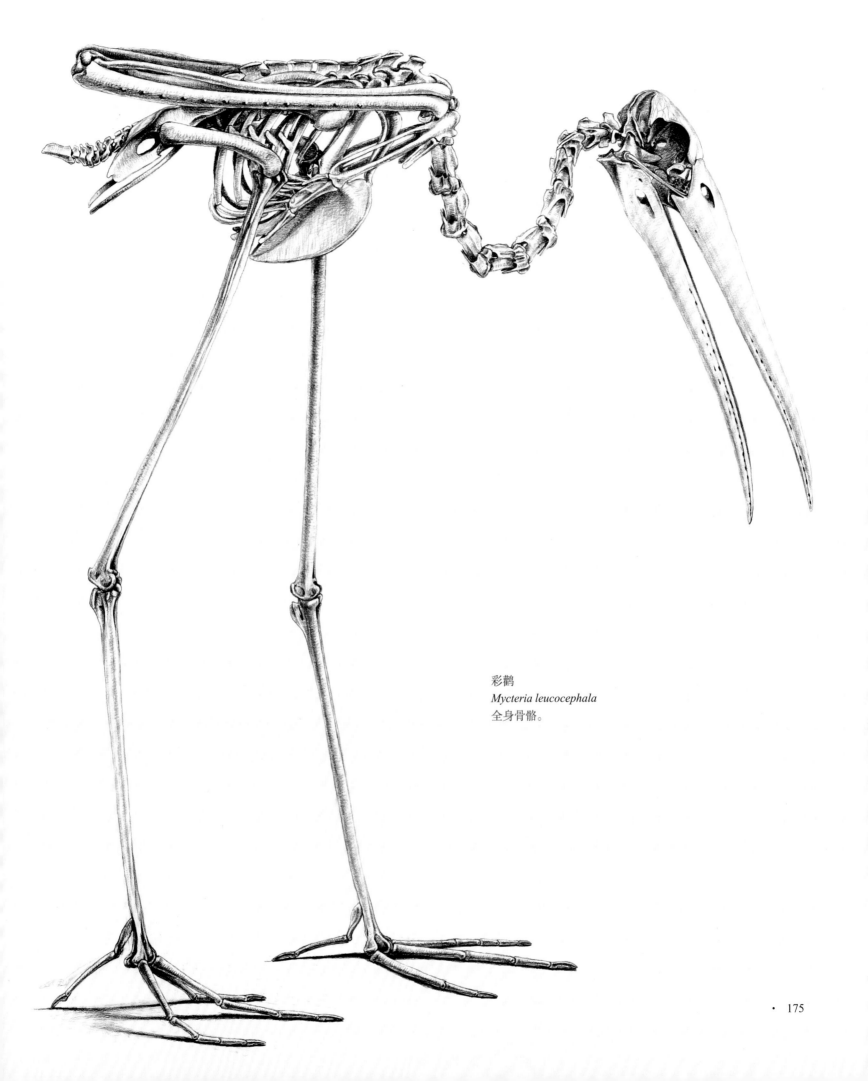

彩鹳
Mycteria leucocephala
全身骨骼。

白鹳
Ciconia ciconia

非洲秃鹳
Leptoptilos crumeniferus

头骨。

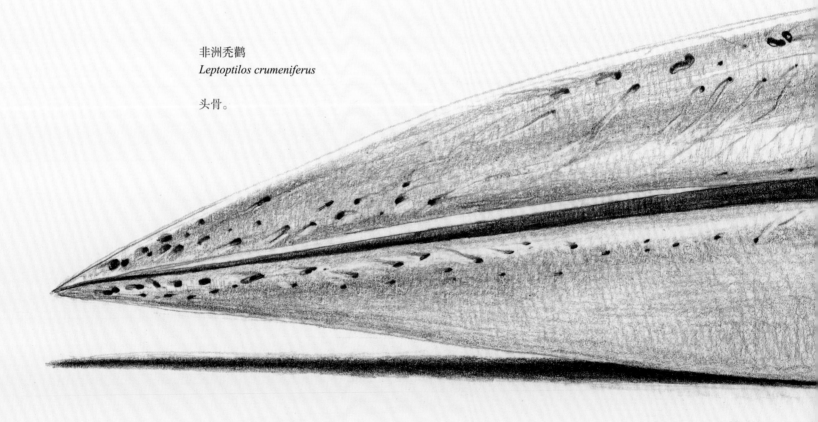

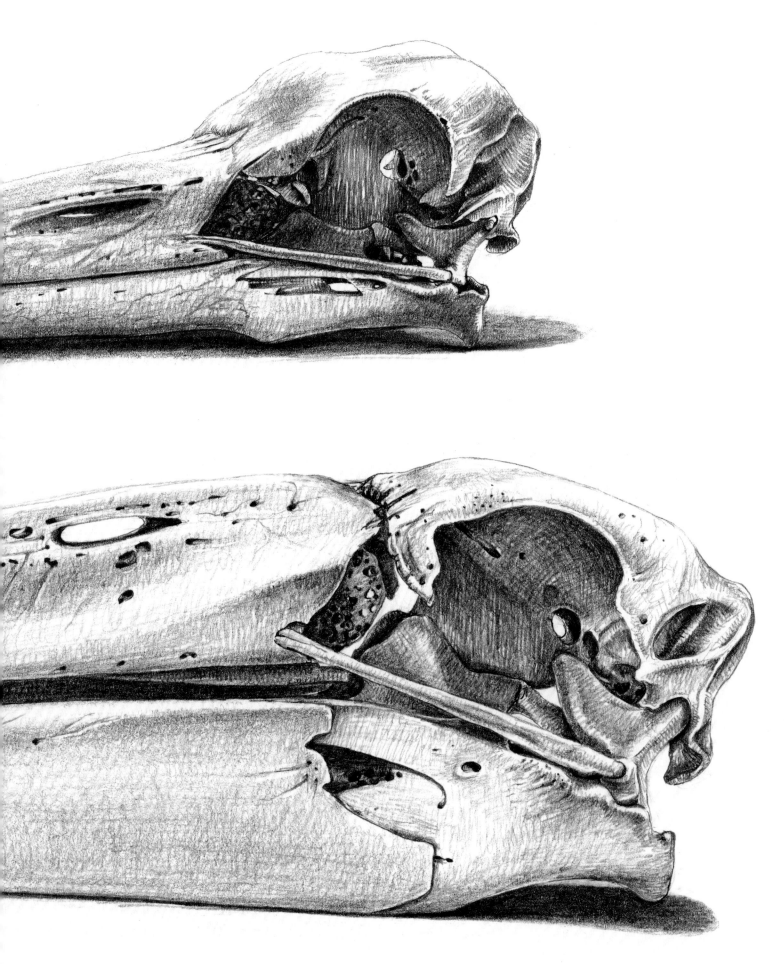

出了同样的结论。这两个类群确实拥有很多相似之处，包括裸露的面部皮肤和翱翔的飞行方式。然而，近期更新的分子生物学研究已经推翻了这一理论（至少目前来说）：非洲秃鹳可能终究不是长着长腿的鹫，而仅仅是比较像兀鹫的鹳。

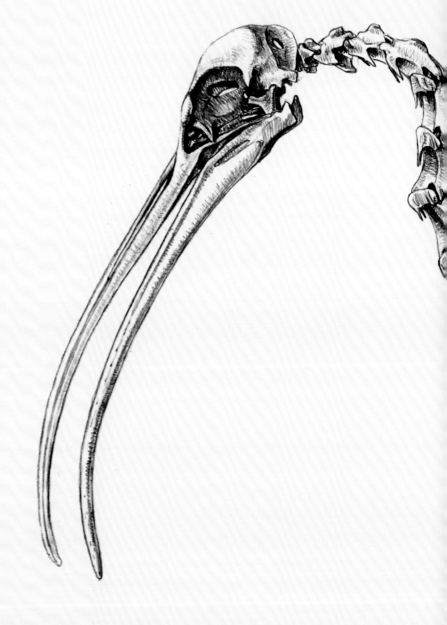

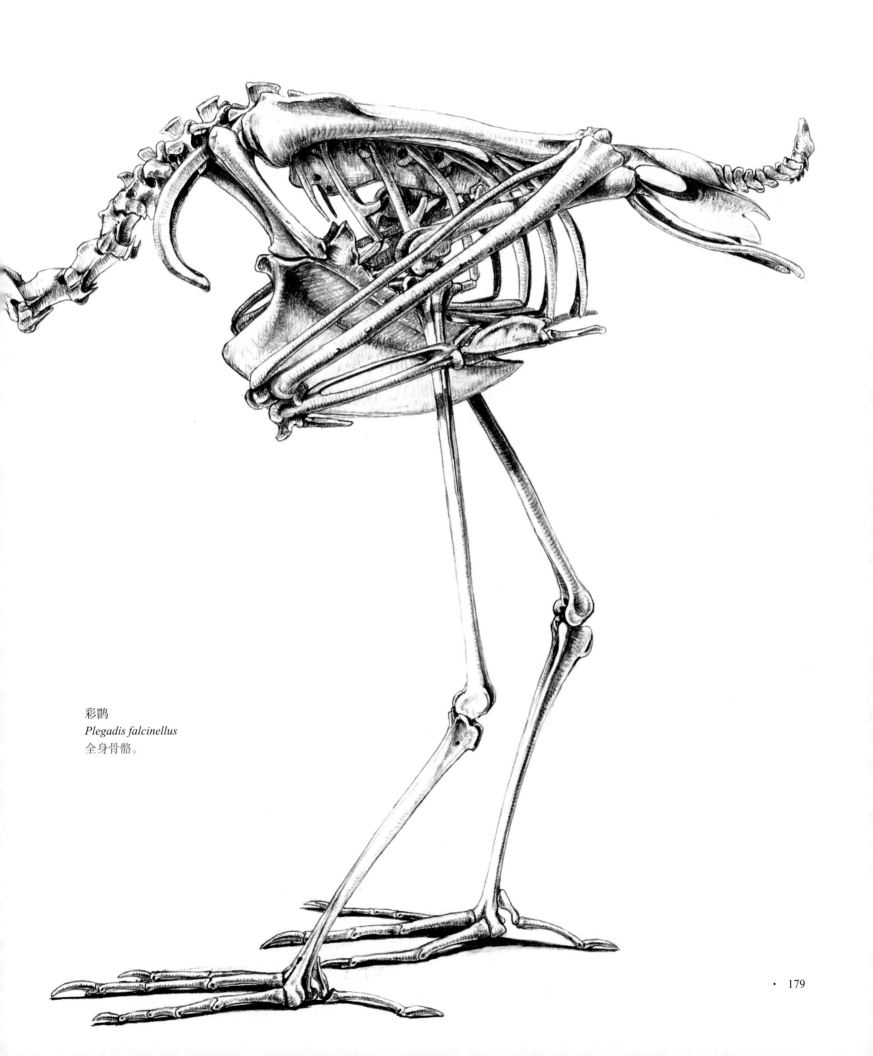

彩鹮
Plegadis falcinellus
全身骨骼。

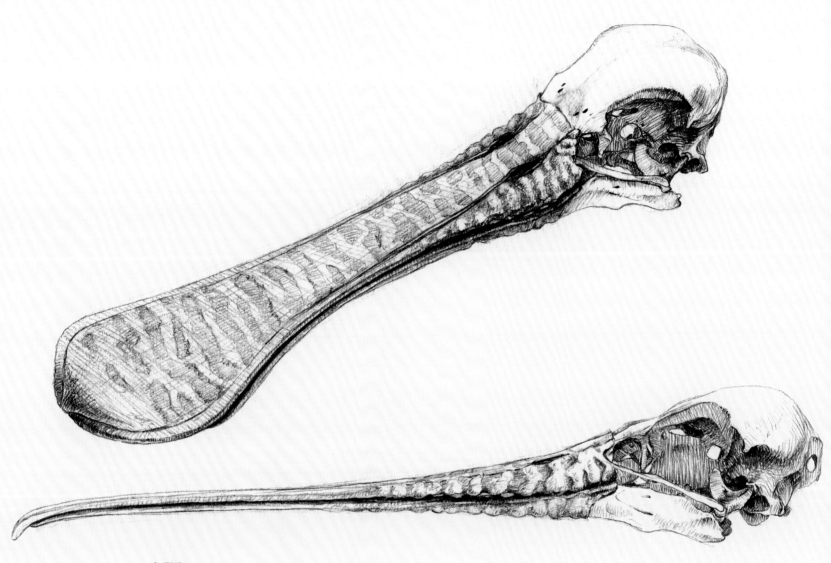

白琵鹭
Platalea leucorodia
头骨。

鹤

虽然鹤与鹳和鹭这样长腿、长颈的鸟相像，但这种相似只不过是表面上的。鹤在传统分类上并不属于鹳形目，而是属于鹤形目，这个目还包括小得多的秧鸡和其他一些在地面觅食的鸟类的科。鹤形目的一些成员高度依靠湿地环境，还有一些则生活在干旱草原甚至是沙漠中。

鹤本身也同样有多种不同的栖息地偏好。习惯于涉水的鹤体形趋于更大，脖子、喙、腿和脚趾也更长，而蓑羽鹤（体形最小，也是最偏向于陆地环境活动的鹤）有适于奔跑的较短脚趾，以及适于觅食种子和昆虫的较短的喙。

几乎所有鹤的后趾都很小并且着生位置高于地面。不过两种冕鹤的后趾比较长，如此它们才能栖站在树上。冕鹤代表了鹤科最为原始的演化分支。它们只分布在非洲，并且不像其他的鹤，它们天生无法忍受寒冷的气候。

鹤站立时很高，其中赤颈鹤的一个亚种是会飞鸟类中最高的一种。从比例上看，鹤的腿比鹳的更长，喙则比鹳的更短，躯干比鹭的更大，颈部比鹭的更直，没有鹭那样有特色的"Z"字形扭结。像鹳、红鹳那样，鹤飞行时脖子也是伸直的。有些鹤会进行长距离的迁徙，但它们利用上升热气流的程度不如鹳，鹤更依靠动力飞行或长距离滑翔，至少在上升到高空后是这样。虽然它们的翅膀毫无疑问地同样又长又宽，但按比例却不如鹳的那样大：它们的前臂只比上臂长一点点，由飞羽形成的表面积相对小得多。

不过，鹤双翅靠内侧的次级飞羽更长，但这只用于展示炫耀的目的。当鸟儿站着时，这些飞羽要么是弯曲的，仿佛一件老式女装的裙撑，要么下垂，给人感觉像长长尖尖的尾羽。然而，鹤真正的尾羽很小，通常完全隐藏在双翅华丽的羽毛之下。

鹤的头部也有华丽的装饰，要么有专门的饰羽、肉垂或者可充气的囊袋，要么有裸露出来的红色皮肤。这些皮肤可以通过充血增加颜色的鲜艳程度，或者由下面的肌肉控制而收缩。在繁殖期之外的时间，鹤是高度聚群而居的，它们非常依赖视觉信号的交流。在它们那些复杂的仪式化的动作和姿态中，没有什么比"鹤舞"这一习性更迷人、更值得观赏了。

哪怕受到一点儿挑衅，鹤都会"起舞"。所有的鹤都如此，尽管这一行为不是鹤的专属，但没有其他鸟会以如此大的热情投入其中。甚至小小的雏鸟都被观察到做出弯腰、跳跃、疯跑，将小物体抛到空中的行为。

鹤群还具有丰富多样的声音交流。每一声鸣叫，或者每一串鸣叫，都表达一个精确的意义，所有种类的鹤都是如此，而每一种鹤的实际发声都是特定的。一群鹤发出的号角般的鸣叫大概是自然界中最具有感染力的一种声音，在很远之外都能听到。把它们的鸣叫声与令人心潮澎湃的高亢号声相提并论是有原因的。鹤也是用它们自己的"管乐器"发出那深远的鸣叫声的——它们延长的气管也像人造乐器那样盘绕。不过，它们的气管究竟是像管乐器那样发声，还是在胸骨内像弦乐器的共鸣腔那样产生共鸣而发声，这还是个争论不休、悬而未决的问题。

分属于不同目的大约60种鸟都拥有延长的气管，这可能与让这些鸟类获得超过它们实际体形可以发出的声音的优势有关，不过这也带来呼吸上的负面作用——会有大量"死空气"存留在气管里面。当然，一根长长的气管需要被很好地安置在身体里某个位置，许多种类的鸟的气管会盘绕或者缠绕在颈部或喉部，或者直接置于胸部和腹部的皮肤下面。而鹤科鸟类的气管实际上盘绕在胸骨的龙骨突骨组织中，它们的龙骨突宽厚，并且与叉骨愈合，能够获得更大的强度。（一些种类的天鹅也有气管侵入胸骨中的类似情况，但它们的叉骨并没有与龙骨突愈合在一起。）

气管的长度与所能发出的和声的音阶和音量有直接相关

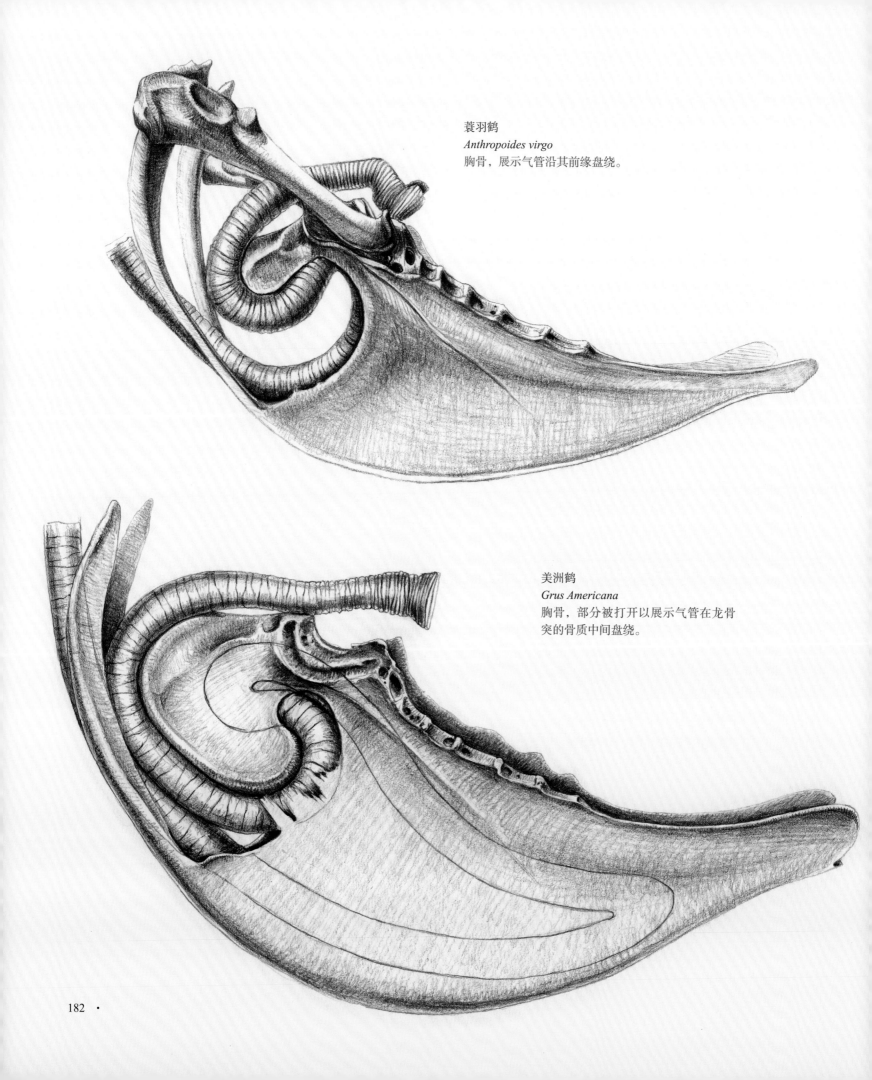

蓑羽鹤
Anthropoides virgo
胸骨，展示气管沿其前缘盘绕。

美洲鹤
Grus Americana
胸骨，部分被打开以展示气管在龙骨
突的骨质中间盘绕。

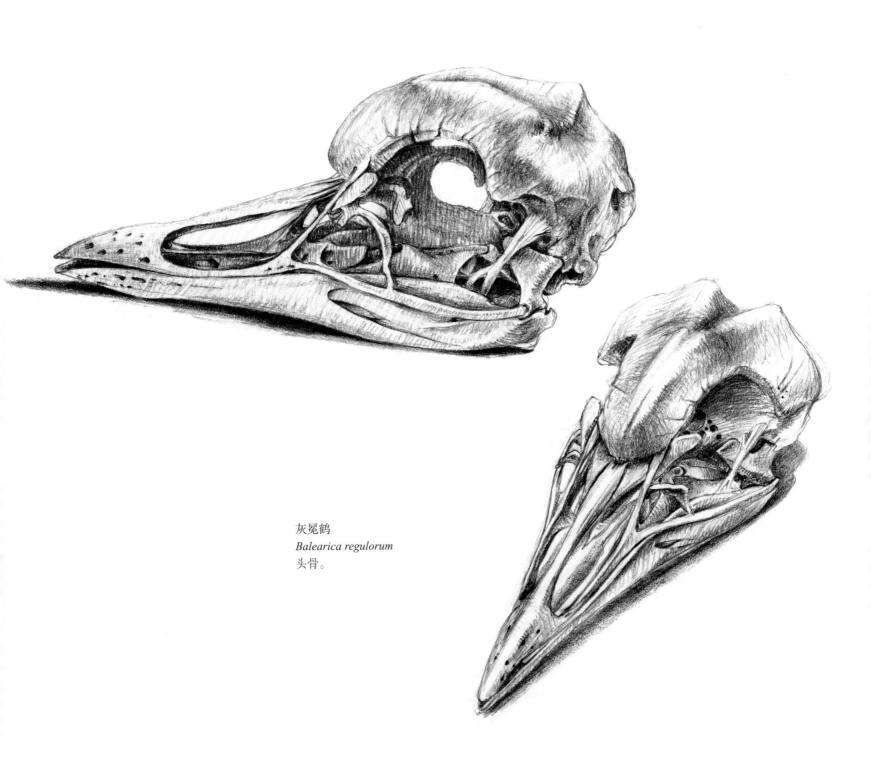

灰冕鹤
Balearica regulorum
头骨。

性。气管长度最短的是蓑羽鹤和蓝蓑羽鹤（也称"蓝鹤"），它们发出的叫声共鸣并不大，而与之相反的美洲鹤拥有最长的气管，也能发出最具有穿透力的鸣叫声。美洲鹤的气管延伸到整个胸骨的长度并且绕了两圈，蓑羽鹤的气管仅仅置于龙骨突前缘的一个前凹里面。

更为原始的冕鹤完全没有这些特征。它们的气管并没有特别地延长，而是直接通向肺，因此它们的叉骨也没有与胸骨的龙骨突相连。尽管如此，冕鹤的叫声还是非常吵，从很远的地方也依然听到，这归功于它们可充气的喉囊所产生的共鸣。

蓑羽鹤
Anthropoides virgo
头骨。

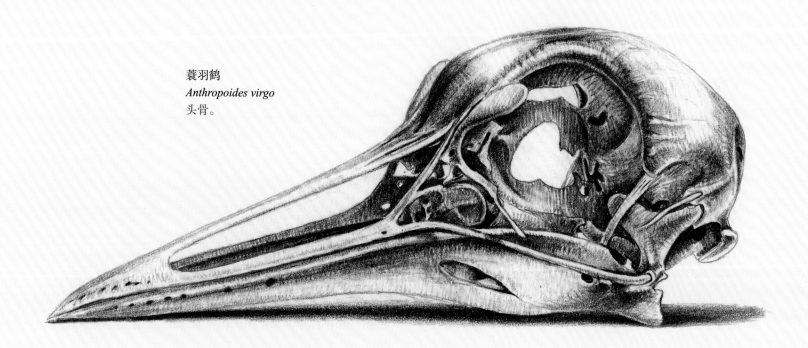

秧鸡

芦苇床和草丛都是植被茂密的环境，植物都紧挨着生长在一起，要想在其中生活，在草茎之间来无影去无踪，就必须像秧鸡一样瘦。尽管从侧面看秧鸡的轮廓有点像鸡，从头到尾还有些长度，但从正面看，它们几乎是隐形的。它们整个身体是从侧面压缩，好像在书页中被夹扁了似的。

除了喙比较长，能够在淤泥和浅水中探寻觅食的真正秧鸡之外，秧鸡科还包括喙比较短、在植物上捕食昆虫的田鸡和更偏好水生环境的骨顶鸡和水鸡。这两者主要是植食的。其中体形最大的是紫水鸡属，它们的喙深长有力，能用来咬断植物的茎，取食柔软多肉的下半部，它们甚至能用脚把植物的茎抓起来。它们看上去就像是又大又紫、不那么灵巧的鹦鹉。

秧鸡的喙和它们的身形一样，侧面相当扁平，并且与头骨呈一定角度向下倾斜。骨顶鸡和水鸡的前额上还有一个明显的红色或者白色的额甲，用于炫耀和交流。这个额甲并不是头骨上的骨质附属物，纯粹由脂肪组织构成。

秧鸡的腿很长，并且特别强壮。它们长长的股骨使膝盖位于身体下方很靠前的位置，让鸟在行走时保持水平的身体姿势。它们的脚趾也很长，当秧鸡在淤泥或者浮水植物上行走的时候，这能分散身体的重量，而位置较高的后趾有助于保持平衡。骨顶鸡是所有秧鸡中最偏好在水中生活的，也是秧鸡科中唯一习惯于在开阔水域中游泳和潜水的类群。和其他在淡水中的潜水鸟类一样，它们也主要依靠双脚在水下推进，不过偶尔也会使用翅膀推进。它们脚趾趾关节之间部分的两侧都有皮肤形成的叶形瓣蹼：后趾有一对瓣蹼，内趾有两对，中趾有三对，外趾有四对。当它们在水面游泳时，脚向前划，这些脚趾会向后折叠起来以减少阻力，当向后划水推进的时候，这些脚趾就会张开。

有些种类的"拇指"（小翼指）的末端还拥有一个很小的翼爪。虽然它们只有在还是雏鸟的时候能用到这个翼爪，以便在植物上攀爬，但是成鸟身上这个爪可能还存在。

秧鸡科包含了将近150个物种，目前是鹤形目中最大的一个科，也是所有鸟类中最广布世界的科之一。在偏远的海洋性岛屿上，它们分布得尤其广泛。考虑到秧鸡是一类飞行能力比较弱的鸟，它们翅膀短，尾羽几乎短到没有，身体比例相当不符合空气动力学，更糟糕的是它们飞行的时候习惯于将双腿拖在身体下面，不得不说这有些出人意料。它们的胸骨很小，龙骨突很浅，叉骨细长，自然整个胸带按比例比大多数鸟类的都窄。虽然如此，有些种类的秧鸡每年还是会进行大规模迁徙，有一些个体会出现在很远之外，成为迷鸟，它们显然是被风带偏了路线，而且这种情况出现的频率惊人地高。以辉青水鸡为例，这是唯一一种经常在欧洲被记录到的热带非洲鸟类。但是秧鸡还能游泳，而且它们也是强大的行走者，所以即使在迁徙飞行的途中降落，它们生存下来的机会也很大。

事实上，大多数秧鸡科物种都会尽量避免飞行。因此，那些抵达了缺少捕食者的岛屿并且定居下来的鸟儿很容易适应一种不用飞行的生活，并且随着演化发展，逐渐失去了飞行的能力。[35]它们的双翅和飞翔肌退化，腿变得更加强壮，体形趋于变得更大，并且失去了自我保护的本能。与鸟类中其他科相比，秧鸡科中不会飞的物种都是海洋性岛屿特有的。所以不足为奇的是，当这些岛屿成为欧洲人的殖民地，并且捕食性哺乳动物也跟着在岛上出现后，这些不会飞的鸟很快就时日无多、穷途末路了。从那时开始，秧鸡科的鸟类遭到了比其他科的鸟更多的灭顶之灾。

南秧鸡（生活在新西兰南岛）是紫水鸡属的一种大型不会飞的水鸡，也是（现存）秧鸡科鸟类中体形最大的一种。在20世纪初，人们认为它们也已经遭受同样的悲惨命运。（与之对应的，还有一种在新西兰北岛生活的巨水鸡，在更早时期就灭绝

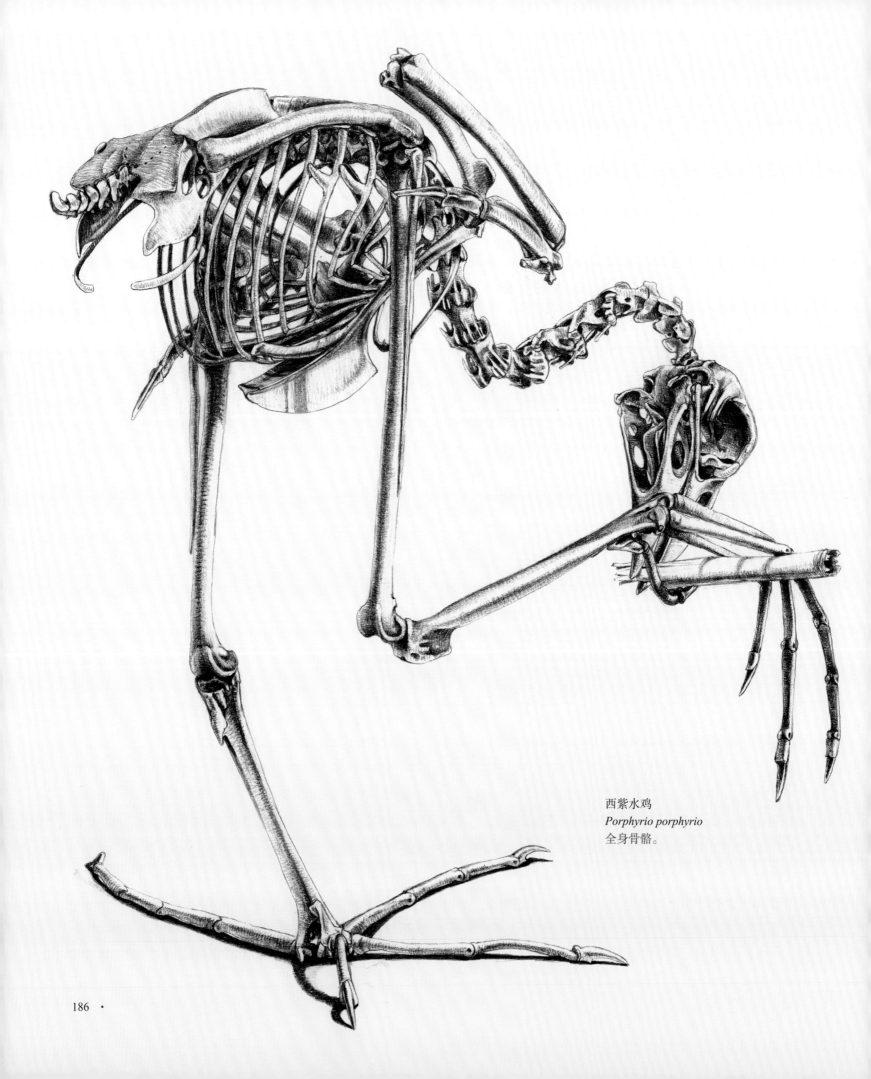

西紫水鸡
Porphyrio porphyrio
全身骨骼。

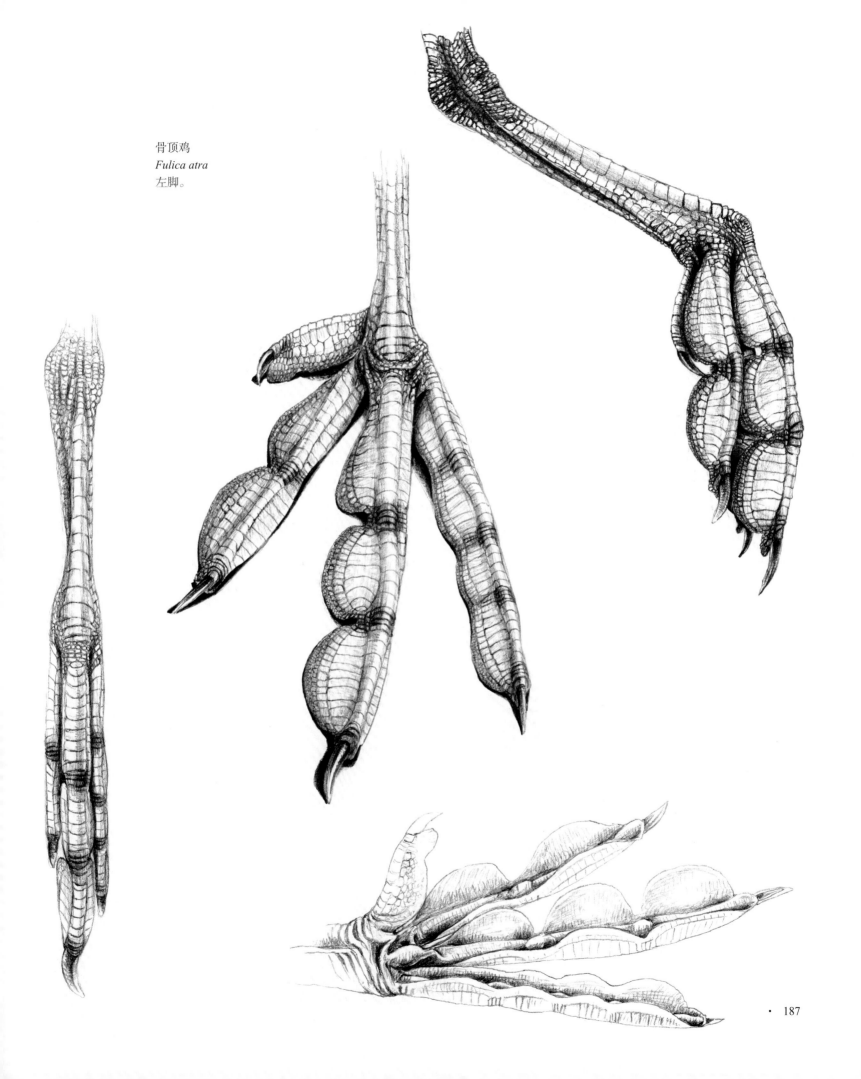

骨顶鸡
Fulica atra
左脚。

了，如今已知只有化石存留下来。)[36]之后，在1948年，人们在新西兰默奇森山的一片与世隔绝的区域探险时发现了一个很小的南秧鸡种群。如今这个物种被严密地保护起来，数量正在缓慢却稳步地回升着。

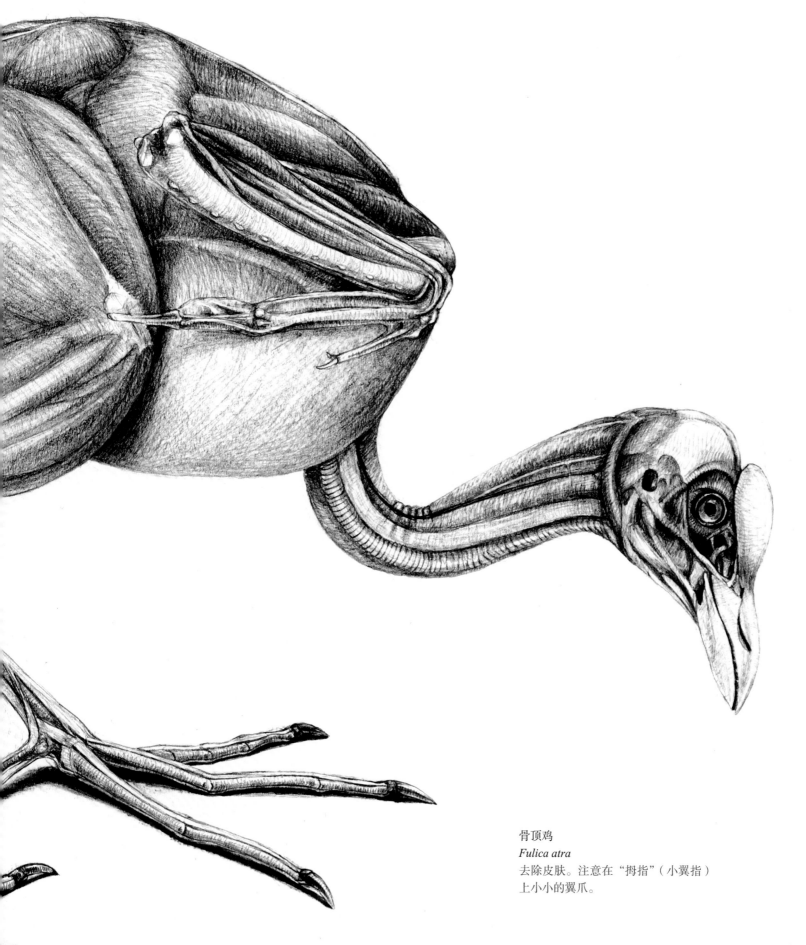

骨顶鸡
Fulica atra
去除皮肤。注意在"拇指"（小翼指）
上小小的翼爪。

189

鹭鹤

鹭鹤看上去像是介于秧鸡和鹭之间的鸟类，但把它放在哪个类群中都不合适，因此它就成为单独列为一个单型科[37]的一种鸟类。这种鸟只分布于新喀里多尼亚的美拉尼西亚，在那里它们原本也没有什么天敌。就和许多岛屿上的秧鸡科鸟类一样，它们不会飞，但它们也没有隐蔽色，这对于在地面上活动的鸟来说就很不寻常了。不过，与那些翅膀已经变得比较小的不会飞的秧鸡科鸟类不同的是，鹭鹤的翅膀还是发达的，并且在行走、奔跑或者爬过障碍物时都能用翅膀保持平衡，甚至还能短距离地向下滑翔。然而，它们的翅膀最显著的用途是进行炫耀行为。它们的初级飞羽上有醒目的条纹，与鹭鹤整体上的鸽子灰羽色形成强烈的对比，只要有一丝危险的迹象，这种鸟就会将双翅展开，将条纹展露出来，让它们的外观看上去和之前完全不同。不过它这样做不是为了伪装自己，而是故意让潜在的危险或者竞争对手看到，以达到恐吓或者分散其注意力的目的。

它们的双腿又长又强壮，后趾比较短并且着生位置较高，稍微高于地面。鹭鹤站立的姿势是直立的，非常有特点，不像秧鸡那样是水平的，身体侧面也不像秧鸡或者鹭那样扁平。它们这种很直的站姿是骨盆的奇特角度造成的，这使得这种鸟看上去背部很短，而它们背部的椎骨（胸椎）本身长度的大部分都愈合在一起，实际上几乎是水平的。在两肩之间较大的椎骨上着生着用于抬起头部的强健肌肉。不过毫不意外的是，这种不会飞的鸟的胸骨只有很浅的龙骨突，叉骨也很细弱。

鹭鹤的头骨很大，看上去与小巧的身体非常不相称。身着羽毛的它们，头部的羽冠向下倾斜，与背部的羽毛连成一片，掩盖了它们头部实际的大小，让它们看起来像被布包裹着。在它们的头骨上，眼眶也特别抬高了，以适应它们特别大的眼睛，这表明这种鸟类可能会在夜间活动。不过它们也只是在孵卵期间才可能夜间活动。但它们确实拥有卓越的双眼视觉，有利于在森林的地面上捕食无脊椎动物。鹭鹤的喙鞘将鼻孔遮住，当鸟在落叶层中探寻食物的时候，这可能起到防止外面的颗粒物进入鼻孔的作用。

和鹭一样，鹭鹤也会用被称作"粉䎃"的特殊羽毛梳理自己。早期的分类学家将鹭鹤和鹭一起置于鹳形目下，而如今它们通常被置于鹤形目中，与秧鸡、鹤以及另外两类放在哪儿都不合适的鸟——日鸦和鳍趾鹛归在一起。到目前为止，DNA证据也还没有定论。[38]

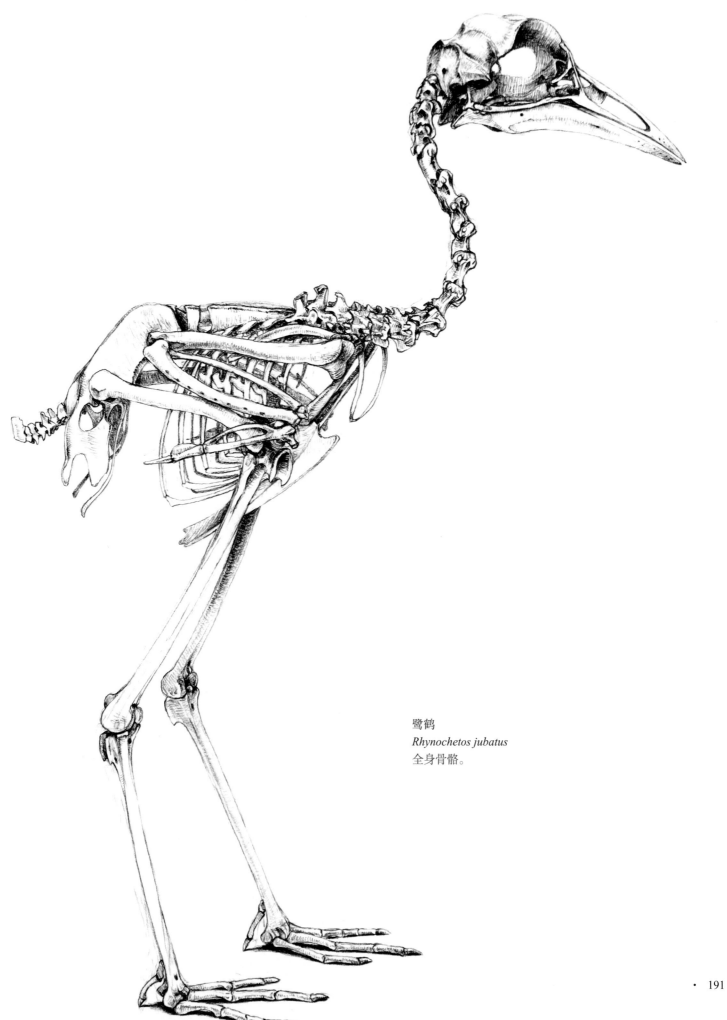

鹭鹤
Rhynochetos jubatus
全身骨骼。

鸻鹬类涉禽

理论上说，任何长腿的水鸟都是涉禽（wader），这个术语相当主观。不过，观鸟者通常不会用"wader"这个词来指代鹭或者鹳之类的鸟。"Wader"这个词在英文中通常等同于鹬科鸟类（鹬、杓鹬、塍鹬、沙锥等），但同样也包括了一些生态位相似的其他科的鸟类：蛎鹬、反嘴鹬以及鸻等。所有这些科的鸟类在传统上一直都属于鸻形目，这个目还包括了燕鸻、鸥、燕鸥、贼鸥和海雀，这些鸟似乎就与它们的长腿亲戚相去甚远了，更不用说与秧鸡极为相似的水雉了。

总的来说，鸻鹬类涉禽是一类体形小到中等，在地面上活动，腿很长（尤其是跗跖很长），而脚趾比较短，适于行走和奔跑的鸟类。大多数鸻鹬类涉禽的后趾很小或者退化消失，特别是那些经常会沿着海滨奔跑的种类，不过大多数的鹬的后趾还比较长，使它们能够栖站在树上，甚至在树上筑巢。水雉很明显是个例外，它们有四根特别细长的脚趾，这样它们在浮水植物上行走的时候，就能够分散身体重量。

鸻鹬类的身体比秧鸡的更宽。鸻鹬的一些种类所进行的长距离迁徙是鸟类之中最为惊人的壮举。因此鸻鹬类涉禽的整个身体结构都是为了能够快速地直线飞行——胸骨宽厚，龙骨突很高，能容纳巨大的胸肌，翅膀又长又尖。与其他大多数鸻鹬类涉禽相比，丘鹬的翅膀又短又圆，但它们的飞行能力同样很强。丘鹬翅膀的形状让它们能够在树木茂密的栖息环境中灵活地飞行，而无论是丘鹬还是沙锥都能够以"之"字形的不规则路线曲折飞行，以防被空中的捕食者捕猎。

事实上，丘鹬从很多方面来说都令人印象深刻，尤其是它们头骨的结构。

在所有其他鸟类以及大多数脊椎动物身上，颈部与头骨相连的位置在头骨的后端、脑颅的后面，喙、眼睛、脑颅和颈部是在一条线上排列的。但是丘鹬的头骨则像人类的头那样，是转了90度的，颈部和头骨的连接处并非位于头骨后面，而是直接位于头骨下方。它们的脑颅被压缩在头骨后方，从眼睛的位置往后只延伸了很小一段距离，而眼睛本身就从像青蛙一般的管状凸起的眼眶上凸出来，远高出颅骨高度。作为生活在内陆地区的物种，丘鹬和沙锥的眼睛上方没有盐腺。通常位于眼眶后面的耳孔在丘鹬身上位于眼眶的正下方。喙以较大的角度向下倾斜，而眼睛位于上方并朝向两侧，双眼几乎尽可能地朝向相反的方向。（沙锥头骨的结构相似，但喙不像丘鹬那样地大幅朝下倾斜。）

当然，大多数鸟类的双眼都长在头部两侧，但是它们还是稍微地朝向前方，让双眼有一个合适的重叠视野，使这些鸟类在喙的区域拥有双眼视觉，能够精确地定位食物。不幸的是这样也带来了缺点——在上方和后方留下了盲区，不过对于大多数鸟类来说，这样的视觉已经足够了。而与此同时，丘鹬则会很认真地观察它们的后方。独特的头骨结构使它们恰好拥有地平面以上包括上方和侧方的全景视野，这样从地平面以上任何角度试图接近它们的捕食者都逃不过它们的眼睛。丘鹬双眼视觉的角度确实小到可以忽略不计，但对于它们来说这一点也不重要。丘鹬的视力可以完全用于侦测是否有捕食者，是因为它们还拥有其他探寻食物的方式。

和鹬科很多其他的鹬一样，丘鹬喙的末端非常敏感，能够侦测到地下最轻微的震动，它们可以完全依靠触觉觅食。和其他鸻鹬类涉禽一样，它们只靠喙的末端就能紧紧地攫住猎物。能这样做的原因是它们的鼻孔。鸻鹬类涉禽的鼻孔是拉长的，实际上几乎将上喙分割成了三片平行的骨条——两边各一条，顶上一条。在这样的结构上某一段（根据不同的种类各有不同）是一个由弹性的骨组织形成的可动区域，能够通过向上或者向外推，只把上喙的一部分向上张开。直喙的鸻鹬类涉禽甚至可以不用把喙从洞里拔出来，就能用舌头把猎物带到喉咙的位置！

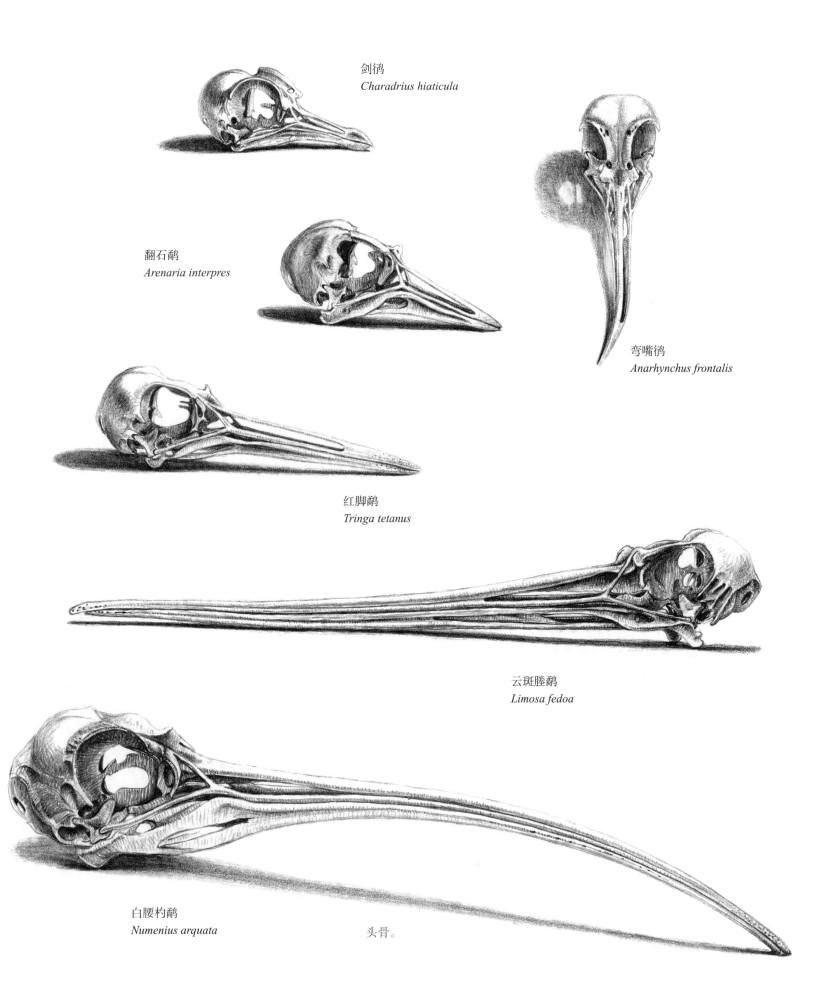

剑鸻
Charadrius hiaticula

翻石鹬
Arenaria interpres

弯嘴鸻
Anarhynchus frontalis

红脚鹬
Tringa tetanus

云斑塍鹬
Limosa fedoa

白腰杓鹬
Numenius arquata

头骨。

杓鹬或者某些塍鹬拥有向下弯曲或者向上翘起的喙，尽管弯曲的喙在蠕虫的洞道或者角角落落里探寻时无疑更加有效，但也带来了更为棘手的问题。弯曲的喙需要更多的结构性加强，这样在喙的内部就没有多少空间能够留给一条较大的舌头了，所以它们必须把喙尖咬住的食物往嘴里挪动，然后才能吞下去。

另一种不属于鹬而是一种鸻的鸟——弯嘴鸻，它的喙也是弯曲的。不过弯曲的方式不同，它们的喙非常独特地向一侧弯曲（总是右侧，从来不会向左侧弯曲），用来在卵石底下扫来扫去，搜寻蜉蝣这样的无脊椎动物的稚虫。

鸻则依靠视觉而非触觉捕食。大多数鸻的喙都比较短，这有利于进行有目标的啄食，而非伺机探寻食物，同时它们的眼睛也比鹬的大很多。实际上，鸻还能在夜间觅食，所以大眼睛就能让视网膜尽可能多地接收光线。它们的眼睛中也拥有高密度的视杆细胞，这有助于增强在弱光环境中的视力，不过相应地会牺牲掉一些色觉能力。像丘鹬一样，鸻的眼睛也高出颅骨，不过它们的眼比丘鹬的更朝向前方，因此这些鸟的双目视觉也有很好的视野范围，这对它们来说不可或缺。类似地，同样是鸻形目但属于另外一个科的石鸻也拥有一双大眼睛，有助于在夜间觅食。

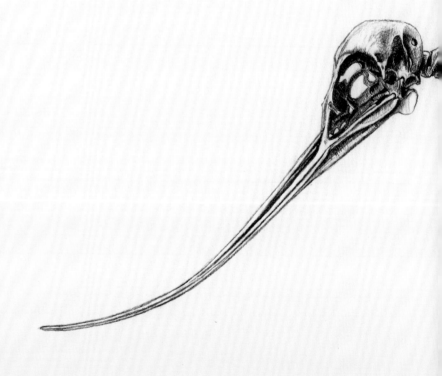

翻石鹬属于鹬，但也是通过视觉觅食，它们会把小块的卵石翻过来，露出藏在下面的无脊椎动物。翻石鹬的喙是明显的锥形，基部宽厚，末端尖细，这在鹬里面很特别，与那些细长喙的近亲不同，它们喙的末端不是球状的，感觉也不敏锐。蛎鹬属于单独的蛎鹬科，它们的喙适合打开贝类的壳，不过有些个体的喙的结构更加纤细，主要通过用触觉搜寻的方式觅食。[39]

所有这些喙都需要很大的力量，因此鸻鹬类的颈椎与其身体相比出奇地大，为肌肉组织提供了足够的附着表面。反嘴鹬和半蹼鹬（它们分属于不同的科）拥有鸻鹬类中最细的喙，以水面上或者水面附近的微小生物为食。反嘴鹬用它们那扁平并且向上翘起的喙左右扫来扫去，像红鹳那样用栉板将微小的颗粒过滤出来。反嘴鹬的双腿特别长，能够在很深的水中涉行，当水太深时，它们就干脆游泳。反嘴鹬（以及它们的近亲斑长

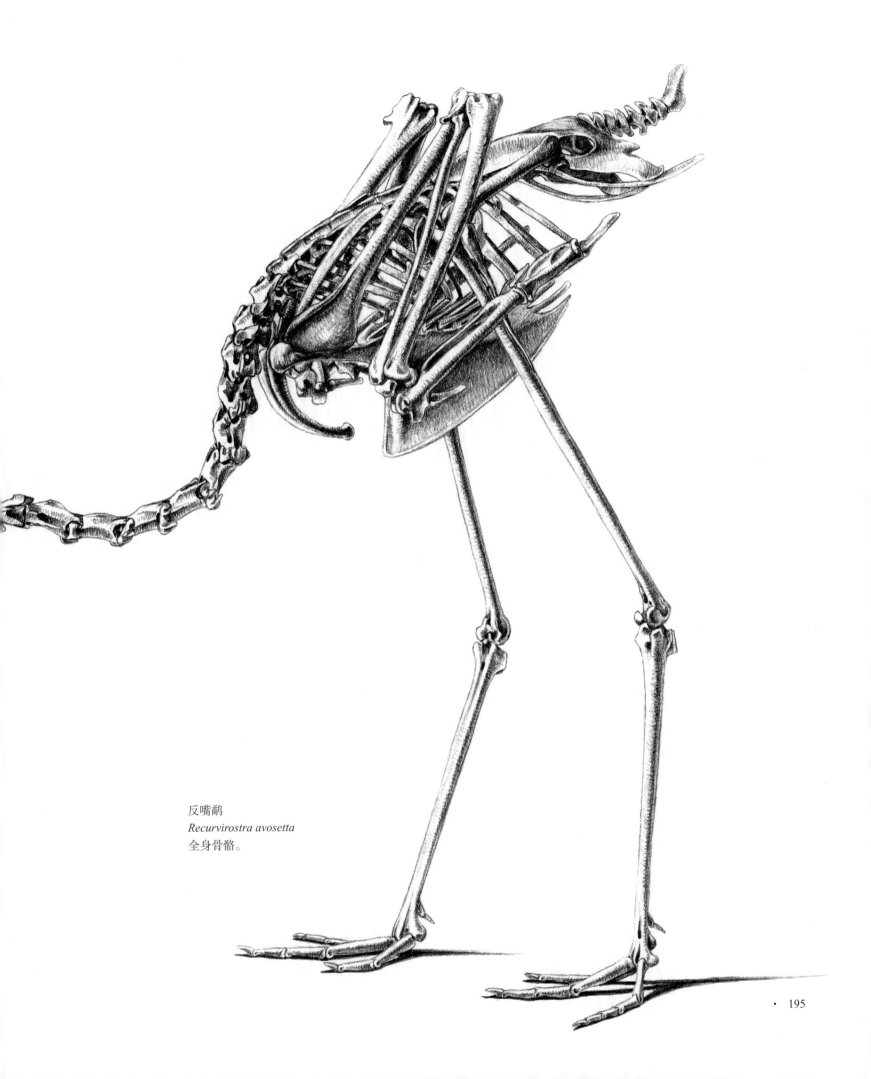

反嘴鹬
Recurvirostra avosetta
全身骨骼。

凤头麦鸡
Vanellus vanellus
全身骨骼。

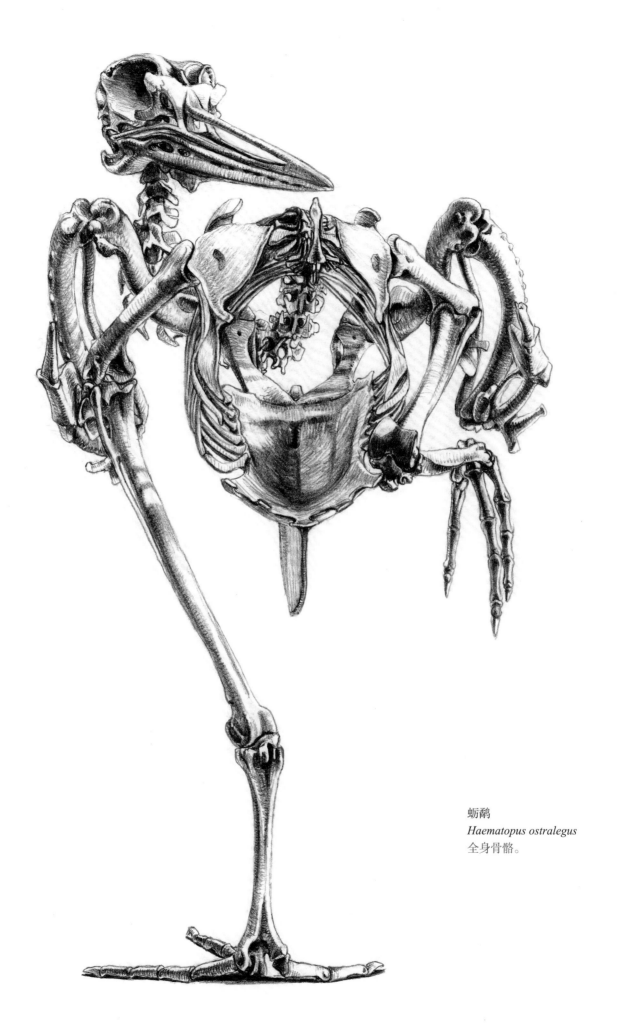

蛎鹬
Haematopus ostralegus
全身骨骼。

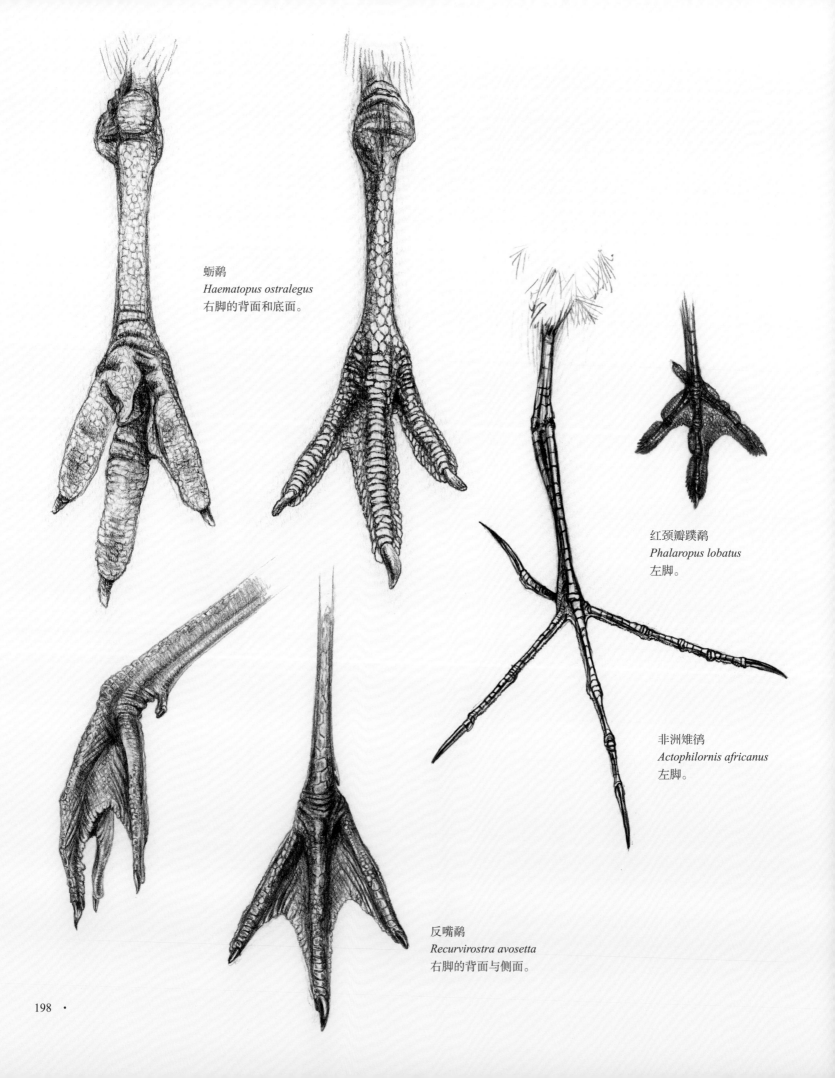

蛎鹬
Haematopus ostralegus
右脚的背面和底面。

红颈瓣蹼鹬
Phalaropus lobatus
左脚。

非洲雉鸻
Actophilornis africanus
左脚。

反嘴鹬
Recurvirostra avosetta
右脚的背面与侧面。

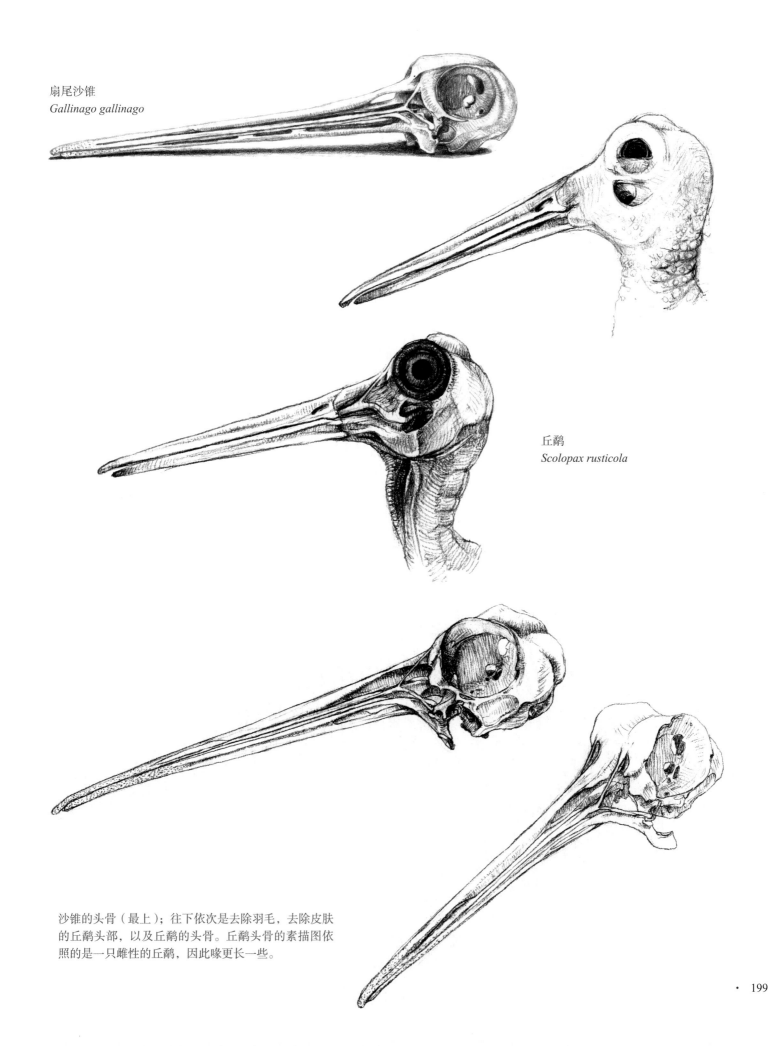

扇尾沙锥
Gallinago gallinago

丘鹬
Scolopax rusticola

沙锥的头骨（最上）；往下依次是去除羽毛，去除皮肤
的丘鹬头部，以及丘鹬的头骨。丘鹬头骨的素描图依
照的是一只雌性的丘鹬，因此喙更长一些。

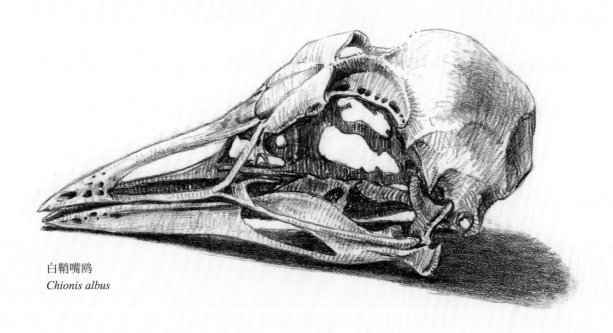

白鞘嘴鸥
Chionis albus

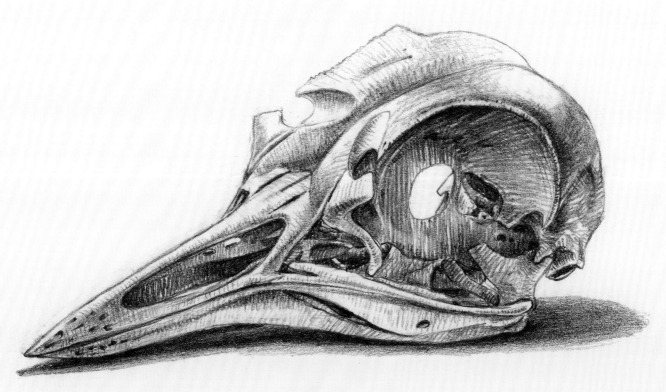

欧石鸻
Burhinus oedicnemus

头骨。

脚蹼）是少数几种脚趾间有蹼的鸻鹬类涉禽，蛎鹬只在中趾和外趾之间有蹼。腿比较短小的半蹼鹬也会游泳，并且它们的脚趾是"一半蹼，一半瓣蹼"，它们每根脚趾的一侧像骨顶鸡那样有叶状瓣蹼，而另外一侧则有反嘴鹬那样的蹼！

在所有近水或者在沼地之中的环境，无论是光滑的沙滩、深深的淤泥、布满岩石的岩基海岸线，还是淡水溪流，我们都能找到鸻鹬类涉禽觅食无脊椎动物的身影。腿的长度、喙的长度以及喙的结构的差异意味着很多鸻鹬类种类之间能够避免竞争，和平共存。

但并不是所有的鸻鹬类涉禽都过着如此健康美好的生活。鞘嘴鸥在南极的海鸟集群地过着"拣垃圾"的生活，它们看上去更像是脏兮兮的白鸡，完全不像它们的近亲鸻。实际上，它们（鞘嘴鸥科）是唯一一类只局限分布在那个区域的鸟类。它们是那里的捕食者和食腐者，会吃掉任何可以吃的东西，以及不少并不适合食用的东西。虽然生活完全依赖于海洋，但它们完全是陆生的，可以说从未沾过水。

V 鸡小纲

> 喙呈凸圆形，上颌拱状盖住下颌；鼻孔被一层软骨质的隆起的膜覆盖；腿适于奔跑；趾底部粗糙；身体肥胖，肌肉发达，极为适于食用；以谷物和种子为食，从地面上啄食并在嗉囊中浸软；在地面营巢，筑巢较粗糙；卵多数；它们为多配偶制，喜爱在尘土中打滚，并会教雏鸟觅食。

顾名思义，林奈对其鸡小纲的描述与后来被称为雉鸡类的类群最为接近，这一类群包括了雉、松鸡、珠鸡等。不过按照林奈最开始的分类，他的鸡小纲还包括了任何在地面上活动的、身体比较圆圆的鸟类类群。非常原始的鸫，它们的样子完全就像是雉类，放到这里也没什么不妥，而非洲鸵鸟放到这里就不是那么合适了。但在那个时候，大多数的平胸鸟类还没有被欧洲人发现。

另外一种非常符合这个描述、体形圆圆胖胖的陆生鸟类是渡渡鸟，在林奈的时代，它已经灭绝很久了。而人们认识到渡渡鸟是鸠鸽的近亲还是很久之后的事情了。

蓝孔雀
Pavo cristatus
白化变种。

蓝孔雀
Pavo cristatus
炫耀姿势的全身骨骼。

雉鸡类

被宽泛地称为雉鸡类而实际上包括了整个鸡形目的鸟类，包括雉、松鸡、珠鸡以及它们的近亲。英文中将它们称为"猎禽"是有原因的：它们的身体都胖乎乎的，肉质丰满，并且非常美味；它们会从地面一下子飞起来，对猎人来说是具有挑战性的猎物。

较大的胸肌是雉鸡类成为猎禽的两大因素的根源，然而，它们的胸肌却无法支持长时间的飞行，这些鸟很快就会疲劳，需要靠向下弯曲的双翅滑翔，将它们带到尽量远的地方。实际上，它们的胸骨虽然较窄，但龙骨突却很深，并且作为这一类群的特征，它们胸骨深裂为长长的三叉[40]，这让人联想到有同样特征的鹲，它们的飞行能力同样不堪。

从小巧的鹌鹑到庞大的火鸡，雉鸡类的不同种类体形各异，但它们的身体结构却非常一致：身体大，脑袋小，翅膀短圆，双腿有力。塚雉和冠雉是鸡形目中最原始的两个类群，它们与这个目的其他成员不同，后趾较长并且着生位置与前面的三趾位于同一个平面上，这样的脚更适合栖站在树上；但典型的雉鸡类更适合地栖的生活方式，它们的后趾很小，而且着生位置高于地面。这样的结构安排极为适于行走、奔跑，以及在土地上刨掘。这一行为也是鸡形目鸟类的典型特征。

鸡形目的大多数类群都主要以种子为食，种子富含蛋白质和碳水化合物，很容易满足一只鸟的能量需求。不过，松鸡则几乎完全以树叶为食，这很特别。许多松鸡亚科的物种只食用特定种类的树叶，如松针、石南叶或者柳叶。这些树叶包含的能量价值不多，并且需要较长时间才能消化。不过松鸡拥有较大的嗉囊，它们的肠道也很长，并且是高度特化的，特别适于从特殊的植物食物中获得尽量多的营养。在早晨和傍晚，它们会尽可能地多吃，然后在其他时间里，就尽量不动，节省能量，只是消化上一餐。它们甚至会在雪中挖一个坑洞，在里面一动不动待上一整天。

松鸡非常适应严寒的气候环境。它们喙的基部有较长的羽毛，能够将鼻孔也覆盖住，很多松鸡亚科物种的跗跖和脚趾也是被羽的。还有一些松鸡，尤其是那些分布在最北部的物种，它们的脚趾会在冬天发生一种非常奇特的变化——长出额外的细长鳞片（被称作栉状鳞），从脚趾的两边突出来。这样它们的脚趾看上去就像是从羽毛中爬出来的大号千足虫。到了春天，这些鳞片就脱落了。这些鳞片的确切功能我们还不完全清楚，但人们认为它们能够增强在雪中或者在树上栖站时的抓力。

雉鸡类的另外一个特点是它们的腿上有距，至少雉类（也包括鹑、旧大陆的鹌鹑和鹧鸪等）、珠鸡和火鸡如此。通常情况下，每边跗跖的内后缘有一根距，不过有些物种或者个体可能会在更高的地方长出第二根距，甚至有些（极少的情况）会在同一个位置长出两根距。孔雀雉还经常会长出更多距，实际上，孔雀雉属的拉丁文 *Polyplectron* 就意为"多距的"。家鸡也可能长出数量惊人的距，而且相对尺寸也同样惊人。虽然偶尔也有雌鸟长出距，但通常只有雄鸟才有距，它们的距用来相互争斗，并且会随着鸟的年龄增长而增大。

装饰性性征在雉鸡类中非常显著。这个类群展示出一系列令人眼花缭乱的装饰：羽冠、肉垂、斑纹鲜艳的充气喉囊、鸡冠，以及一身纷华靡丽的羽毛，而它们又会通过各式各样难以想象的炫耀行为卖弄这些装饰。而其中最为著名的，就是雄孔雀（peacock，即孔雀"peafowl"的雄性[41]）。它们抖动那华丽扇状尾屏的炫耀行为，这一场景无须赘言。尽管大家对孔雀都很熟悉，但它们拖在身后的尾屏并不是它们的尾羽，这一点让大多数人都很惊讶。孔雀确实有尾羽，而且它们的尾羽的确不小，但那些特别长、用于炫耀的实际上是从后背、腰部长出来的羽毛，是它们的尾上覆羽，它们真正的尾羽颜色单调暗淡，平时被尾上覆羽（尾屏）覆盖在下面。附着在尾屏羽毛根部的肌肉会拉动这些羽毛，使它们挺立起来进行炫耀，这些鸟站立着，让尾屏的末端在空中高高地展现，获得最佳的效果。炫耀行为结束后，肌肉会再松弛下来，雄孔雀也恢复到它们平时的姿势。

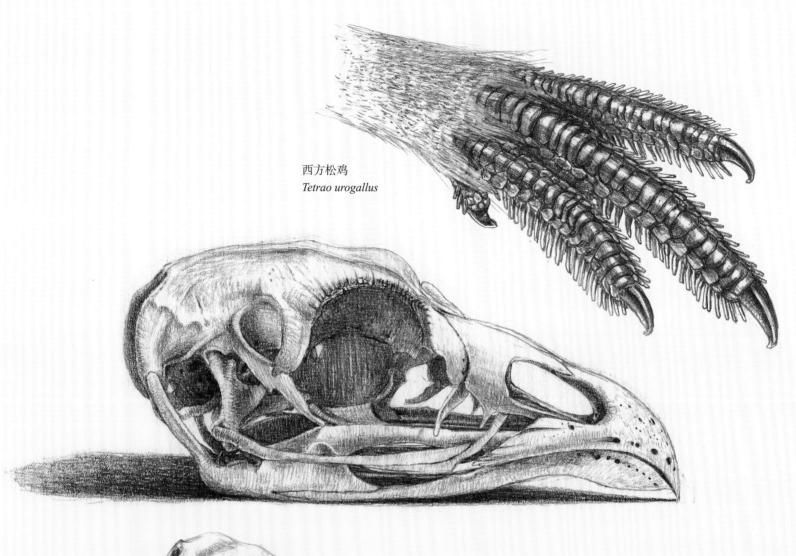

西方松鸡
Tetrao urogallus

雉鸡
Phasianus colchicus

（野）火鸡
Meleagris gallopavo

头骨，以及松鸡的脚，展示
在冬季长出来的奇特的附属
鳞片。

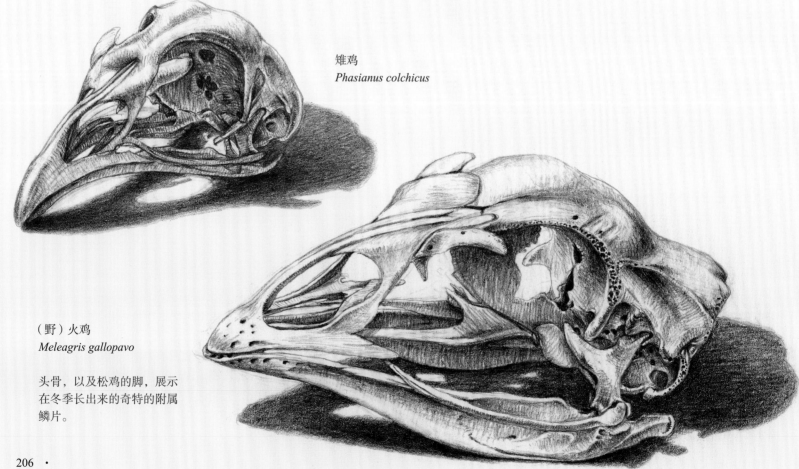

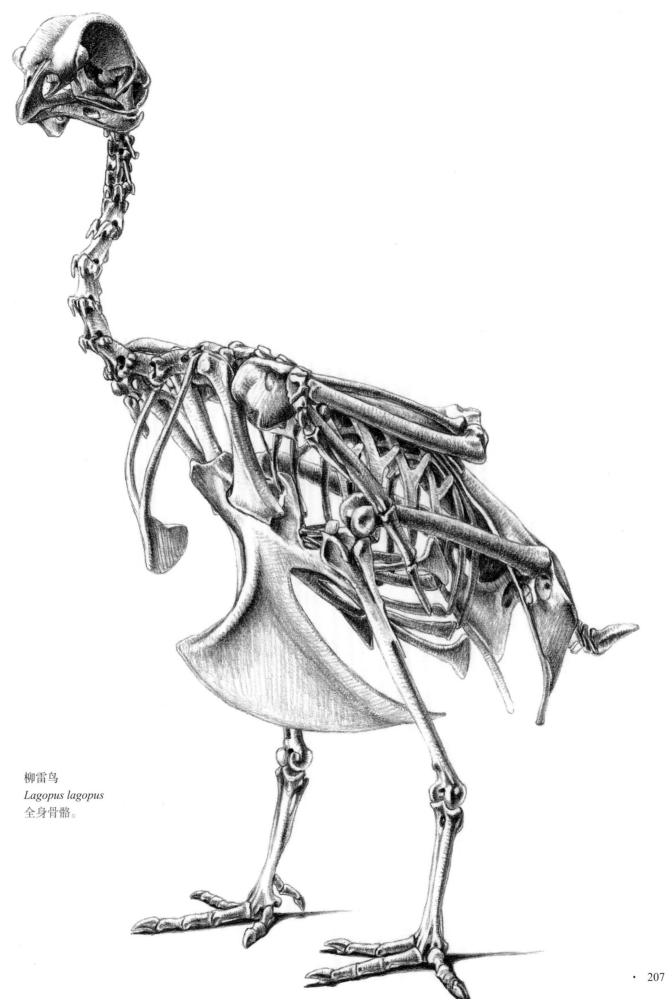

柳雷鸟
Lagopus lagopus
全身骨骼。

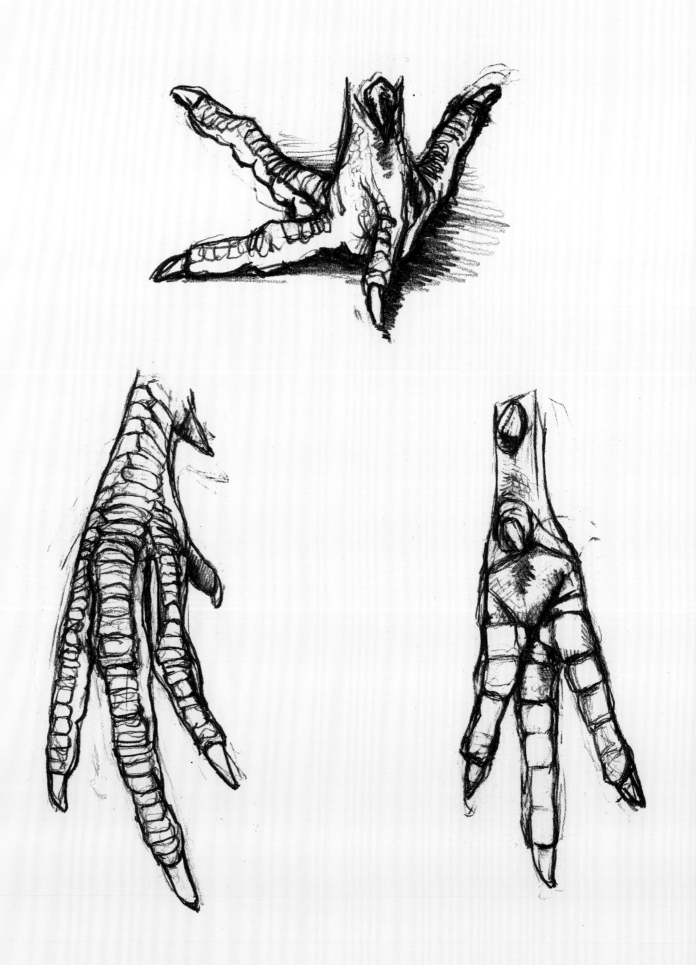

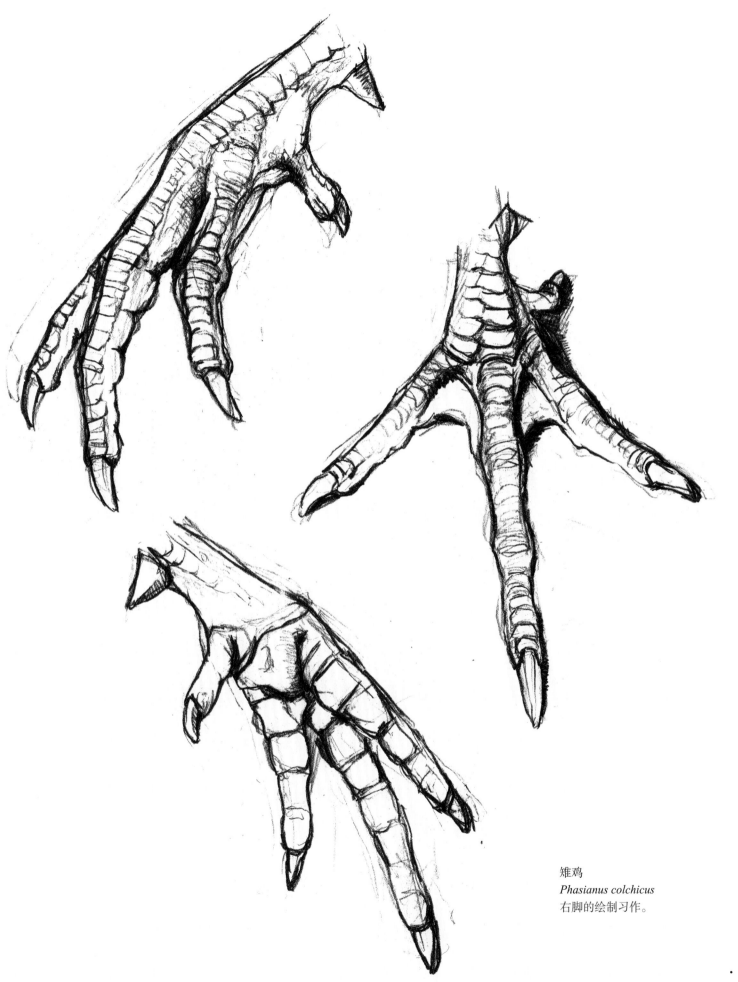

雉鸡
Phasianus colchicus
右脚的绘制习作。

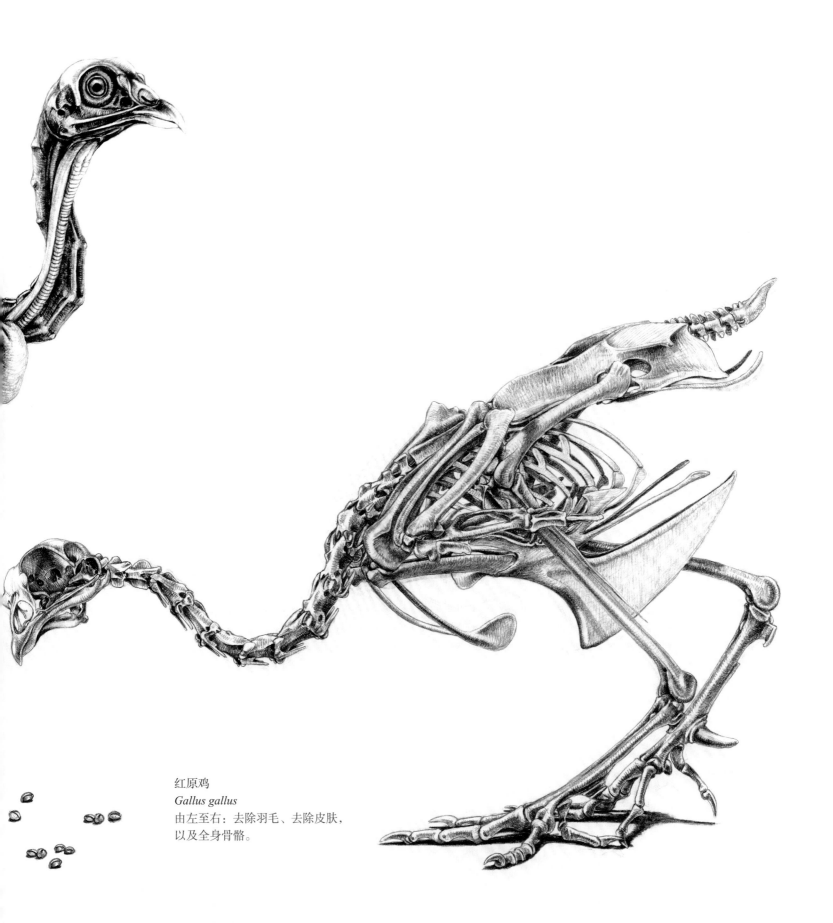

红原鸡
Gallus gallus
由左至右：去除羽毛、去除皮肤，
以及全身骨骼。

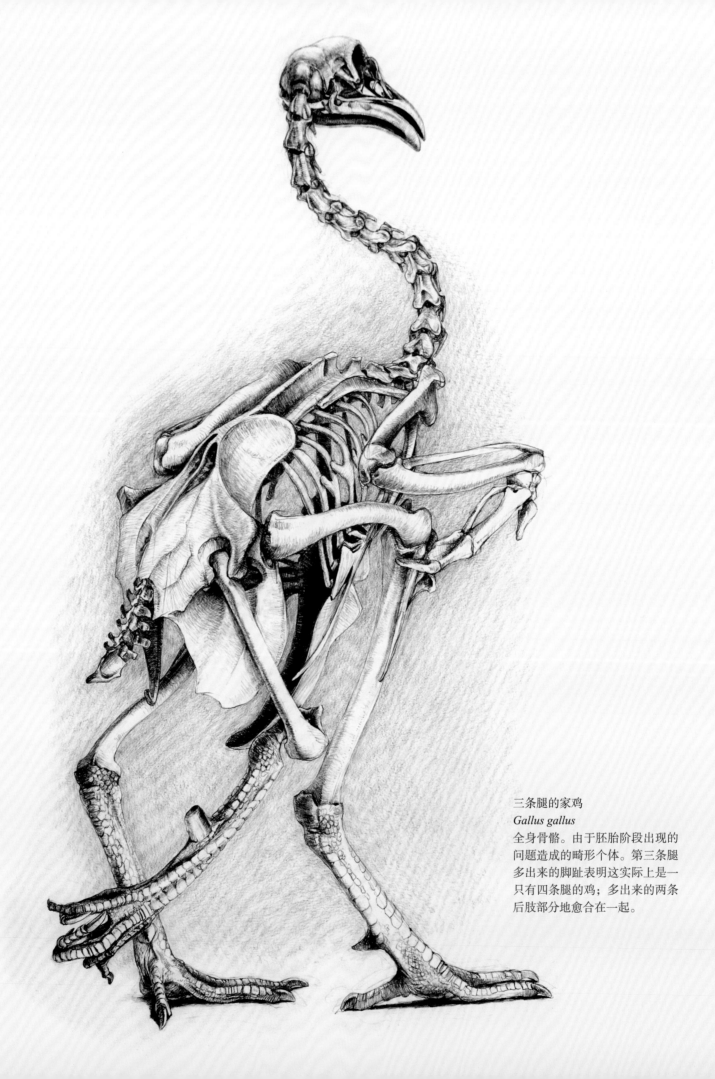

三条腿的家鸡
Gallus gallus
全身骨骼。由于胚胎阶段出现的
问题造成的畸形个体。第三条腿
多出来的脚趾表明这实际上是一
只有四条腿的鸡；多出来的两条
后肢部分地愈合在一起。

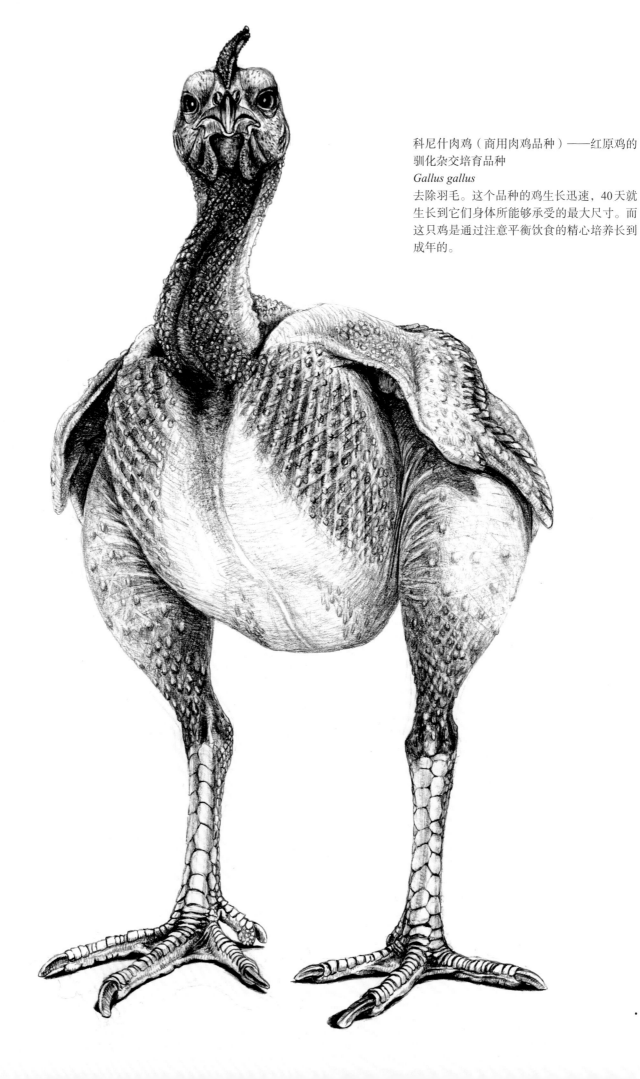

科尼什肉鸡（商用肉鸡品种）——红原鸡的
驯化杂交培育品种
Gallus gallus
去除羽毛。这个品种的鸡生长迅速，40天就
生长到它们身体所能够承受的最大尺寸。而
这只鸡是通过注意平衡饮食的精心培养长到
成年的。

日本矮脚鸡——红原鸡的驯化培育品种
Gallus gallus
去除羽毛。腿（以及翅膀）骨骼的短小化是由基因
突变导致的结果，同样的基因突变也培育出了腊肠
犬（Dachshund）。

现代英国斗鸡矮小化品种——红原鸡的
驯化培育品种
Gallus gallus
去除羽毛。它们的长腿是选育而不是一
次基因突变的结果。

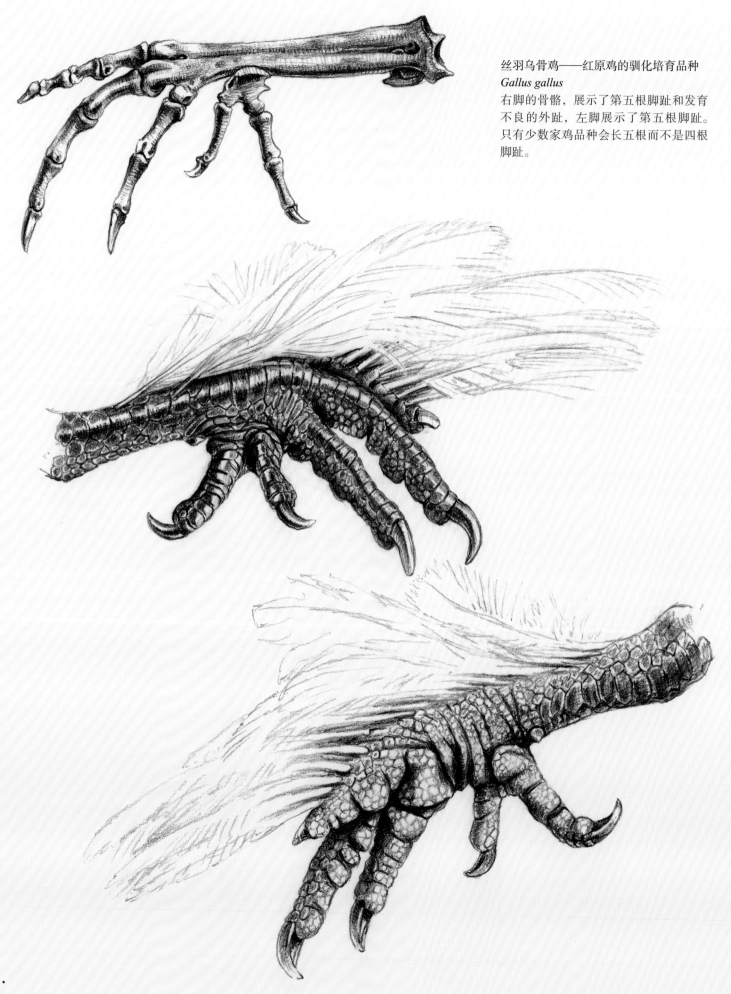

丝羽乌骨鸡——红原鸡的驯化培育品种
Gallus gallus
右脚的骨骼，展示了第五根脚趾和发育
不良的外趾，左脚展示了第五根脚趾。
只有少数家鸡品种会长五根而不是四根
脚趾。

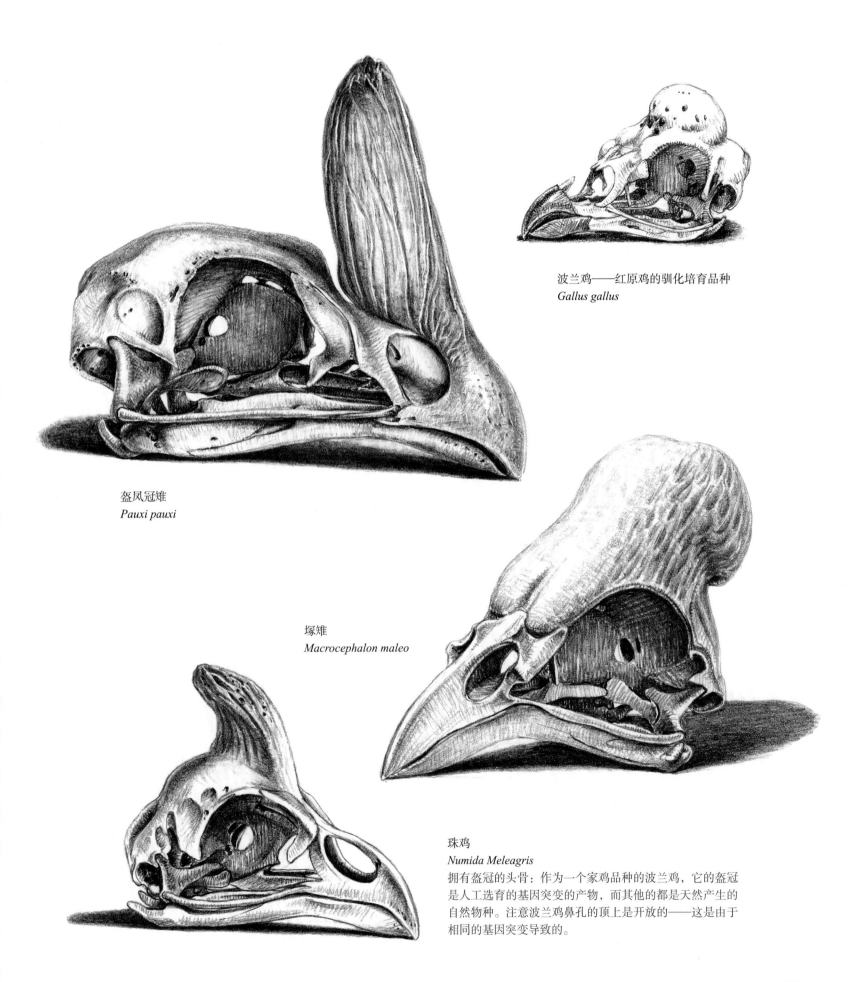

波兰鸡——红原鸡的驯化培育品种
Gallus gallus

盔凤冠雉
Pauxi pauxi

塚雉
Macrocephalon maleo

珠鸡
Numida Meleagris
拥有盔冠的头骨：作为一个家鸡品种的波兰鸡，它的盔冠
是人工选育的基因突变的产物，而其他的都是天然产生的
自然物种。注意波兰鸡鼻孔的顶上是开放的——这是由于
相同的基因突变导致的。

家鸡

家鸡可能是这个星球上分布最广的鸟类，而且很久很久之前它们就已经遍布各处。它们已经在人类的居住地大摇大摆了很多个世纪，到古典时代[42]之初，它们就已经抵达欧洲了。

所有的家鸡都是一个单一的野生物种红原鸡的后代，不过对它们的驯化事件可能是在远东地区的几个不同地点独立发生的，涉及了几个地理亚种。[43]

很多个世纪以来，对家鸡的人工选育主要集中于产肉和产蛋能力上，因此，在相对较近的时代之前，红原鸡都比大多数家鸡品种体型小、重量轻，就不足为奇了。不过，如今大部分品种也都有对应的矮小化品种，那些更具商业用途的品种的小型化版本是培育来观赏的。

最适合上餐桌的鸡的品种都是速生的。它们的生长真的非

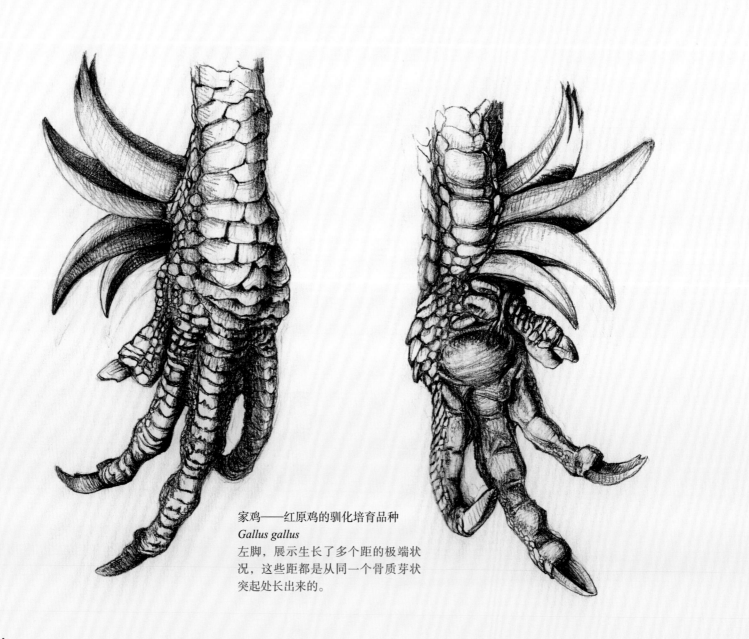

家鸡——红原鸡的驯化培育品种
Gallus gallus
左脚，展示生长了多个距的极端状况，这些距都是从同一个骨质芽状突起处长出来的。

218 ·

常迅速。在大约40日龄时，这些鸡胸部和大腿的肌肉就已经生长到它们活着时身体所能承受的最大体积和重量了。要想让它们活过这个时期长到成年，就需要精心地控制它们的饮食（低蛋白、高矿物补充剂）。正因为如此，现代商用肉鸡只能通过和其他品种鸡杂交的方式才能生产——通常是用科尼什鸡和洛克鸡杂交，以获得科尼什肉鸡。

家鸡也会被饲养用于打斗，修长优雅的现代英国斗鸡是基于身体更宽的斗鸡品种——古老英国斗鸡——所培育的用来展示的品种。它们挺直的站立姿势更加凸显了它们本身就非常修长的双腿，这不是基因突变而是选育的结果。无论是现代英国斗鸡，还是古老英国斗鸡，都拥有大型和矮小化两个类型。

极少数的矮小型品种没有对应的大型品种。它们完全是为了观赏审美甚至精神上的追求等原因而专门培育的。其中最为古老的一种，一定也是最令人印象深刻的是日本矮脚鸡。腿很短是它们最明显的特征，但如果靠近仔细观看，就会发现它们的翅膀也很小。这是一种基因突变的结果，这一突变在其他动物身上同样会导致四肢短小，包括人类和犬也是如此。想想腊肠犬就知道了。然而，在鸡身上这种突变基因是显性的并且是致命的，这意味着带有一对突变基因的胚胎将会在孵化之前死亡。

对于生命来说，基因突变是必要的。它们是演化生物学的核心，没有基因突变就不会有生物多样性，虽然绝大多数突变甚至都不会导致明显的外观变化。但是，大多数人想到基因突变时，他们脑海中出现的是"天生的怪胎"，是或多或少身体部分的"畸形"。这些不幸的生命基本上存活不过几天，在野外尤其如此。但是，在驯养条件下再加上特别的照顾，有一些

个体，比如本书中绘制的这只长了三条腿的奇妙小公鸡，就有可能活到成熟期，并且能够活很多年。事实上，这样的畸形常常不是基因突变的结果，只是胚胎发育早期细胞分裂阶段的异常导致的，这就是畸形经常对称的原因。这只小公鸡看起来只有三条腿，但实际上有四条：多出来的那只脚是两根跗跖愈合而成的，拥有多于正常的四根脚趾。

在所有鸟类中，虽然有很多鸟只有较少的三根甚至两根脚趾，但四根脚趾是遗传自它们祖先的正常状态，在自然界中不存在拥有五根脚趾的野生物种。家鸡中就有例外的情况。道根鸡是最广为人知的拥有五根脚趾的品种，但这一性状也存在于其他几个品种中，包括羽毛蓬松，脚上也被羽的丝羽乌骨鸡。这根额外的脚趾是从后趾的基底骨（第1跖骨）上长出来的，这枚基底骨发育延伸成了两个部分。实际上这根多出来的脚趾会比后趾长，甚至还多出一枚额外的趾骨。与之相反，丝羽乌骨鸡的外趾比正常的短，它整个发育不良，缺少末端的一枚趾骨，经常连爪都是缺失的。不过，这与它们的第五根脚趾没关系，这在所有脚上被羽的家鸡品种中都很常见。

另外一个畸形的品种是波兰鸡。这是一个古老的荷兰品种，和波兰完全没关系。它们的头顶上有个大大的毛球样子的羽冠，这是它们头骨上面泡泡状的骨质赘疣导致的，其结构与其他雉鸡类头骨上天然具有的极具质感的装饰物截然不同，与外观相似的凤头鸭的头骨结构也天差地别。它们头顶上这个突出的"肿块"是由基因突变造成的，这一突变还导致了两个鼻孔之间的骨缺了一段，所以本书中所绘制的标本喙上的缺口不是由外伤导致的，而是这个品种正常的性状。

叫鸭

尽管叫鸭在最近被分类到雁形目，与鸭、雁、天鹅同归在一个目中，但它们是其中最原始、最接近它们祖先的类群，而与其他雁鸭类完全不相像。它们的脚趾之间的蹼小到不能再小，尽管它们的喙已经初步有了适应滤食的进食方式的特征，但其形状类似于雉鸡类，向下弯曲并且尖尖的，而不是像其他雁鸭类的那样扁平。很长一段时间以来，人们都认为叫鸭在亲缘关系上更加接近雉鸡类，或者是两个目（雁形目和鸡形目）之间缺失的一环。它们是样貌非常特别的生物：又大又笨，腿很长，双脚特别大，再加上一个完全不成比例的小脑袋。在这个小小的脑袋的顶上，要么有一丛小巧别致的羽冠，要么有一根好似触角的装饰性的"角"。这其实是从头骨的一个骨质突出物上生长出来的赘生物。

与其他雁鸭类不同，叫鸭的后趾较长，类似于鹭，并且着生位置没有高出地面。在这一点上，它们倒是与体型同样较大的雉鸡类中最为原始的两个类群塚雉和冠雉十分相似。叫鸭偏好栖息于草地沼泽，较长的后趾有助于它们在浮水植物形成的"筏子"上行走时分散体重，就像水雉那样。

也许叫鸭最为显著的外表特征是它们每侧翅膀带有两根长长的被角质覆盖的骨质距，就像巨大的月季刺。这些距是从手部骨骼前缘的两端生长出来的，一根位于腕关节和"拇指"指骨之间，另一根位于最长的一根指的基部。它们的距用于争斗，人们曾发现有距的角质鞘嵌入其他叫鸭的胸肌中，不过通常情况下，它们仅仅向另外一只雄性竞争对手展示自己距的大小，就能避免这种领地争端。很多分属于不同科的其他鸟类（包括鸻、水雉、各种雁鸭以及鞘嘴鸥等）的腕关节上都有这种翅距。但叫鸭的特别之处在于它们的翅距有两对，而且它们翅距的大小非常惊人。

但不要将翅距和翼爪搞混，这一点很重要。尽管构成两者的结构都是角质鞘包裹的骨质芯，但距是手部骨骼上额外长出来的赘生物（正好类似雉鸡类跗跖上的腿距），而翼爪则位于手指（通常是"拇指"或者叫"小翼指"）末端，相当于脚上的爪。翅距通常也很明显，并且会随着鸟类年龄的增长而增大，它们在争斗中是重要的武器，而翼爪小到几乎看不见（平胸鸟类的除外），并且通常在鸟类成年后就会脱落。

叫鸭在其他方面也很奇特。在绝大多数科的鸟类身上，羽毛都集中生长在一些特定的区域[44]。这些区域对称分布，中间有较宽的空间（裸区）。那些会潜水的鸟类需要紧密生长的羽毛以防止失温，因此在它们身上，这些不着生羽毛的间隙区域就更小，这也不足为奇。然而，叫鸭生活在南美洲的热带地区，它们很少游泳，也从不潜水，但它们的羽毛却均匀地从分布于它们全身皮肤上的滤泡[45]中生长出来，除它们之外，只有企鹅和平胸鸟类才拥有这一特征。然而，它们在胚胎发育阶段也拥有羽迹，这意味着，叫鸭羽毛生长的特点并不是简单地源于它们演化历史的一种原始特征。

它们的全身骨骼看上去甚至也很怪异，仿佛是由其他不同物种的身体部分拼凑起来的。令人生畏的翅距被它们那样貌凶恶的"眉头"衬托得更加凶狠，而那双不成比例的大脚又彻底粉碎了它们"凶神恶煞"的假象。叫鸭也是唯一一类肋骨上没有"肋骨钩突"的鸟类，肋骨钩突是肋骨上伸向后方的骨质突起，负压在后方相邻的肋骨上，以增强躯干的强度。这一结构对于需要飞行的鸟类来说至关重要，能够让它们的身体有足够的强度承受强有力的胸肌收缩时所施加的相当大的压力。尽管叫鸭有这种异常之处，但它们却是强壮的飞行者，有一对非常大的翅膀。它们的胸骨又宽又深，有非常大的龙骨突，叉骨也又宽又厚。这些鸟的骨骼也非常轻，身体中也有充足的气囊，甚至在它们突然动起来时会发出"咔啦"的声音。它们受到惊吓时就会飞起，然后总是落到树上站着，持续不断地发出巨大的尖叫声，这就它们被称为"叫鸭"的原因。

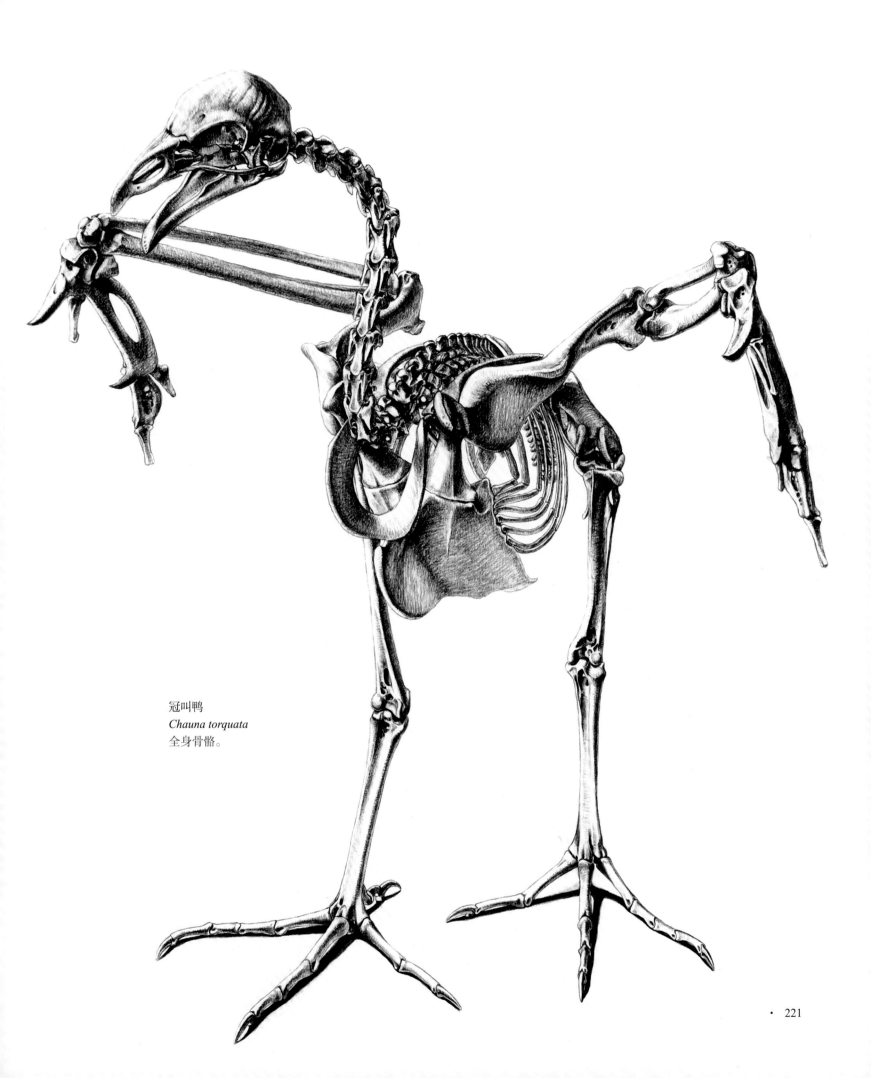

冠叫鸭
Chauna torquata
全身骨骼。

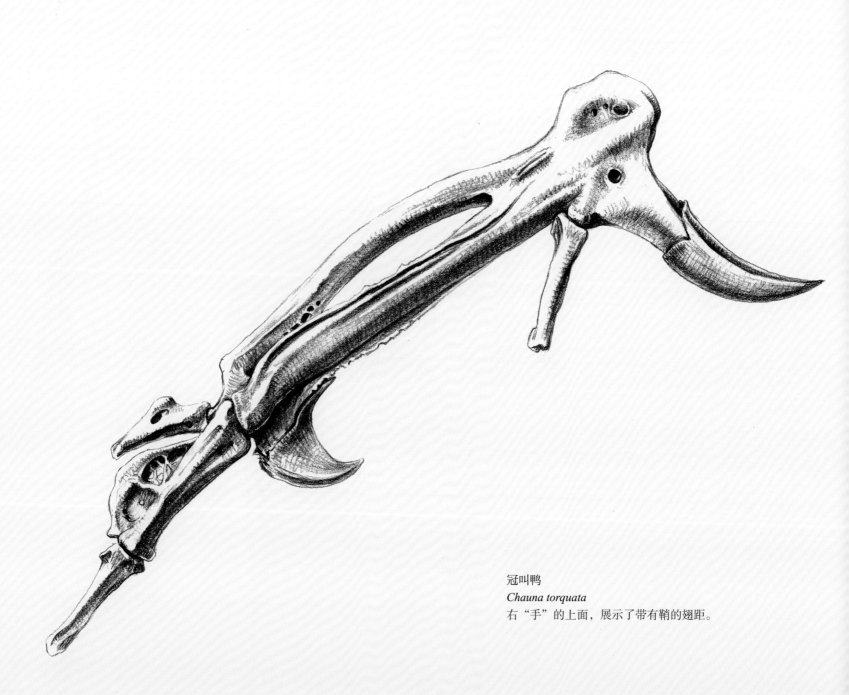

冠叫鸭
Chauna torquata
右"手"的上面，展示了带有鞘的翅距。

麝雉

红色的双眼，蓝色的面部，古怪的羽毛形成的奇异羽冠顶在一个小小的脑袋上，麝雉仿佛是故事中虚构的生物，而不是现实中的物种。但令人难以置信的是，它们的内部结构比外观样貌更加惊人，并且看不出与任何其他鸟类类群有什么亲缘关系。

麝雉硕大的身体和强壮的双腿使它们一开始被与雉类归到一起。然而，在过去的两百多年中，麝雉作为一种非常独特的鸟类在鸟类世界的不同门类中辗转了一圈，在一系列不同的目里都短暂地待了一段时间，最后又回到鸡形目鸟类的怀抱，要不然就是被单独归到自己的一个目中。然而，如今有较强的证据表明，它们或许与鹃类最为接近。[46]

摆在那些试图确定谁与麝雉的亲缘关系最近的科学家面前的一个问题是，麝雉身上拥有许多看似很原始的特征，与其他一些较为近期演化出的特征并存。其中最著名的是它们幼鸟的翅膀上有爪。作为将鸟类与恐龙联结起来的化石物种，始祖鸟拥有许多爬行动物的特征，其中一点就是它们的翅膀有爪，所以很长一段时间里，人们推测麝雉保留的翼爪是一种原始特征的残留，尤其是当它们成年时这些爪就会脱落。然而，如今人们认为，翼爪是在它们演化历史的最近时期才出现的，只是对生存环境的一种适应性特征。

麝雉栖息于茂密的新热带区洪泛森林。它们的巢悬在水面上方，当受到捕食者威胁时，雏鸟（甚至是很小的雏鸟）会从巢里跳下去。与成鸟不同的是，无论是在水面上还是潜入浅水中，雏鸟都很擅长游泳，它们能用双腿和双翅同时推动前进。一旦它们碰到巢所在区域的植被，就会把自己拖出水面，在带有爪的翅膀、双脚，以及脖子等身体各个部位的帮助下爬上枝条，抵达安全位置。

它们的爪可动，由肌肉驱使，能够主动抓住树枝，而不是简单地作为钩子。它们每侧翅膀上有两个翼爪，一个位于"拇指"（即小翼指）的末端，另一个位于最长的指的末端，两个翼爪都向内朝向身体一侧。始祖鸟每侧有三个翼爪，但这一特征在现代鸟类身上也没有人们想象的那么独特。大多数平胸鸟类（包括它们的成鸟）每侧翅膀上都有一到两个翼爪。鳍趾鹏和一些秧鸡只有"拇指"尖上有翼爪。尽管这些类群的鸟类可能只会在还是雏鸟时使用翼爪在植物上攀爬，但它们长成成鸟时也保留了翼爪。

不过，比起有爪的翅膀，麝雉更为特别的是消化系统。正是这一点真正定义了这个物种，并且解释了它们独特的解剖结构和行为。

麝雉几乎完全以吃叶子为生。它们的喙短而有力，上颌有铰链关节，能够将枝条咬下来，而且上下颌的肌肉也很发达。但和其他食叶子的鸟类不同（如松鸡这类，食物主要在胃与肠道中消化），麝雉主要在嗉囊与食管下段中分解食物。在这一点上，它们更类似于牛和其他反刍动物；不过牛能够反刍，而麝雉完全依靠细菌和酶。据报道，这种鸟会散发出一种类似新鲜牛粪的难闻气味。只有经过长时间发酵之后，食物才会进入胃肠道。因此，它们的肌胃（或者叫砂囊）比其他鸟类的小得多，嗉囊却非常大，并具有增厚的肌肉壁。它们的嗉囊极大，以至于侵入了通常属于胸骨的空间。为了容纳这个嗉囊，它们的胸骨是畸形的，龙骨突缩减为位于胸骨最下段的一个小三角形，几乎没有什么空间留给飞行肌。因此，麝雉的飞行能力非常差，只能通过较大的翅膀面积，尽可能地提高升力并且提高滑翔的效率来弥补一点儿。

它们有适于栖站的常态足，三趾朝前，一趾朝后，这意味着它们的攀爬能力并不怎么样。麝雉的成鸟也不会游泳，但它们又没有干燥的地面可以走。所幸的是，麝雉不需要大量移动。发酵是一个缓慢的过程，它们会在一处栖站很长时间不动，用胸部下面一块坚硬的肉垫倚着树枝，以减轻它们嗉囊重量带来的压力，形成进食与消化不断重复的循环。不过，它们有时也会在月光之下冒险到别处逛逛。

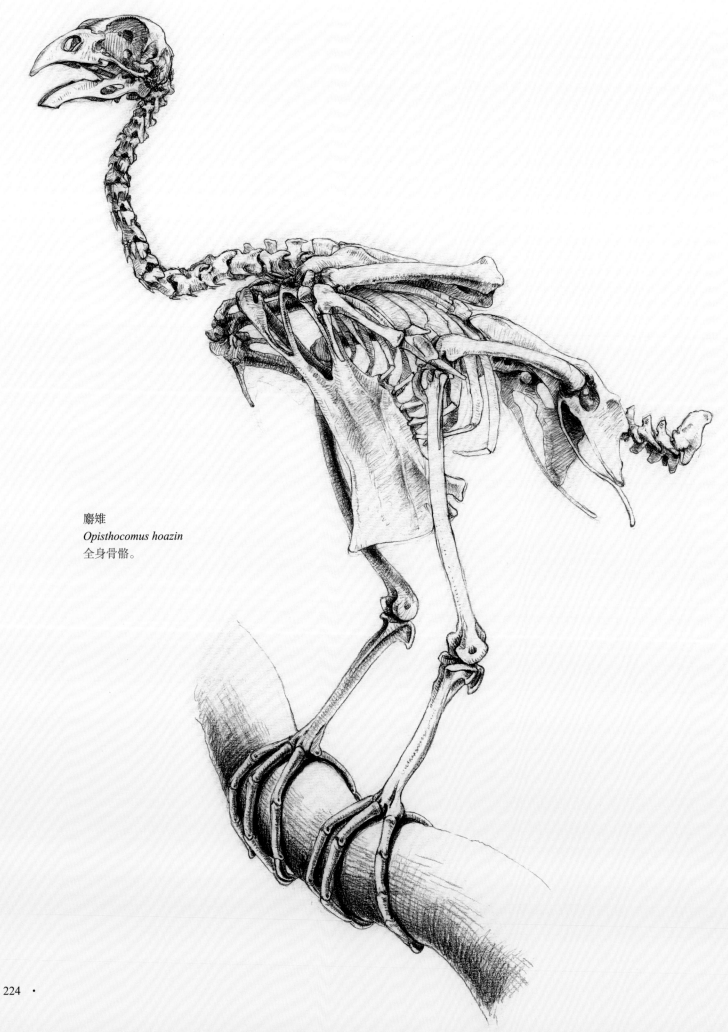

麝雉
Opisthocomus hoazin
全身骨骼。

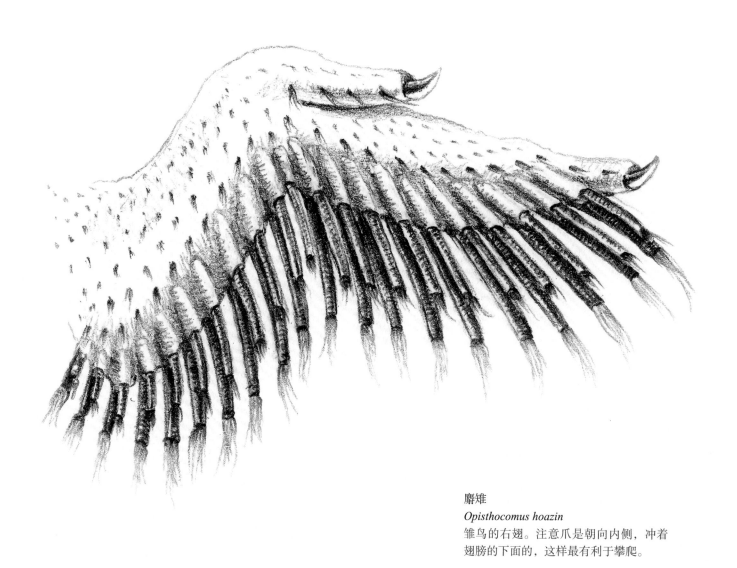

麝雉

Opisthocomus hoazin

雏鸟的右翅。注意爪是朝向内侧，冲着
翅膀的下面的，这样最有利于攀爬。

鸵鸟、几维鸟和其他平胸鸟类

在一个原始且不会飞，被统称为平胸鸟类的类群中，鸵鸟是体形最大的一种，也是所有鸟类中最大的一种。但并非一直如此。在过去500年内，大约有13种新西兰的恐鸟和马达加斯加的象鸟灭绝了，它们其中有些种类比鸵鸟还高。平胸鸟类的其他成员从大到小依次是：鸸鹋、鹤鸵、美洲鸵和几维鸟。

虽然它们之间的关系还是分类学上争论不休的问题，但没有人会怀疑它们都是平胸鸟类。

平胸鸟类的英文"ratites"来自拉丁文中的"raft"一词，意为"像筏子一样"的胸骨，仅从外形上的类比来考虑不容易理解，但如果你从航海的角度思考，就会想到，筏子是没有龙骨的。实际上，更准确的描述可能是"小圆舟般"，因为平胸鸟类的胸骨远非平底。

关于平胸鸟类是否起源于会飞的祖先这个问题，虽然在过去引起过不休的争论，但现在基本上已经有被普遍接受的结果了。平胸鸟类的确是唯一一类不再拥有龙骨突的鸟类类群。然而，渡渡鸟也几乎没有龙骨突，但它们的龙骨突是在演化历程中相当近的时期才失去的，这也表明了即使是主要的骨骼结构，在失去竞争的需求时也会迅速退化。因此平胸鸟类身上与不会飞翔相关的适应性特征并不能证明它们就是非常原始的。

但平胸鸟类（以及有龙骨突并且能够飞的鹟）确实在很多方面与其他所有鸟类有很大区别，并且这些方面清楚地表明它们起源于鸟类演化树上一个或数个非常原始的分支。这些区别之一是腭的结构，这也导致这个类群（包括鹟在内）被命名为"古腭类"，意为"古老的颌"。与之对应，其他所有鸟类被称作"今腭类"，意思是"新的颌"。

鸵鸟的喙又宽又平，呈三角形，喙尖是圆圆的，喙的边缘也是圆圆的，当喙张开时就能看出它们的喙裂非常大。它们拥有卓越的视力，尤其是远距离视力，特别长的脖子让它们在稀树草原和荒漠环境中有非常开阔的视野。

鸵鸟比其他平胸鸟类都更擅长奔跑。实际上，它们是这个星球上跑得最快的两足动物。在非洲平原上有很多捕食者，当有捕食者靠近时，鸵鸟通常只需几秒钟就能跑到安全距离之外。而当逃跑无法解决问题时，比如有捕食者正在靠近它们的巢或者雏鸟，它们还能使出可怕的踢脚。

完美适合奔跑的脚总是拔高离地，尽量减少与地面的接触面，并且能增加向前的推力，无论是鸟类还是哺乳动物，这一原则同样适用。马的祖先也是如此，它们其他的脚趾经常抬起来，只靠中趾站立，逐渐失去了那些多余的脚趾，鸵鸟不仅像很多地栖的鸟类那样失去了后趾，它们的内趾也消失了，这让它们成为鸟类世界中唯一一只有两根脚趾的种类。然而，"失去"的脚趾的残余有时候会出现在它们脚部的皮肤内，从它们蹠跖内缘突出来的一个小骨刺就是这根脚趾在其曾经的着生点上的残余。甚至这些鸟蹠跖的底端也保持高于地面，它的整个体重都是靠着剩下两根脚趾趾尖底下增厚的脚垫支撑的，就好像是穿着高跟鞋的脚一样。而其他的平胸鸟类——长有四根脚趾的几维鸟和恐鸟除外——都有三根脚趾。

它们只有较长的中趾有爪，而且是圆圆的短粗的爪。然而，鹤鸵是有完完全全的爪的。鹤鸵简直像活着的伶盗龙，它们内趾上装备着一枚巨大的刀子一般的爪，足足有数英寸长，踢一脚就能够将一只潜在的捕食者开膛破肚。然而，鹤鸵之间彼此竞争发生的小规模冲突很少会导致如此严重的暴力事件，而且在它们所分布的新几内亚和澳大利亚的森林中也没有天然的哺乳动物捕食者，人们不禁好奇，鹤鸵如此可怕的武器是如何出现的？也许是为了防御鳄鱼？

鹤鸵另外一个特征是它们的盔。类似这样的结构在鸟类中并非独特，在冠雉和珠鸡的头上以及犀鸟的喙上也能见到。它的外面覆盖着一层角质鞘，类似于喙鞘，但这个角质鞘的下面，是由纤细的骨质纤维构成的蜂窝状结构，拥有丰富的血管，并且被与颅骨表面相连的一层极薄的骨质片包着。人们对这个盔的质地有过很多推测，而只要对博物馆里的鹤鸵的头骨标本做简单的检查，就会清楚地发现它是头骨的一部分，并且肯定是由骨质构成的。这个盔的整个结构非常类似犀鸟的盔（不过鹤鸵的盔位于头顶上，而不是喙的顶上），并且很可能在这两个类群中盔都起到扩音的作用，就像弦乐器的共鸣腔一样。

所有平胸鸟类都拥有特别强壮的双腿，而正是这样的双腿让鸵鸟成为肉制品行业中重要的一员，因为这些不会飞的鸟的既不需要也确实没有什么胸部肌肉。大多数鸟类骨盆的两侧部分与中间部分都愈合为一片，为大腿的肌肉的附着提供了一整个宽大、平滑无间断的骨质区域。但在较为原始的古腭鸟类（平胸鸟类和鹬）身上，骨盆两侧的部分是分开的，和中间的部分没有连在一起。[47]为了支撑这些不会飞的鸟所需要的巨大肌肉组织，大多数平胸鸟类发展出了结构完全不同并且外观非常独特的骨盆。其他鸟类的骨盆在背侧相当平坦，而这些平胸鸟类的骨盆则在垂直面是平坦的，而在背部的中线形成嵴状，将脊椎包在里面。鹤鸵与鹬鸵的这个嵴有很大程度的弯曲，使它们的背部线条有一个特征性的隆起，鸵鸟的背部则相当平缓，这就解释了它们彼此姿势不同的原因。鸵鸟的骨盆与其他平胸鸟类的也有所不同，实际上是和所有其他的鸟都不同。鸵鸟从两侧的盆骨向后延伸出来的一条被称作"耻骨"的薄薄的骨，在后端是联合在一起的（耻骨联合）[48]。有观点认为这样的结构形式是为了防止它们在坐着时腹部受到挤压，然而，已经灭绝的恐鸟和象鸟并没有耻骨联合，而且它们的体型远远超过了鸵鸟！这一特征更有可能是为了应对它们高度奔跑对身体的严苛考验。

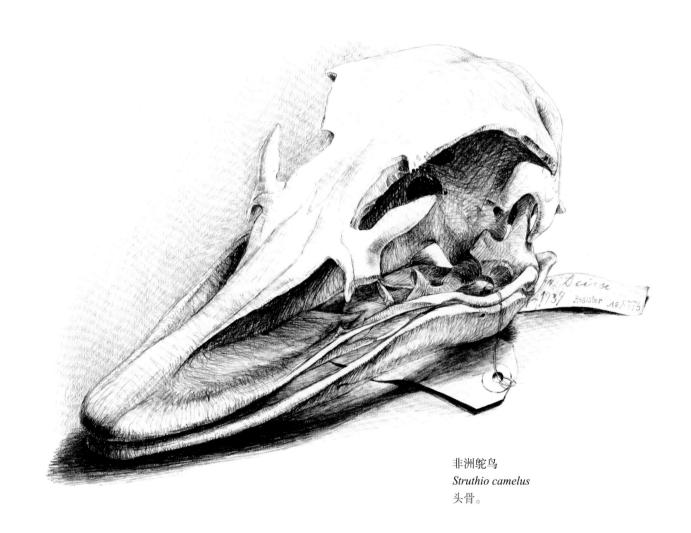

非洲鸵鸟
Struthio camelus
头骨。

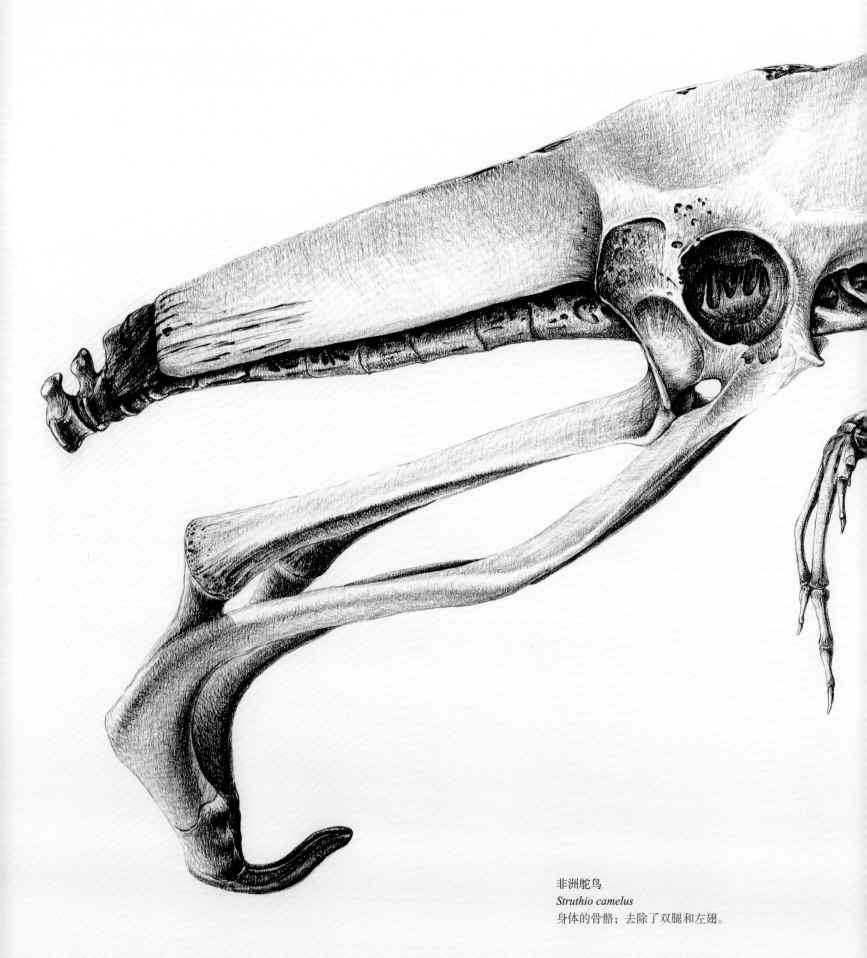

非洲鸵鸟
Struthio camelus
身体的骨骼；去除了双腿和左翅。

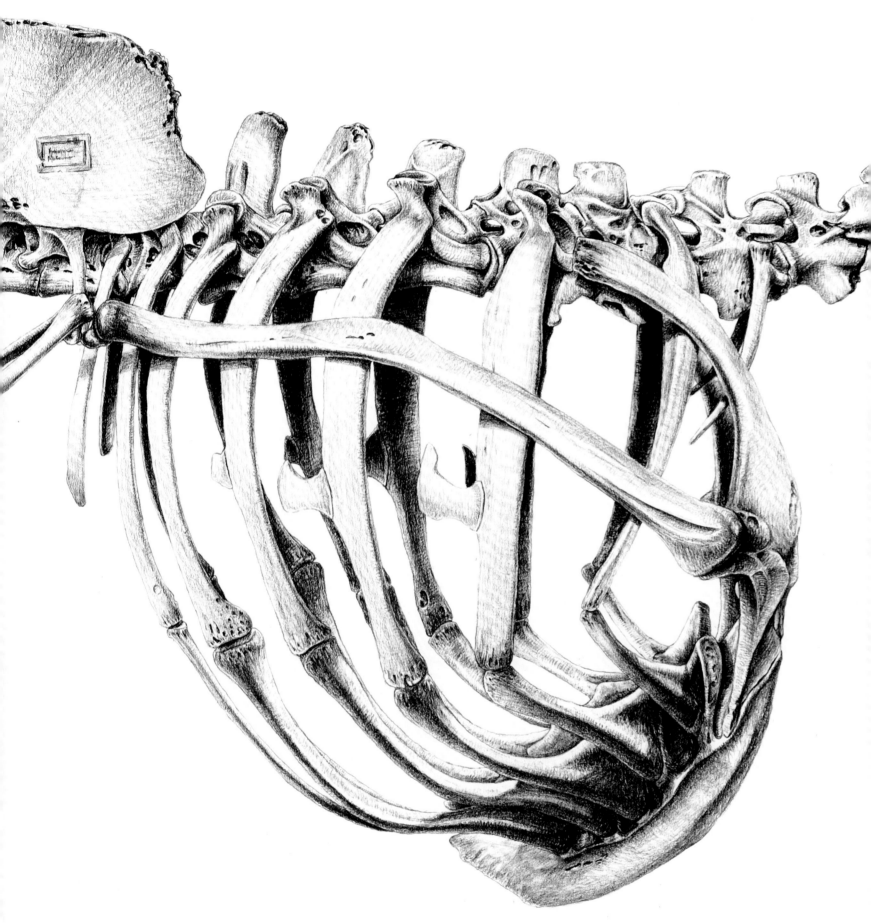

历史上，博物馆对恐鸟和象鸟外观的重建会重点凸显它们巨大的尺寸，将它们展示成令人难以置信的拔高挺立的姿势，身体极度耸立，近乎垂直，与头部几乎要连成一线。但只要看一眼现生的平胸鸟类，就足以了解它们的身体实际上总体是水平的，最高点在腿与身体的连接处（髋臼）的上面，从那里往前方就向下倾斜一直到脖子的基部。

其他所有鸟类的胸骨或多或少位于身体下方，大致与脊柱平行。肋骨的两部分呈一定角度相接，而乌喙骨（两根支撑双翅的支柱骨）与肩胛骨形成一个锐角。但平胸鸟类看上去好像是整个肋骨篮往前拉了：肋骨的两部分差不多以直线相接，而胸骨几乎朝向前方。它们的肩带也有变动。叉骨通常不存在（鸸鹋的还有，但退化成两个短刺），乌喙骨和肩胛骨愈合在一起成为一根单独的肩带骨[49]。

所有的平胸鸟类双翅的骨骼都发生了退化：无论是尺寸还是发育，鸸鹋、鹤鸵以及几维鸟甚至实际的骨骼数量都退化了。这几个类群中，手部的骨骼大大地缩减，翅膀的外形几乎都无法辨认。令人惊讶的是，所有的证据都表明恐鸟一点翅膀都没有；甚至它们的化石遗迹上都没有残留的翅膀骨骼的痕迹。鸵鸟的翅膀则是所有平胸鸟类中最为发达的，主要用来炫耀展示，甚至初级飞羽的数量都比其他鸟类的多——它们有十六枚初级飞羽，而不是通常的十枚。它们的上臂骨（肱骨）弯曲的程度较大，比发育不全的前臂长得多，而它们的手部也令人大吃一惊，给人一种关节以错误方式相连接的错觉。

大部分的平胸鸟类都有翼爪，鸵鸟有两个：一个长在"拇

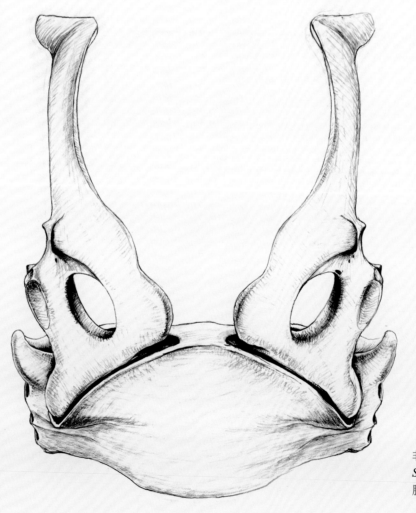

非洲鸵鸟
Struthio camelus
胸骨和肩带的正面观。

指"上，另一个在最长的指上。鹤鸵的手部和前臂上还长有五根特别长且坚硬的羽刺。这些爪和刺在雌鸟和雄鸟身上都有，其作用还未知，不过不太可能用于防御。

几维鸟在平胸鸟类中也算是出众的奇异之鸟。它们体形较小，双腿和脖子相对较短，喙却特别长，它们整个外表看起来与平胸鸟类类群的其他成员截然不同。直到12世纪人类抵达的时候，新西兰还可以说是一个不折不扣的"鸟类王国"。除了蝙蝠之外，这里没有其他哺乳动物，所有在其他地方由哺乳动物所占据的生态位，在这里都被鸟类利用了。多种多样的恐鸟填补了所有典型食草动物的空缺，而几维鸟则取代了原本属于夜行性食虫哺乳动物的角色。它们是与哺乳动物最为相似的鸟类，或者更准确地说：它们是与刺猬最为相似的鸟类，而且不止如此。

作为在落叶堆中寻找猎物的夜间捕食者，几维鸟能够以极高的效率嗅出——对，嗅出——蚯蚓、甲虫的蛴螬、千足虫，以及其他无脊椎动物猎物，还能够嗅出各种各样的果实和种子。它们甚至会用粪便对自己的领地做气味标记，这一点与哺乳动物如此相似。敏锐的嗅觉在鸟类中是不寻常的，而几维鸟在鸟类中特别不寻常。它们的鼻孔位于喙的尖端，而且它们不仅仅是嗅出猎物，这个敏感的器官还能够侦测土壤中细微的振动，就像沙锥和丘鹬那样。和沙锥与丘鹬相似的是，几维鸟能够只张开喙的最末端，抓住无脊椎动物并把它们从地下拉出来。它们也会留心细听各种动静，并且听觉异常敏锐。它们喙周围的须羽甚至也有触觉，因此，虽然几维鸟的眼睛只有针头大小（只是比喻），而且视力退化到只能看见几英寸见方的范围，但这对它们来说不算什么。

几维鸟在它们自己挖掘的穴洞中筑巢。如此多的探寻和挖掘，它们的需要很强大的肌肉力量，而肌肉又需要很大的骨质表面来着生。所以可想而知，几维鸟拥有粗壮的颈椎、柱状的背脊，以及结实得惊人的肋骨篮。这样的肋骨篮也能够增加躯干的强度以负担体内怀着的蛋。对于任何鸟类来说，产蛋对身体的要求都很高，而几维鸟的蛋对于它们自身而言巨大到惊人——是相同体型其他鸟类蛋的四倍大。

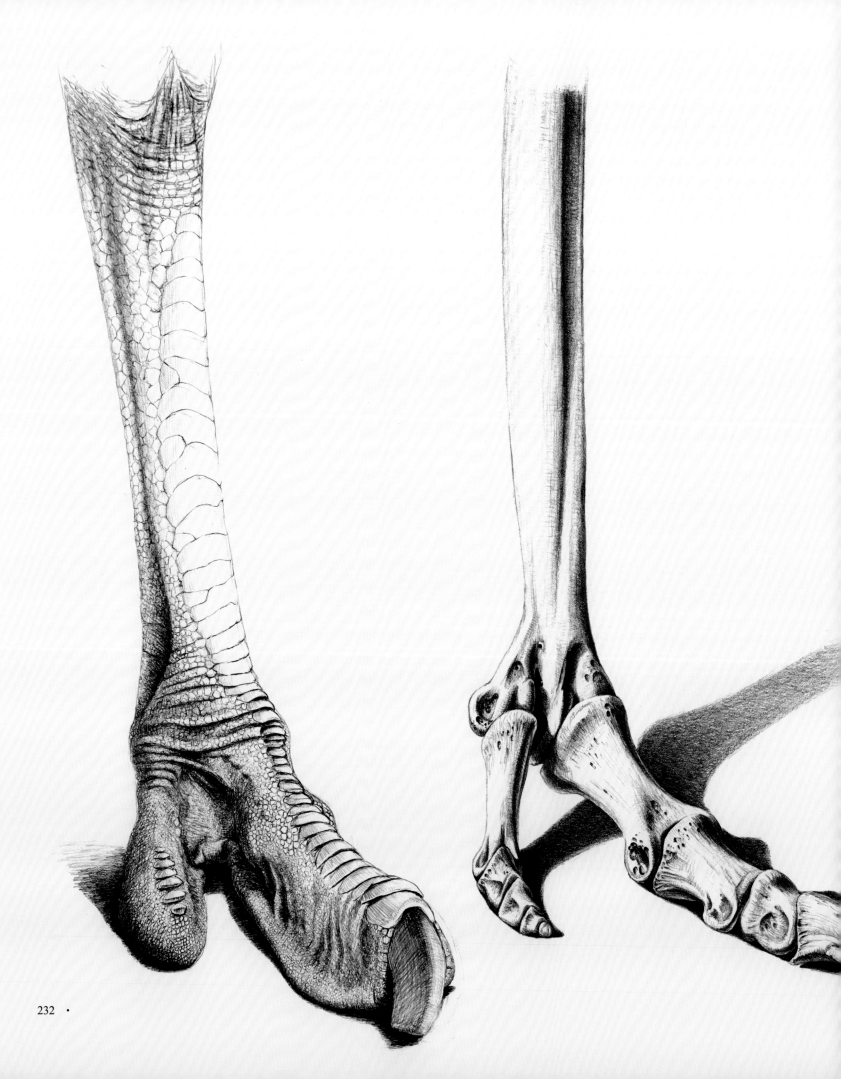

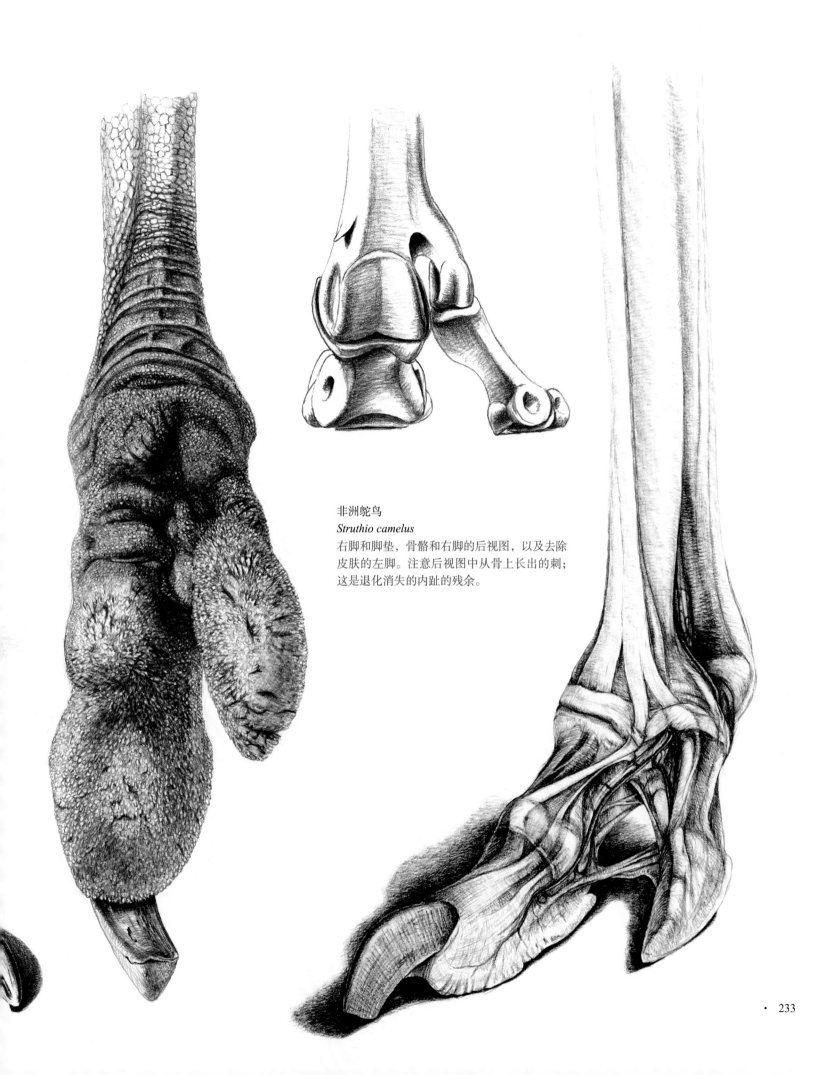

非洲鸵鸟
Struthio camelus
右脚和脚垫，骨骼和右脚的后视图，以及去除
皮肤的左脚。注意后视图中从骨上长出的刺；
这是退化消失的内趾的残余。

褐几维
Apteryx australis
去除腿部之外的皮肤；
以及全身骨骼。

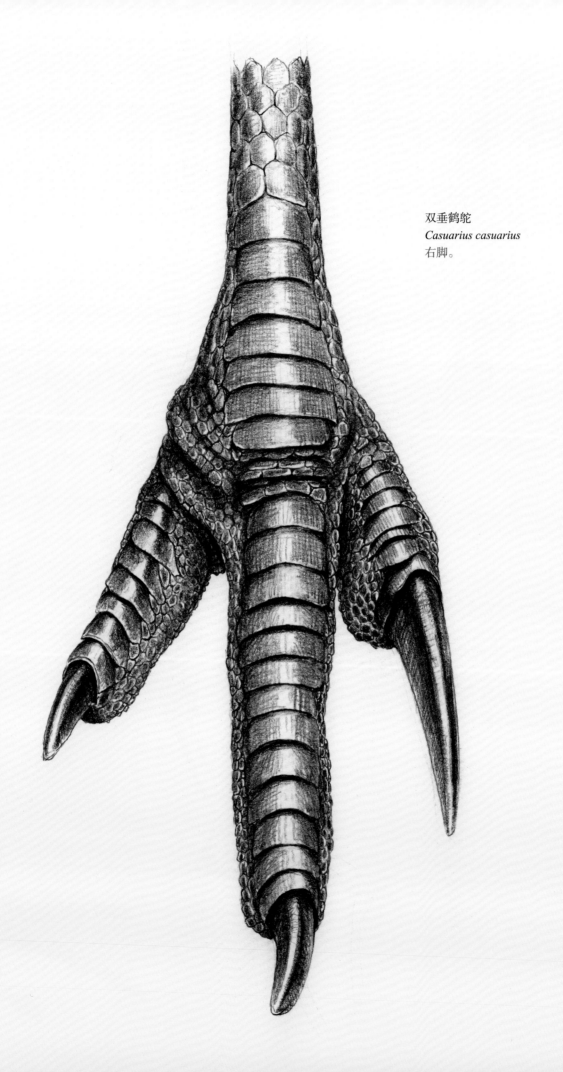

双垂鹤鸵
Casuarius casuarius
右脚。

鹬

无论从哪个方面来说，现生的鹬都像是"鹑"。它们圆圆胖胖的身体，地栖的习性，蹲伏和奔跑的方式，甚至包括它们飞行的方式——快速地扇动翅膀穿插着长距离的滑翔。不过鹬有一个秘密。它们是古老的，比鹑或者其他任何雉鸡类都古老得多，甚至可能比不会飞的平胸鸟类都古老。

人们很容易把鸟类的祖先与不会飞联系起来。但不能仅仅因为平胸鸟类（鸵鸟、鹤鸵之类的鸟）体形大，不会飞，模样原始，就认为它们是把恐龙和会飞的鸟类联系起来的中间类群。所有的鸟，甚至是那些不会飞的鸟，都是由会飞的祖先演化而来的。几乎可以肯定地说，与会飞的祖先最为接近的现生鸟类的代表，就是不起眼的鹬。

当然，平胸鸟类也是无可争议的古老类群，而且它们有一长串特征（腭的结构、肌肉组织、生理机能等）是和鹬共有的，并且将古腭总目这一整个类群与所有鸟类区分开。但是平胸鸟类不会飞这一点，并不能证明它们是古老的，反而表明它们比会飞的鹬更近时期演化出来。换句话说，在失去飞行的能力之前，鹬就从共同的祖先中分支出来了。

与所有的平胸鸟类不同的是，鹬拥有具有龙骨突的胸骨以及发育良好的双翅。但它们的飞行能力依然很弱。它们的胸骨本身并没有为肌肉附着提供一个光滑平坦的表面，而是分裂成三条细长的分叉，中间的分叉上有一个较浅的龙骨突。尽管可以说它们肌肉发达，但它们的循环和呼吸系统很差，无法产生足够的能量供它们持续飞行。实际上，要想让它们展翅飞起来，你必须要接近到几乎踩到它们，而且它们飞起来的结果经常是一头撞到障碍物上，导致严重受伤。

它们在空中如此糟糕的灵活性并不令人意外，因为这些鸟几乎没有什么尾羽。除平胸鸟类之外其他所有鸟类，最后几枚尾椎愈合在一起成为一个整体，称作尾综骨。尾综骨能支撑一套较大的尾羽，并且能提供足够的表面积，以便通过肌肉运动来控制尾羽。而鹬则缺少这种骨骼愈合带来的好处，因此它们的尾羽也相应地非常小。

鹬在地面上的运动能力也只是比它们的飞行能力好一点点。虽然能跑得很快，但也很快就累了，如果要它们继续往前跑，就会变得跌跌撞撞。不过，它们的双腿双脚还是强壮的，像大多数地面生活的鸟类一样，鹬的后趾比较小，并且着生位置高于地面，或者完全就没有后趾。和平胸鸟类一样，它们骨盆的两侧也是张开的，没有像其他鸟类那样愈合成一片骨。但它们又缺乏平胸鸟类骨盆的结构强度，不像平胸鸟类的骨盆那样有平滑弯曲的表面供肌肉附着。

实际上，鹬好像是抽到了下下签，无论是会飞还是不会飞的鸟类拥有的结构与生理上的优势，它们都不具有。如果说有什么鸟类像恐龙那样早该灭绝，那么就是它们。不过，令人惊讶的是，它们生存下来了，并且生存得相当成功——拥有将近五十个物种和众多的亚种，广泛分布于南美和中美洲，并且数百年来没有一种遭到灭绝。

鹬成功的秘诀在于行踪隐秘。它们是隐遁的大师，依赖一动不动并且相信自己的伪装，而且它们实际上能够利用地形特征来占据优势。任何一位陆军狙击手都一定能通过观察鹬学到很多东西，前提是他们能够找到它们。

红翅鹬
Rhynchotus rufescens
全身骨骼。

鸨

"庄严"大概是用来形容鸨的一个最好的词。尤其是最大的一种鸨,其雄性站立时高度超过一米。想象它们在平原上踱着稳重的步伐,又长又粗的脖子骄傲地挺直着,头部微微上翘,使它们的形象更加高贵。

它们是辽阔景观中的鸟类,生活在旧大陆温带和热带区域的大平原、北方草原,以及稀树草原。它们喜欢能够看到什么在接近,以及通过保持距离而不是飞走或者跑掉来躲避捕食者。而且,它们能飞。实际上,鸨是非常强壮有力的飞行鸟类,翼展巨大,一旦起飞就非常壮观。大鸨和灰颈鹭鸨是世界上仅次于最大的天鹅(疣鼻天鹅)的最重的两种会飞的鸟类。为了能从地面起飞并且拥有持续飞行的力量,它们需要巨大的胸肌,当然,也需要又宽又深并且非常结实的带有龙骨突的胸骨来支撑胸肌。但它们更偏好行走。它们的双腿又长又强壮,宽大的骨盆很轻松地容纳足够的肌肉,以满足长时间步行所需。

鸨是鹤类的远亲,被分在鹤形目中,但早期的分类学家认为它们与雉鸡类有较近的亲缘关系,甚至认为它们接近鸵鸟和其他平胸鸟类。当然,它们的习性和外表有点像鸵鸟,但它们的内部结构和鸵鸟的却天差地别:鸵鸟胸骨是平的,没有龙骨突。除了其他对失去飞行能力很长时间的适应性特征外,它们还有完全不同的骨盆结构。

大多数陆生的非雀形目鸟类都有一定程度的脚趾退化。鸵鸟只有两根脚趾,而大多数鸻鹬类、鹤类以及雉鸡类的后趾都有退化,并且着生位置高于地面。鸨拥有三根朝前的脚趾,而后趾完全退化消失。对于这么大体形的鸟来说,它们脚趾小得不成比例,这可能是一种避免在夜间散失热量,以及适应长距离行走的适应性特征。它们的脚趾下面有一层增厚的皮肤,其他一些在热带草原上以行走为主的鸟类,比如叫鹤、蛇鹫(俗称"秘书鸟"),以及地犀鸟,也拥有这一特征。它们的爪又粗又短,腿上的鳞片呈六边形。

鸨的头骨很大,侧面较为扁平,但在巨大的眼眶上方,眉弓很突出。如果想要在很远的距离之外就发现捕食者,良好的视力就十分重要。它们的喙又直又有力,能用来摄取各种各样的食物,无论是动物还是植物。

鸨科鸟类最出众的特征是它们奇异的求偶炫耀行为。它们的雄鸟会表演这种行为给雌鸟观看。不同种类的鸨炫耀的方式也各异:有些是疯狂地跑来跑去,有些则像乒乓球一样跃入空中。多数种类的炫耀行为中,颈部的膨胀和某些特定区域的羽毛的耸立发挥着重要的作用。

很多类群的鸟类中都会将颈部膨胀作为一种炫耀行为,但它们做到这一点并不都采取相同的机制。气囊是一类肺的补充器官,在某些类群中,位于颈部基部的气囊会被吹起胀大。另一些鸟类在颈部的前侧有一块称作"喉囊"的松弛皮肤,一个位于舌头基部的孔可以向其中充气,还有一些种类则会膨胀食管或者食管的一个特化分支。

鸨科鸟类要么膨胀它们的喉囊,要么膨胀一个食管囊。大鸨会把头往后仰,露出它的喉囊,然后像气球一样将其充气膨胀,同时它们的身体也在发生另一种变化。在此之前,它们都身着隐秘的伪装色,棕黑相间的羽毛使它们很难被发现,但这个时候,它开始展露出双翅和尾羽内侧的白色羽毛,逐渐地,它们的形状也变得不再像一只鸟,而是像一团不成形的羽毛球体,耀眼的白色从很远的地方就能看到。这种炫耀行为在解剖学上几乎是不可能的,它好像不知怎么就把自己的内部翻出来了——某种程度上它确实如此,不过答案不在内部结构中,而是在羽毛上。从解剖学上看,这个姿势可以说是简单得令人失望:翅膀垂下来,腕关节几乎触地,尾巴向上翘起翻到背后。而它们异乎寻常的本领在于,翅膀上的羽毛,包括那些牢牢地着生在前臂骨上的最内侧的次级飞羽及其覆羽都能够翻转几乎180度,将下面白色的翼下覆羽(翅膀腹面的覆羽)展露出来。

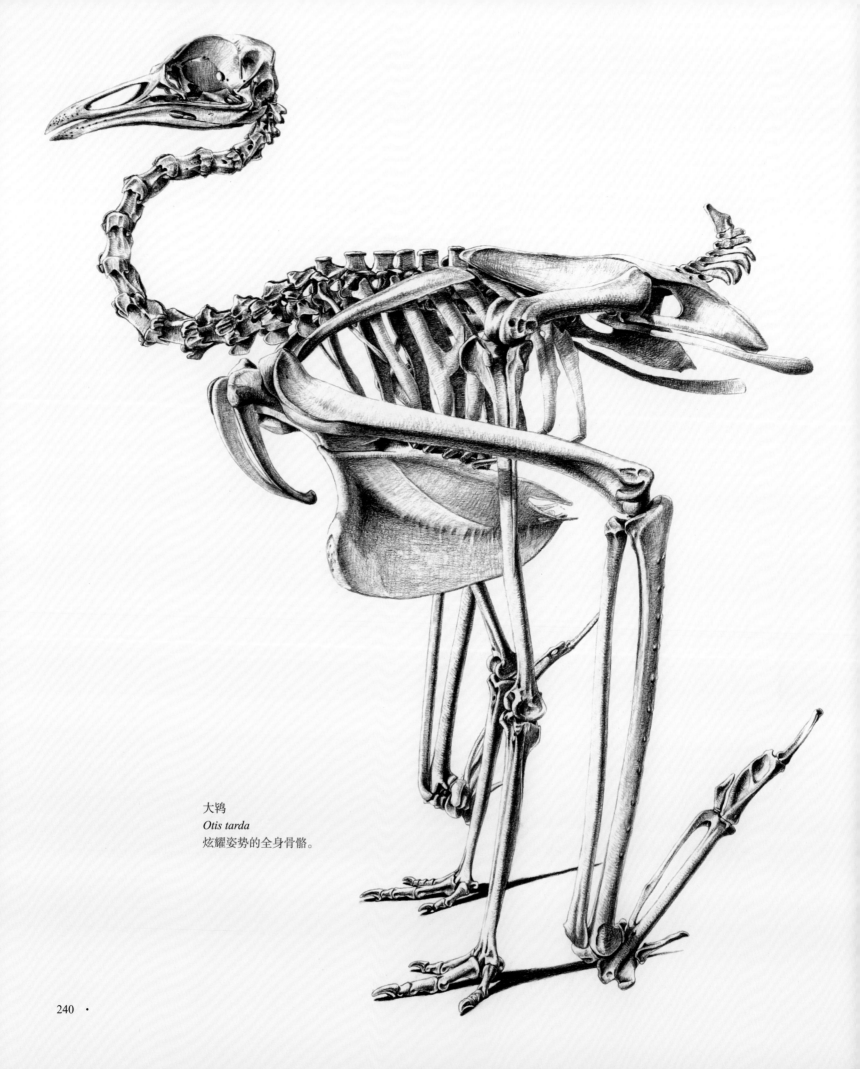

大鸨
Otis tarda
炫耀姿势的全身骨骼。

而把宽大的尾羽翻到背后以展露尾下覆羽相对来说就很简单了。大鸨的尾椎骨特别宽，将尾羽抬起来是个轻而易举的肌肉动作。

鸨类没有尾脂腺，完全通过被称作粉䎃的特化羽毛所产生的粉末养护羽毛。这些羽毛始终处于不断生长和破碎脱离的状态，因此，它们能在这些鸟的一生中提供取之不尽的粉末。鸨科鸟类并不是唯一拥有粉䎃的鸟类，不过其他类群，如鹭和鹮都是将粉䎃的粉末和尾脂腺产生的油脂结合起来使用。

鸨类的羽毛还有一个与其他大多数鸟类不同的特点。它们的羽毛中含有叫作卟啉的光敏色素，能使羽毛呈现粉色。不过，如果长时间暴露在日光下，这些色素最终就会分解，羽毛就会褪成白色，所以只有照不到光的绒羽才会保留这种鲜明的颜色。这类色素也以不同形式存在于其他鸟类身上，包括林栖性的蕉鹃，几种夜鹰和几种鸮类。卟啉在紫外线的照射下会发出荧光，而鸟类能看到紫外光谱，可以推测羽毛中的卟啉也许拥有一些视觉上的功能，不过目前其作用还是未知的。

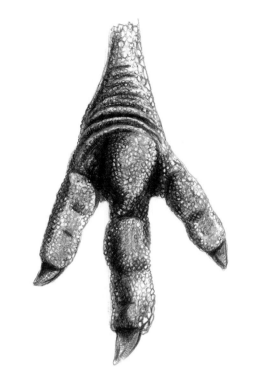

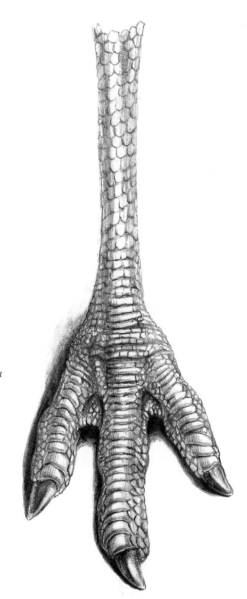

大鸨
Otis tarda
左脚。

沙鸡

是鸠鸽还是松鸡？长期以来，沙鸡这个类群与其他鸟类间真正的亲缘关系一直是争论不休的热点问题。但它们与鸠鸽类之间的相似不容忽视，它们的骨骼被描述为完美地平衡在这两个类群之间。尽管它们与这两个类群都有相似之处，像鸠鸽和松鸡那样腿短、头小，像鸠鸽那样龙骨突很深、翅膀尖尖，像松鸡那样跗跖被羽，但它们的行为和生态学特征表明，沙鸡实际上很可能与鸻鹬类有更接近的亲缘关系。[50]

沙鸡胸骨上巨大的三角形龙骨突从整个骨架上耸立出来，仿佛是帆船的船帆。尽管与它们小巧的头部、短小的跗跖和脚趾比起来，龙骨突显得尤为突出，但这部分用于支撑巨大的飞行肌的骨骼，是沙鸡成为一个成功的类群的关键。

强有力、快速、直线地飞行，并且能够持续飞行相当长的距离，使沙鸡能够进行每天所需的"通勤"。它们能如同生活在"城外"那样，生活在干旱地区。在那里，作为它们食物来源的种子非常丰富，并且不像水资源丰富的地区那样充满竞争和被捕食的风险，它们只需要每天"通勤"去水坑饮水。

然而，沙鸡和其他荒漠鸟类一样，水对于它们非常重要，实际上是至关重要。它们通过皮肤的水分蒸发来散热，依靠低

毛腿沙鸡
Syrrhaptes paradoxus
全身骨骼。

毛腿沙鸡
Syrrhaptes paradoxus
右脚；看上去更像一个兽掌，而不是鸟足。

新陈代谢来保存能量，防止脱水。在白天，它们几乎不动以防止过热。沙鸡聚在一起懒洋洋地进食，保持非常低的姿势，加上隐蔽伪装色，它们在地面上时很难被发现。

这种干旱的环境经常遭受极端的温度变化——白天酷热，夜晚严寒。沙鸡通过被有密密羽毛的跗蹠、厚厚的脚底以及喙的基部被羽隔绝热量，抵抗酷热和严寒。

沙鸡的脚很小，后趾即使有也非常小，并且着生位置明显高于其他趾。这样能尽量减少与灼热或者冰冷的沙子的接触，并且使它们拥有良好的行走能力，在必要时还能跑得很快。沙鸡完全是地栖的。毛腿沙鸡属的种类后趾完全缺失，只有三根朝前的趾，这三根趾的上面被有羽毛，而脚趾在皮肤内完全愈合在一起，所以它们的脚看起来像是小小的兽掌：脚底增厚成单独一个肉垫，就像骆驼的脚。

沙鸡会在一天中最冷的时候去往水坑：黄昏以及黎明前后，甚至是夜晚。用"有规律"来形容它们都太保守了。你甚至可以根据它们的行动时间来对表，而且每一种沙鸡都有它们自己的饮水时间段。它们有时候会飞行往返超过100英里（约160千米），并且沿途会大声相互呼唤，吸引更多同类加入它们，以使群体达到一个安全的数量。它们的双翅又长又强壮，基部很宽，末端很尖，很像鸽子的翅膀，这让它们能快速地飞上天空并且飞得很快。沙鸡甚至可以比捕猎中的隼飞得快。尽管如此，它们还是会小心翼翼地靠近水坑，只是快速地饮水几秒钟，就即刻返回，若非必要绝不迟疑。

沙鸡从不会在水坑中洗澡，它们只是饮水，并且饮水时头会向后仰。多年来，人们一直觉得它们是像鸠鸽那样啜吸饮水，不会向后仰头，而这一误解导致了它们和鸠鸽是近亲的观点变得更加可信。

雏鸟也需要水，沙鸡有一种独特的方式满足它们的需求，而不用被迫在水坑附近繁殖。它们把水带回来给雏鸟，并不是把水装在嗉囊里，而是装在羽毛里。这些长在腹部的羽毛在浸湿时会形成一层类似毡子的吸水层，比同等大小的海绵吸收的水分更多。只有雄鸟才会携带水回来，抵达自己的巢后，它们会双脚叉开，站着让雏鸟尽情饮水，这景象看上去就像一窝吮奶的猪崽。

渡渡鸟和罗德里格斯渡渡鸟

作为恐龙之后最为著名的标志性灭绝动物，渡渡鸟（也称作"愚鸠"或"愚鸽"）几乎无人不知。这是一种体形巨大、笨重、不会飞的鸟，有巨大的带有钩的喙，生活在印度洋毛里求斯岛，这里是马斯克林群岛的一部分。在它被发现的不到一个世纪的时间里，它主要因为被引入的哺乳动物导致的巢捕食[51]而灭绝了。

在没有哺乳动物捕食者的岛屿上，鸟类往往趋向于变得不会飞，对未知的事物也不会表现出恐惧。对于17世纪的水手而言，渡渡鸟不过是一种有用的新鲜肉食的来源，在他们心中，不会畏惧和不会飞是肥胖和愚蠢的同义词。这些当时留下的观点无疑影响了欧洲人看待渡渡鸟的方式。渡渡鸟确实很大，可能有很多皮下脂肪，尤其是在下腹周围。它们小小的翅膀和真正尾羽的缺乏更加突出了它们浑圆的身体。然而，带到欧洲的渡渡鸟标本给予艺术家们的印象又夸大了它们的肥大，这些图像一次又一次地被其他艺术家复制并将这一风格固定下来。计算机所生成的渡渡鸟骨架重建已经表明，所有这些图画形象在解剖学上都是不可能的。但值得注意的例外不是欧洲艺术家所创作的，而是莫卧儿帝国皇帝贾汗吉尔[52]的皇家动物园艺术家、宫廷画师乌司达·万舍所创作的，贾汗吉尔曾经收到过两只活的渡渡鸟作为礼物。万舍画中所展示的渡渡鸟整体上更为优雅，整个外形较为合理，也更加自然。[53]

不太出名的罗德里格斯渡渡鸟（Solitaire或Solitary）[54]在马斯克林群岛中一个更为偏远的岛屿罗德里格斯岛上遭受了相似的命运。罗德里格斯渡渡鸟更高更瘦，喙小得多，颅骨相对棱角分明。不过毫无疑问，它们至少整体骨骼的外观与渡渡鸟很相似。它们退化双翅的腕关节上有巨大的骨质瘤突起，能用于保卫领地。虽然目前发现了大量骨骼，但这种鸟可能从来没有活着离开过罗德里格斯岛；没有皮张或者装置好的标本留下来，唯余一张相当古雅怪异的画作，是根据记忆所画的。不过，有

两份优秀并且可靠的目击者记录为人们提供了有关罗德里格斯渡渡鸟的外观与行为的珍贵信息，其中一个目击者没有留下名字，另一个是胡格诺派[55]的逃亡者弗朗索瓦·勒盖所出版的日记，他和他的追随者被困在岛上两年。

这两个已经灭绝的物种属于渡渡鸟科，不过在留尼汪岛上，有一种鸟曾经被认为是一种白色的渡渡鸟，也被称作"留尼汪孤鸽"。关于这种鸟的信息非常混乱，但如今它们被认为是一种像鹮的鸟，与渡渡鸟完全没有关系。[56]

由于马斯克林群岛与陆地不相连，渡渡鸟的祖先可能是飞到那里的。它们的胸骨上确实存在一个轻微突起的龙骨突，这表明它们失去飞行力量的时间比鸵鸟和其他平胸鸟类远远晚得多，而渡渡鸟的胸骨也确实比罗德里格斯渡渡鸟的平坦很多。这两个物种的叉骨都非常小并且薄。

渡渡鸟和罗德里格斯渡渡鸟都拥有强壮的适于行走的双腿，根据当时的记录描述，罗德里格斯渡渡鸟特别敏捷。但这两种鸟都是三趾朝前，另一趾相当长，与前三趾在同一个水平上，朝向后方。这对于树栖鸟类来说是常见的排列方式，表明它们在地面生活是一种次生的适应性，这些鸟源于习惯栖站的树栖祖先。

所有关于博物馆拥有一个渡渡鸟"填充标本"的陈述都是绝对错误的。世界上任何地方都没有渡渡鸟的填充标本，或者完整的渡渡鸟的皮张。不过有一些用家鸡羽毛制成的模型，相当吸引人。

唯一一副安装好的渡渡鸟皮肤标本属于英国国王查理二世（Charles II，1630—1685）的园丁——博物学家约翰·特雷德斯坎特，特雷德斯坎特在伦敦的兰贝斯拥有一个私人博物馆。推测起来，这副标本就是记录中1638年在伦敦展出的那只活的渡渡鸟。112年之后的1750年，此时特雷德斯坎特的收藏早已转手到牛津大学阿什莫林博物馆，这副渡渡鸟标本被认为不适合

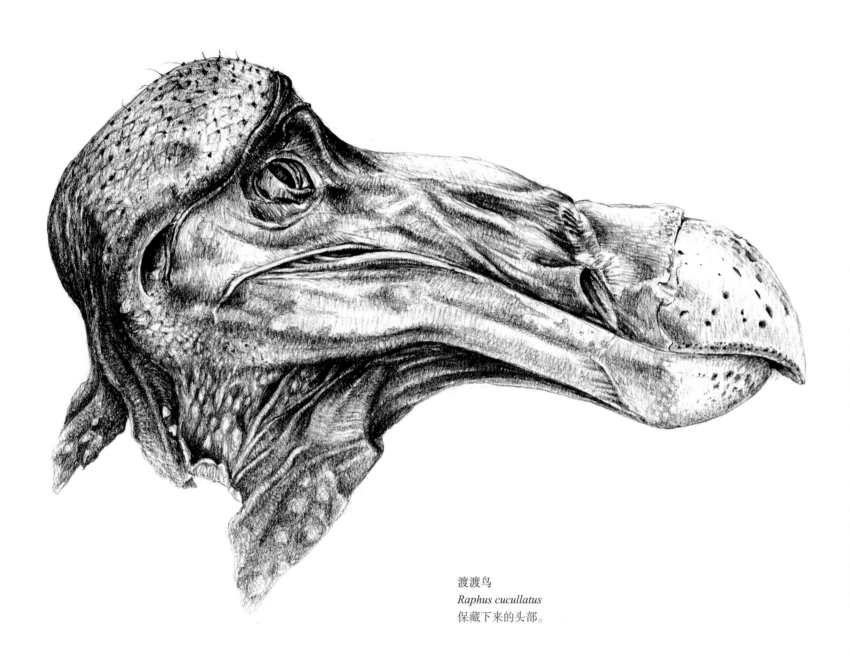

渡渡鸟
Raphus cucullatus
保藏下来的头部。

罗德里格斯渡渡鸟
Pezophaps solitaria
全身骨骼。这副标本是经过许多修复
工作完成的，因此骨盆下面的一些结
构有所缺失。

展览而被烧毁了。

如今看来，那件标本遭受的对待非常可悲，那是一种灭绝鸟类留下的唯一标本，全世界都谴责这是自然史的研究历史上最大的故意损毁行为之一。然而，这一事件的恶性程度可能被夸大了。

那个时代还没有将砒霜（三氧化二砷）用于防止昆虫蛀蚀，当时的动物剥制标本很少能够保存长达112年。而活着的渡渡鸟也没能够在欧洲人来到毛里求斯后再延续这么久！此外，很重要的一点是要考虑到渡渡鸟可能像鸽子一样极其脆弱：皮肤很容易裂开，羽毛也很不容易保存在上面。渡渡鸟本身非常胖，每一位标本剥制师都知道，除非所有的皮下脂肪都被一点不剩地完全去除，否则这只鸟的皮肤最终将不可避免地裂成一堆不成样的皮肤碎片，而要完全去除皮肤如此薄的一只鸟的皮下脂肪是十分困难的，并且也没有什么专门的化学药剂可用。

尽管这些碎片也确实应该被保存下来，但牛津大学做了次佳的选择，留下了头部和一只脚，这两部分仍然被保存在大学的动物博物馆中。不幸的是，在19世纪中期，为了展示内部的头骨，头部的皮肤被切成了两片。

而关于渡渡鸟的骨骼资料，世界上留存下来的信息相对丰富很多。19世纪60年代和2005年在毛里求斯的马尔桑吉斯地区的挖掘工作发现了大量渡渡鸟的骨骼，不过博物馆中大部分装置好的骨骼标本都是由数个渡渡鸟个体的骨骼拼凑起来的。

从这些骨骼、皮肤碎片、不可靠的目击描述记录，以及更加不可靠的艺术家的作品中，分类学家们试图找到渡渡鸟和哪些其他已知鸟类类群是相似的。它们是一种小号的鸵鸟吗？是一种雉类，或是一种信天翁、鸻、兀鹫，或者鸠鸽吗？最后这一看似不可能的假说如今已经通过DNA分析得到了证实，而这个假说提出时，与渡渡鸟有点儿相像的齿嘴鸠还没被发现，这个物种的发现也为该理论的可信度提供了一些支持。尽管如今渡渡鸟和罗德里格斯渡渡鸟被置于单独的渡渡鸟科中，但它们是鸽形目的成员，而这个目中其他成员全都是鸠鸽类。

有趣的是，鸠鸽类的一个非常微妙的解剖学特征是它们分成两部分的嗉囊，嗉囊就位于胸骨的上方，在食管的左右两侧如气球般膨大，嗉囊会因为装有食物或者喂养雏鸟的"鸽乳"而隆起，勒盖对这两个鼓胀的嗉囊有一个亲切的描述："非常奇妙的，一位女性的美丽的乳房"。

VI 雀小纲

喙圆锥形，末端尖；腿适于跳跃；脚趾细长，全裂；躯干细长；以谷物为食者肉质洁净，以昆虫为食者不洁净；巢结构如绝妙艺术品；它们主要居于树和树篱上，单配制，善鸣叫，喂养幼鸟时将食物塞入其喉咙。

　　林奈是最早设置雀形目的人之一。他将其称作"雀鸟类"，主要是基于其喙和足的结构将其划分出来的。但并不意味着我们现在所指的所有雀形目鸟类都被林奈包括在其中，而且林奈所指的"雀鸟类"还混入了夜鹰、鸠鸽，甚至是各种家鸽。雨燕也被置于这个类目，并且这个分类方式保持了相当长的一段时间——尽管它们的足的结构有明显差异，但雨燕还是被和燕混在一起。

　　这个类目的划分定义一直有一些模糊，直到19世纪早期，人们对鸟类的发声器官，或者说鸣管进行了细致的研究，才明确了雀形目鸟类的定义边界。

扇尾鸽
Columba livia—（原鸽的）
驯化培育品种全身骨骼。

鸠鸽

鸠鸽并不属于如今我们所认知的雀形目鸟类。不过，它们的双脚也确实和雀形目鸟类同样适合栖息站于树上，它们三趾朝前，一根长度相近的第四趾与前三趾对生，并且在同一个平面上。色彩鲜艳的果鸠（fruit pigeon）尤其适应栖站。它们是树上的杂技演员，甚至经常倒挂在树枝上。尽管一些鸠鸽类群已经变得更偏向于地栖，它们的腿也稍微长一点儿，但脚部基本上没有什么改变。

鸠鸽类总体的身体结构也同样相当一致。头部比较小，腿短，躯干厚实粗壮。它们是卓越的飞行大师，龙骨突巨大的胸骨两侧，是有力的飞翔肌。盆骨也很宽，这使它们非常擅长行走。它们走路时头会一直前后摆动，这样能在头部保持不动的短暂间隔里，调整眼睛的聚焦点。

已经灭绝的渡渡鸟和罗德里格斯渡渡鸟都是在地面生活的不会飞的鸟，虽然被划分在属于它们自己的一个独立的科中，但它们与鸠鸽的亲缘关系很近。由于没有其他现生的亲戚，鸠鸽科是鸽形目中唯一的一个类群。鸽和鸠并不是两个不同类群，只是后者通常用在体形比较小的种类上，但在多数情况下，这两个名称可以混用。

也许鸠鸽科的鸟类最显著的特征是它们喂养雏鸟的独特方式。在雏鸟从蛋中破壳而出的前一天或者更早一些，雌、雄亲鸟的嗉囊开始增殖发育出一层厚厚的富含营养物质的细胞，这些细胞会脱落而产生"鸽乳"[57]。鸽乳的成分与哺乳动物的乳汁并不相同，浓稠度和白软干酪相似。新孵化出的雏鸟会将喙插入父母的喙中，"鸽乳"就会反刍给它们。成鸟下颌的基部宽大而富有弹性，这样雏鸟在摄食时既不会伤害到亲鸟，也不会伤到自己。产生鸽乳需要消耗大量的能量，这就是为什么大多数种类的鸠鸽每窝只产两枚卵，不过它们一年可能繁殖养育几窝雏鸟。

鸠鸽的嗉囊拥有两个囊袋，食管的两侧各有一个。有趣的是，鸽属种类的气管从颈部的中线向下转到其左侧，而不是像大部分鸟类那样转到右侧。

家鸽

家鸽是如此多样，整个鸠鸽目所表现来的多样性还不如这么一个物种——原鸽——在家养下变异品种的多样性高。事实上，所有的家鸽品种都是原鸽的后代。

家鸽的外形和尺寸的多样程度令人眼花缭乱，被认可的培育品种多达数百个。在爱好者之间的竞争压力下，新的品种不断被培育并完善，这已经将家鸽推到了它们解剖结构所能达到的极限。有一些品种，像是非洲鹪鸽，它们的喙小到无法喂养雏鸟，而另一些如维也纳短面翻飞鸽，它们的头骨缩到很小，以至于眼睛呈洋葱状和球状。达尔文最喜爱的斯堪得龙鸽拥有长长的头骨和巨大的弯钩的喙——完全不像鸽子。

最奇特的是那些被称作"突胸鸽"或者"球胸鸽"的品种。所有鸽子的胸部都会突起。其实，它们都会往食管充气，并且咕咕叫，给那些有可能成为伴侣的鸽子留下深刻印象或者宣告自己的领地。但是家鸽品种受到了精心的选育，加强了这一特点，只要受到最轻微的刺激，它们胸部就会突起到令人惊讶的极端。突胸鸽又有很多不同的品种，但没有一个能够比英国突

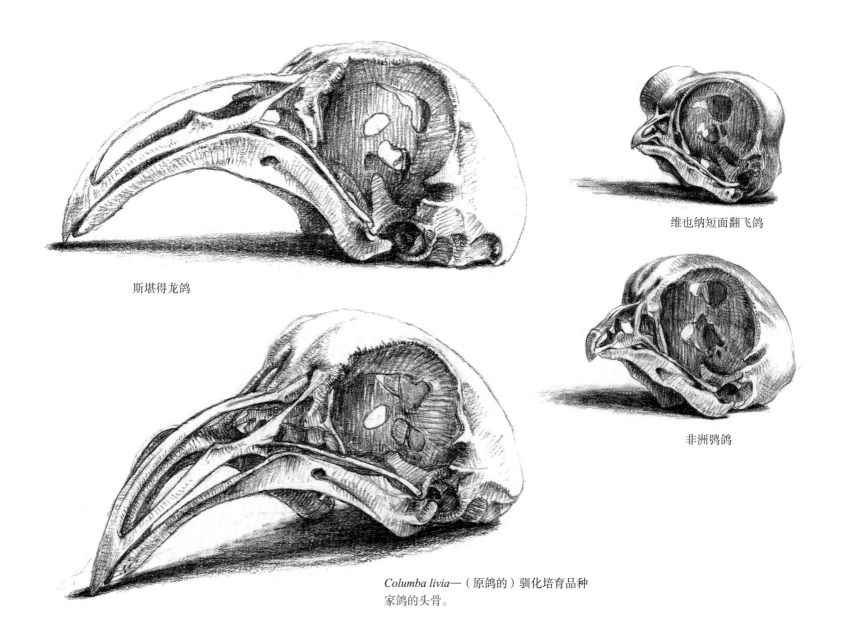

维也纳短面翻飞鸽

非洲鸮鸽

斯堪得龙鸽

Columba livia—（原鸽的）驯化培育品种
家鸽的头骨。

胸鸽更奇特的了。鸽子原本的身姿是横向的，而不到500年时间就选育出一种几乎挺直身子站立的品种。除了充气后如气球一般的脖子外，其他所有部位都细细长长的：长长的腿、长长的颈部，还有细长的躯干。甚至通常的鸽子身上比较深的胸骨龙骨突，也变得又浅又纤细。为了突出直立的姿势，它们的躯干也变窄了，这使肋骨篮的发育产生了很有趣的效果。肋骨没有变短，而是变得更加向内弯曲，使胸腔形成一个狭窄的管状，胸肋部分贴着胸骨两侧叠在一起。

它们的双腿也非常奇特。大多数鸟类的大腿骨（股骨）以一种接近水平的姿态位于肋骨篮的两侧，膝关节被隐藏在躯干的皮肤之下。然而，英国突胸鸽的身体向上转动了许多，以至于膝关节露了出来。它们最常见的姿势是"双膝并拢，双脚分开"。它们脚趾上有长长的羽毛，就像穿着紧身的鱼尾裙婚纱一样向脚的周围散开，这又进一步凸显了它们膝盖内翻的模样。

家鸽有两个控制脚部生长长羽毛的基因。在英国突胸鸽的情况中，一个基因存在会导致脚趾上长出羽毛，而另一个则让跗跖上长出羽毛。当这两种基因都存在时，这只鸟的跗跖上和脚趾上都会长出长羽毛。这些鸟类脚部羽毛的排列模式和翅膀上的相同，沿着跗跖生长出来的羽毛相当于次级飞羽，而从外趾和中趾长出来的羽毛相当于初级飞羽。

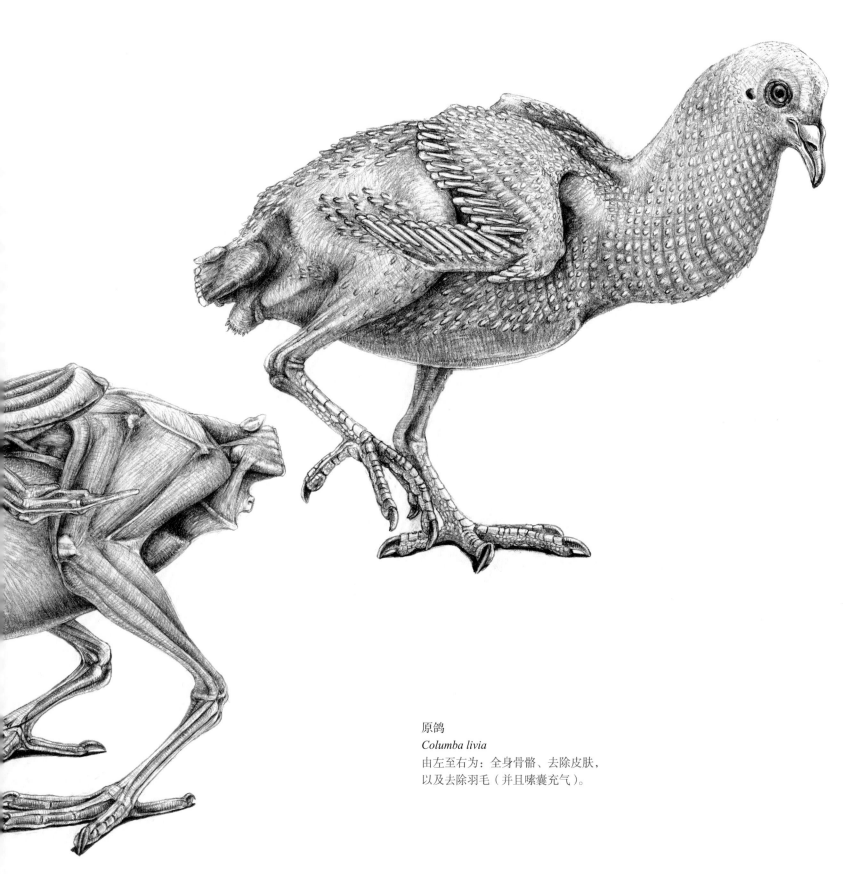

原鸽

Columba livia

由左至右为：全身骨骼、去除皮肤、
以及去除羽毛（并且嗉囊充气）。

图中标本的外趾只包含三根骨（不包括爪），而不是通常的鸟那样的四根，而脚上长羽毛的家鸡也拥有这个特征。

在所有珍奇的观赏鸽品种中，可能最为著名也是最受人喜爱的是扇尾鸽，它们是花园鸽舍中非常受欢迎的品种，并且因其美丽而广受赞誉。出于创造出至臻至美的外观的追求，爱好者们无意中创造了内在骨骼最为特别的家禽之一。身姿挺直，颈部优雅地向后摇摆，胸部挺起，这些都掩盖了羽毛之下的看似不可能的身体扭曲。它们的背部不仅异常地短，而且是凹下去的，向身后弯折，这使得颈部也不自然地向后弯曲，以致头部缩到能够碰触到尾羽。毫无疑问，一只鸟呈这种姿势是完全看不见前方的。扇形的尾羽排列成前后两排，数量超过正常尾羽数的两倍。扇尾鸽的尾椎并没有像人们想象的那样因为要承受额外重量而变大，不过数量比它们的祖先原鸽多。

另两个外观不寻常的品种，摩德纳鸽和马耳他鸽都属于非正式称呼为"鸡鸽"的一组品种。被这么叫的原因很明显，身形结实，站姿水平，而且尾羽朝上直立着，它们的姿势让人感觉更像是家鸡而不是鸽子。尽管这两个品种外观相似，但它们的培育起源却截然不同。马耳他鸽最早被培育出来是为了当作肉鸽。它们之前的名字是"来航鸢鸽"，这个名字暗指它那像鸡一样的外表和巨大的体形。这个品种不仅仅骨架很大，具有肉鸽品种那种体格重的特点，而且腿很长，脖子也异乎寻常地长，比原鸽至少多出一块颈椎。马耳他鸽双腿站得很直，膝关节位置更低，大腿与身体呈一定的角度而不是像大多数鸟那样有近乎水平的姿势，这更加凸显了它们惊人的高度。

即使身着羽毛，摩德纳鸽也表现出羽毛之下的身体强壮且沉重结实。它们是鸽界的斗牛犬——双腿分开较远，站姿坚实。然而，与马耳他鸽不同的是，它们最早并不是作为一种肉鸽培育的，而是作为一种小型的飞翔鸽品种，在它们的家乡意大利，摩德纳鸽被用于引诱其他人的鸽子来自己家的阁楼上！直到相对近期，它们才被接受为一种展示观赏品种，并且根据体形来选育。尽管摩德纳鸽有强健的外表和增大的肌肉组织，但其下的骨骼结构并不比原鸽壮实。255页图中标本胸骨的畸形对于它们观赏鸽的身份来说是一个常见的瑕疵，这是骨骼不够强壮，不足以支撑其巨大体重的结果。

查尔斯·达尔文是一名狂热的观赏鸽爱好者，他对这些鸽子的研究对于他基于自然选择的演化论的构思贡献良多。人工选择育种显示了原鸽这样一个单一物种在家养条件下的可以达到变异程度，从而为物种在野外可能发生的变化提供了一个模型。在《物种起源》的开篇章节中，达尔文写道：

"假定我们选出20个以上品种的家鸽，让鸟类学家去鉴定，并告诉他，这些都是野鸟，那他一定会将它们定为界限分明的不同物种。"

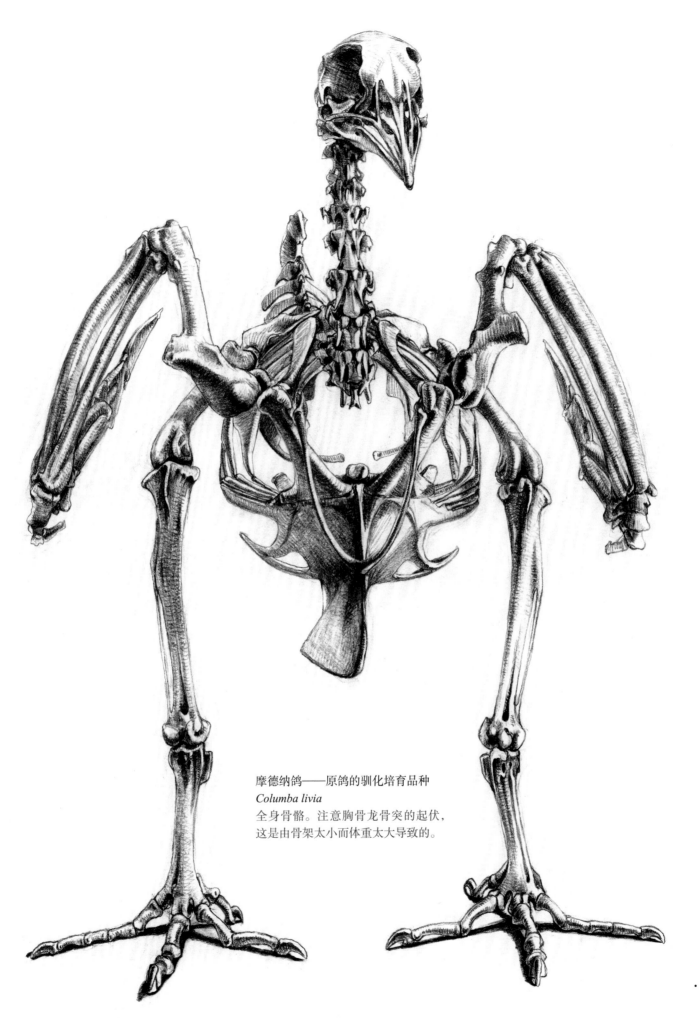

摩德纳鸽——原鸽的驯化培育品种
Columba livia
全身骨骼。注意胸骨龙骨突的起伏，
这是由骨架太小而体重太大导致的。

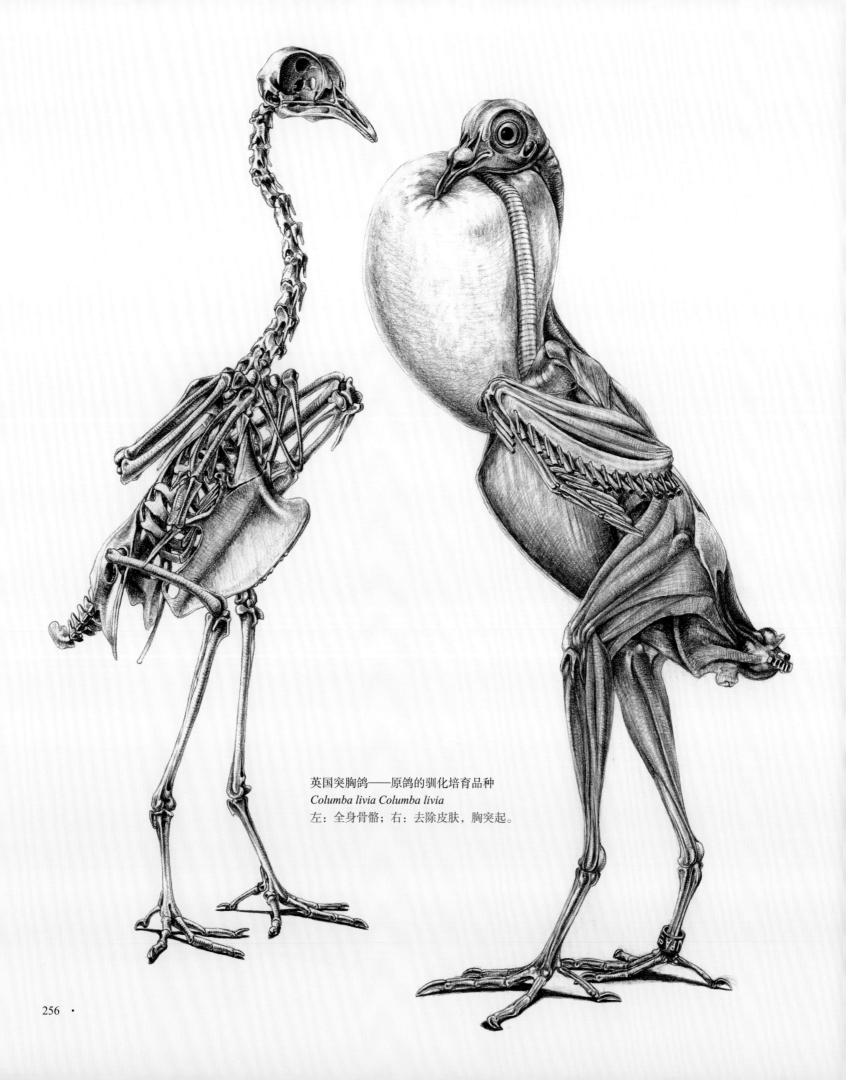

英国突胸鸽——原鸽的驯化培育品种
Columba livia Columba livia
左：全身骨骼；右：去除皮肤，胸突起。

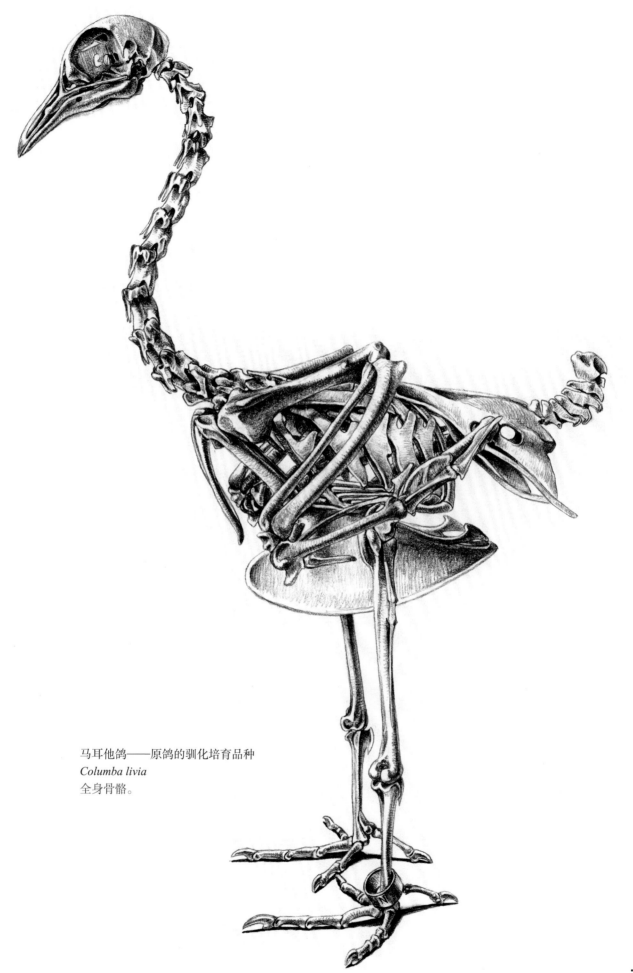

马耳他鸽——原鸽的驯化培育品种
Columba livia
全身骨骼。

夜鹰

夜鹰只在黄昏或者月光明亮的时候出来活动，它们行踪隐秘，充满神秘色彩，见者称奇，闻者称异，很少有什么鸟能够像夜鹰这样能够引发人们对超自然力量的想象。夜鹰目由五个科的鸟组成：林鸱、油鸱、云斑蟆口鸱和真正的夜鹰，其中包括非常相似的美洲夜鹰。夜鹰的拉丁名为"Caprimulgus"，意思是"给山羊挤奶的"，对欧夜鹰的一个俗称是"吸吮山羊者"，这些名字都反映了民间大众相信夜鹰真的会在夜间袭击并吸吮山羊或者其他家畜的奶。不过，它们当然不会这么做，它们到家畜附近只是为了摄食被这些动物吸引来的昆虫。在夜鹰的分布范围内，这只是围绕这些神秘鸟类的众多民间传说中的一例。

夜鹰的一个显著特征是它们的眼睛，夜鹰的眼睛很大，真正的夜鹰也就是夜鹰科鸟类的眼睛里有一层反射层，可以增加射在视网膜上的光线，同时在人工光线的照射下会反射出诡异的光。许多夜间活动的哺乳动物也拥有这个被称作照膜的结构，而这是其他鸟类都不具有的。因此夜鹰的夜视能力甚至比鸮类（猫头鹰）还要优秀。

夜鹰的眼睛位于头部的两侧，这使它们在卧栖时拥有全方位的视野。然而裸鼻鸱科的鸟类拥有鸮类那样朝向前方的双眼，它也和很多鸮类一样在树洞中营巢，因此，与开放式巢的类群相比，它们对戒备的需求要稍微低一点。南美洲的林鸱在其上眼睑的边缘拥有两到三个纵向的缺刻，即使闭上眼睛仍能拥有部分视觉，它们的上下眼睑还能够各自独立活动。

蟆口鸱的特点是它们厚而有力的喙，就像动画片中的夸张嘴唇。但真正的夜鹰的喙看上去却非常小也非常弱。不过，它们一旦张开喙，就会展露出极其巨大的喙裂。这不仅仅是嘴大这么简单，随着喙张开，下颌骨会伸展并紧绷，如同雨伞的伞骨一般，把下颌两边撑开形成一个大的弧形。喙的周围有一圈长而硬的须（实际上是特化的羽毛），这些口须呈扇状围绕着嘴裂，可能起到漏斗的作用，有助于捕食昆虫。除了用于捕猎，夜鹰还将它们宽大的喙裂作为一种威吓，产生一种夸张的效果来警告捕食者远离它们的巢。它们会慢慢地张喙，同时发出一种不祥的嘶嘶声，耸立起翅膀，这样的场景简直不像是鸟儿能营造出来的。

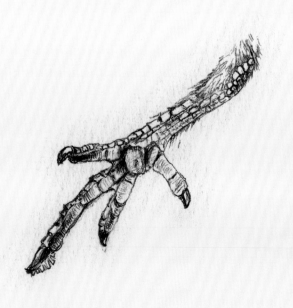
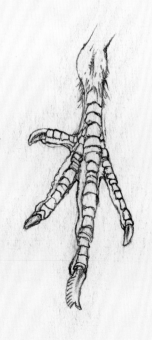
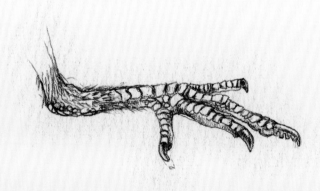

欧夜鹰
Caprimulgus europaeus
左脚，展示了梳状（栉缘）的中爪（栉爪）。

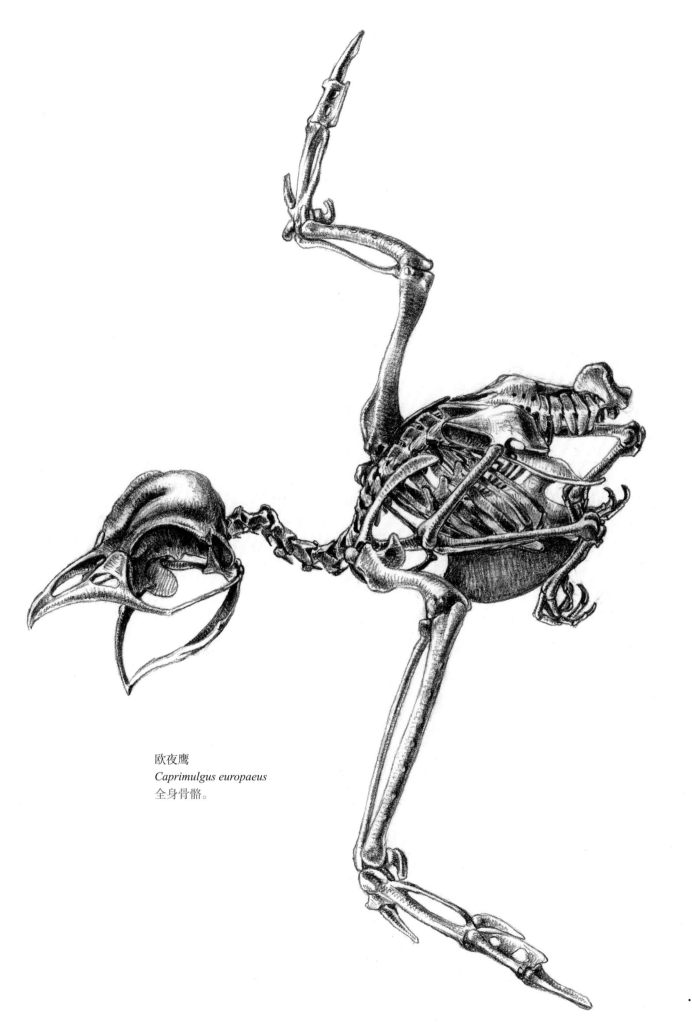

欧夜鹰
Caprimulgus europaeus
全身骨骼。

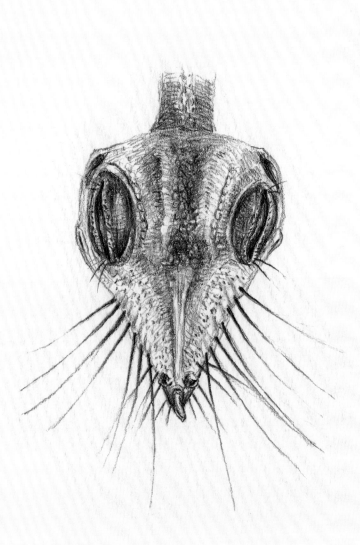

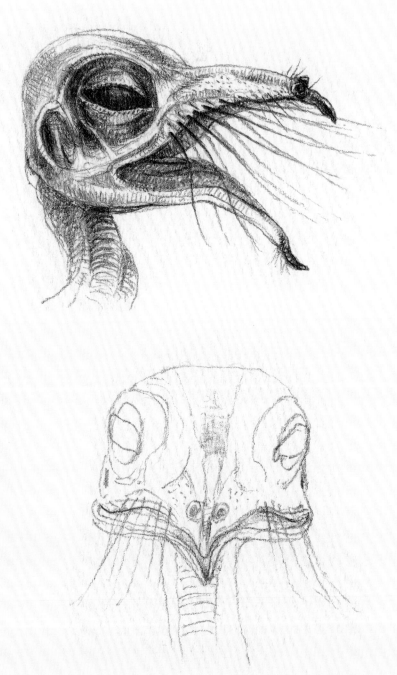

欧夜鹰
Caprimulgus europaeus
头部；去除口须之外的羽毛。

不像人们经常认为的那样，夜鹰并不会张开大嘴"拖网"般地随机觅食。它们是超级空中捕食者。相对于体形大小，这些鸟的体重令人惊讶地轻；相对于体重和长度，它们的翅膀面积非常大，再加上长长的可以活动的尾羽，夜鹰有足够的灵活性来追捕它们所挑选的昆虫猎物。

夜鹰和雨燕有许多相似之处，它们两者的骨骼结构从表面上看也很相仿：都有一个结实的头骨，包含宽大的用于捕捉飞虫的上下颌以及巨大的眼睛；龙骨突短而深的胸，用来支撑发

达的飞翔肌；小到不能再小的后肢；以及长长的翅膀。然而，夜鹰的翅膀适于更强大的空中机动性和低速时的控制能力，它们的前臂和手部的长度大致相同，两者又都比上臂稍微长一点。相较而言，雨燕的前臂比较短，上臂非常短小，而手部的长度比前两者之和都长。雨燕牺牲了灵活性换来速度，因此它们在更高的空中捕猎，在那里飞行遇到的障碍物比较少。夜鹰用于支撑至关重要的尾羽的那枚尾综骨也比雨燕的更大。

夜鹰脚部的跗跖骨又短又脆弱，蟆口鸱尤其如此。夜鹰在

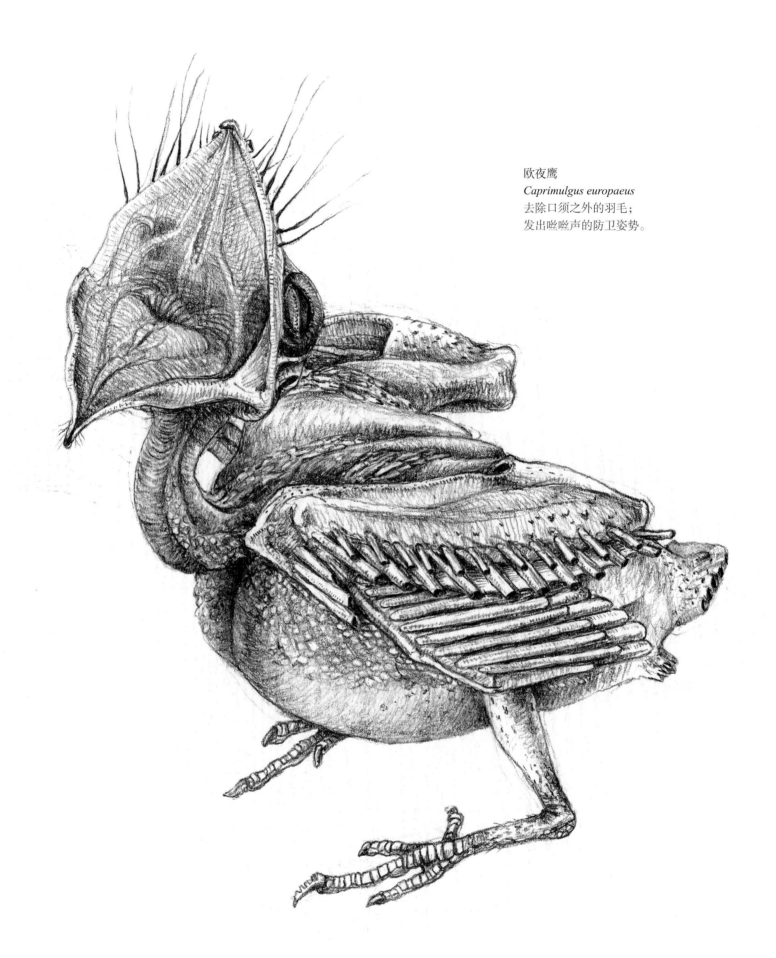

欧夜鹰
Caprimulgus europaeus
去除口须之外的羽毛；
发出咝咝声的防卫姿势。

空中捕食，栖卧休息时依靠伪装来躲避捕食者，所以对它们来说后肢最好不明显。不过，那些更多在地面活动的种类的腿和脚相对发达一些。在所有的夜鹰类群中，朝前的中趾比其他脚趾都要长很多。除蟆口鸱外，其他夜鹰的外趾只由三根骨组成，而不是通常的四根。真正的夜鹰，也就是夜鹰科的鸟类，它们中趾爪的内侧边缘拥有锯齿（栉缘）。这些锯齿的功能还没有被完全搞清楚，不过似乎与羽毛梳理有关。有人认为夜鹰用其清洁羽毛上的黏性昆虫分泌物。同样有可能的是，它们用其清除寄生虫或者梳理围绕喙裂的口须。不过，为什么在有些亲缘相近习性相似的类群中却缺乏这一特征，这仍然是一个谜。

并不是夜鹰目所有科的种类都以昆虫为食，有些甚至都不是肉食的。油鸱是世界上唯一一种夜行性的食果鸟类。它也是它所在的科（油鸱科）的唯一成员，这种鸟生活在洞穴之中，依靠回声定位在一片漆黑中导航飞行。

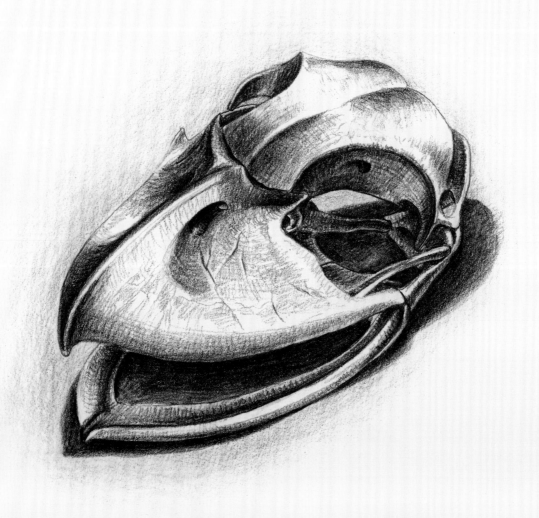

茶色蟆口鸱
Podargus strigoides
头骨。

雨燕

早期的分类学家将雨燕当作燕子的"荣誉成员",它们被置于雀形目之中直至19世纪,而在此很久之前,它们最近的亲戚蜂鸟就被移出去了。事实上,很少有什么类群比雨燕更不适合"树栖鸟类"这个描述了。

雨燕是所有鸟类中在空中待的时间最多的,它们一生中大多数时间都在飞行。它们会在飞行中进食、饮水和洗浴,不过它们连交配也是在空中的说法还有待证实。在高空中一边飞行一边睡觉的说法很大程度上也是未经证实的,这一点只在普通楼燕中被确切地观察到。尽管如此,它们在空中比在其他地方确实更显得自在安适。

或许并不令人诧异,雨燕的脚都很小。雨燕科的学名 *apodidae* 的含义是它们完全没有双脚!但任何抓握过这些鸟的人都知道它们肯定有脚,而且脚上还有可怕的如针刺般尖锐的爪。它们的双脚只适于抓握,而不是栖站。大多数雨燕甚至无法栖站,它们要从一个水平表面上起飞是极其困难的。不过,光滑的岩壁、树干或者建筑物的垂直墙壁对它们来说却不是问题。事实上,金丝燕、针尾羽燕以及更为原始的烟囱雨燕的脚的结构确实与那些树栖鸟类的相似,后趾与朝前的三趾对生。不过,相比而言,典型的雨燕脚趾有一种独特的排列方式,它们的后趾前移,与其相邻的脚趾(内趾)并列,这两根脚趾一起与外侧的两根脚趾相对,类似变色龙的脚那样。只查看一次博物馆中的标本是不太容易搞明白这种排列方式的,这也产生了一个小小的误解,即四根脚趾均朝向前方,而这种排列策略只适合特别光滑难以抓住的表面。

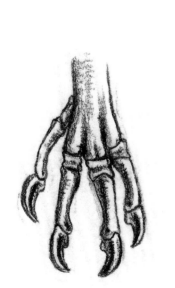

普通楼燕
Apus apus
左脚:由左至右为:脚部骨骼、整个脚的侧视图、脚趾正常"类似变色龙脚"的姿势;后趾与其他脚趾相对的姿势。

普通楼燕
Apus apus
全身骨骼。

雨燕的脚趾也很短，每根脚趾的骨头数量都有减少，这使得它们的脚趾骨比其他任何鸟类的都少。除爪中的骨之外，每根脚趾都只有两根骨：靠远端的一根骨是正常大小，而与跗跖相连的那根骨非常小。这样的脚使得梳理羽毛变得非常困难，因而雨燕携带的羽毛寄生虫数量远超过它们应有的数量。

在一些雨燕种类中，如何克服在垂直表面抓握时的地心引力问题被它们坚韧的尾羽解决了，其尾羽末端是尖的，就和啄木鸟的尾羽一样，像一根支柱般支撑在垂直的平面上。

雨燕被和燕子以及崖燕混淆是可以理解的。它们都是在日间飞行的空中昆虫捕食者，在飞行中捕食它们的猎物，因此，它们之间有一些共有的特征。然而，这样的相似性并不代表它们之间有什么直接的关系，只不过是为了适应它们的生活方式各自独立演化来的——这是一个趋同演化的过程。雨燕和燕子并不是近亲。雨燕属于雨燕目，而燕子是雀形目鸟类。

事实上，两者也没有占据完全相同的生态位。燕子在低空悠闲地飞翔。它们能够快速地改变飞行方向，并且穿梭在飞行路径中的各种物体之间。相比之下，雨燕是高空中的高速飞行猎手，尽管恶劣的天气有时候会迫使它们飞得更低。高度特化的解剖结构使它们能够飞得更快，但是付出了失去机动灵活性的代价。

雨燕在飞行时的剪影如同一副弓箭——翅膀如新月形后掠，窄长的次级飞羽由外向内依次变短过渡到短短的次级飞羽。但赋予了它们这种独特形状的并不只是羽毛，它们的上臂骨也就是肱骨特别短而粗壮，这就最大程度地利用了发达胸肌的收缩产生的翅膀向下的推动力。前臂的长度在比例上也比其他鸟类的短得多，但它们的手部相当长，尺寸不成比例地大，这已经超出了弥补上臂和前臂长度不足的程度。只有它们最近的亲戚蜂鸟才同样拥有这样的翅膀骨骼结构。（蜂鸟的飞行机动灵活性非常好，但它们的飞行方式非常独特，更像是直升机而不是喷气式飞机。）有一个现在已经弃用的指代雨燕目的词"Macrochires"，其含义就是"大手"。

雨燕与另外一个空中捕食者类群夜鹰也有一些共有的特征，这并不奇怪。的确，乍一看，它们俩的骨骼结构很容易混淆，不过夜鹰并没有雨燕那种少见的翅膀结构。但就和夜鹰一样，雨燕细小而尖尖的喙后面隐藏着一个巨大的喙裂，只是周围没有扇状成簇的口须。但雨燕又大又深邃的眼睛前面确实有须毛，这有助于遮挡刺眼的阳光——而夜鹰基本上不会遇到这样的问题！

雨燕以一类可以被称作"空中浮游生物"的高空蜘蛛和小昆虫为食。它们也和夜鹰一样，不只是以张开喙"拖网"式地随机捕食，而是积极地追捕它们所选择的猎物，避开那些不适口的猎物，比如带螫刺的昆虫。

雨燕用黏性的唾液将许多昆虫黏成一团球喂给雏鸟。它们的唾液也被用于黏合筑巢材料，有几种居于洞穴的金丝燕，它们的巢完全是由唾液构成的。这些巢可以食用，是一种美味佳肴！在它们的集群繁殖地，巢密密麻麻地分布在巨大洞穴系统的一片黑暗中，这些巢每年都会被采集一次，用于食品工业。

雀形目

雀形目拥有近100个科，占已知鸟类种类的一半以上，所以要在这本书中以公允的篇幅介绍这个目是不可能的。不过，虽然很大，但雀形目终究还是一个单一的目，其表现出来的解剖结构的多样性程度并不如由其他大约26个目共同组成的非雀形目鸟类。事实上，除了姿势和体形大小上有很大差异外，雀形目鸟类在结构上相当一致。它们之间主要的区别在于喙的形状，这使得它们适应于各种各样不同的觅食方式，从而减少了彼此竞争。

关于这一点，在单一的科中就能够找到一些绝佳的例子。燕雀科的鸟有结实的圆锥形的喙，总的来说比较适合摄食种子，后面的插图很清晰地说明了"种子"的多样性有多高，这些以种子为食的鸟的多样性就有多高。像锡嘴雀这类燕雀科中体形最大的物种会摄食最大的种子，它能使出很大的力量，甚至可以压碎坚硬的樱桃核。它们的喙很大，上下颌很深，以适应巨大的肌肉组织所需，也使得这些鸟看上去头很重。而燕雀科的另一个极端像是金翅雀，它们以蓟和川续断属植物的种子为食，用细细尖尖的喙将种子挖出来。这两个物种的喙的差异就像是大钢丝钳和小尖头镊子。而在这两个极端之间的燕雀科鸟类中，交嘴雀是一类非常奇特的物种，它们上下颌的尖端是交错的。它们把这样的喙当作杠杆，撬开松果的鳞片，用舌头把种子取出来。

在那些生态位还留有一些空缺的生态系统中，例如那种还没有鸟类种群定居的偏远岛屿上，之后偶然抵达的鸟类能够完全占据所有这些生态位，也就是说，它们不仅仅会填充与自身相似的类群所占据的生态位，还会开拓那些通常属于与它们完全不相关的类群的生态位。在这种情况下，一个单一的祖先物种能够犹如星星之火，以燎原之势迅速发展成多个不同的物种甚至是属，如此一个原本需要经过漫长的地质年代尺度时间来演变的缓慢进程，却能够因为占据这些空位的演化争夺赛而迅速地发生。这一过程被称为适应辐射，而其中最为著名的例子当属加拉帕戈斯地雀，对它们更为知名的叫法是"达尔文雀"。这些鸟展示了适应辐射如何见缝插针地演化出一系列各种各样的喙形：从最强大粗壮利于咬开坚果的，到极为精致细巧似莺那样便于取食昆虫的。

尽管在这个例子中物种形成的机制是自然选择原理的一个完美的例子，但达尔文在"小猎犬号"的探险之旅中到访加拉帕戈斯群岛时，他几乎没有注意到这些加拉帕戈斯地雀。当达尔文带着他采集的标本回到英国后，还是鸟类学家兼出版商的约翰·古尔德首先提醒了他这些鸟的重要性。

不过，在雀形目中还有其他更好的适应辐射例子。夏威夷旋蜜雀是类似于燕雀祖先的后代，它们也演化出多样的喙形，拓展了各种生态位，不仅仅有吃种子和昆虫的，也有以花蜜为食的。遗憾的是，由于遭到人类引入的外来哺乳动物的捕食，很多夏威夷旋蜜雀物种已经灭绝，人类永远都无法完全了解它们的多样性有多么丰富。

关于岛屿上的"殖民者"有多大的潜力，马达加斯加的钩嘴鵙提供了一个活生生的例子。一开始，钩嘴鵙被认为只是形似伯劳的一个小科，只不过其中的物种有各种形态迥异的喙。然而，越来越多之前被认为属于其他科的物种（比如一些鹟、莺、鹛）都逐步地被添加到这个类群的行列中。

雀形目鸟类作为一类树栖鸟类，全部由共同的祖先演化而来。也就是说即使是那些不太适于栖站的类群也是如此，如习惯于在地上行走的云雀、鹨、鹡鸰，攀附在垂直岩壁或者树干上的鸭和旋木雀，以及甚至像是在水下觅食的河乌这样的鸟。它们全都拥有同样的基本足部结构。到了19世纪初，在人们对这些鸟的内部解剖结构进行更为细致的研究之后，这样的基本足部结构成为对它们分类（当它们最终被分类到属于它们的目之中）的一项主要标准。

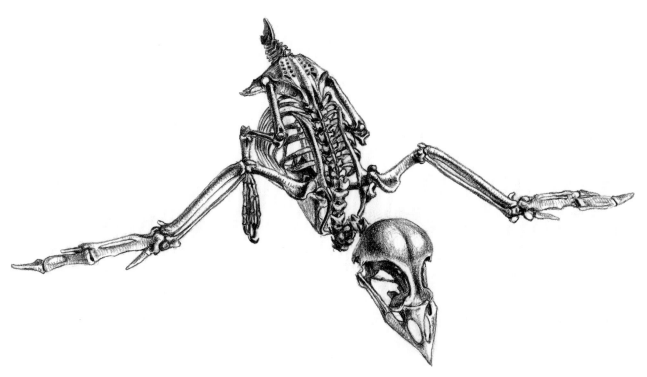

家燕
Hirundo rustica
全身骨骼；去除羽毛的正面视图和后面
视图，以及去除皮肤的后面视图。

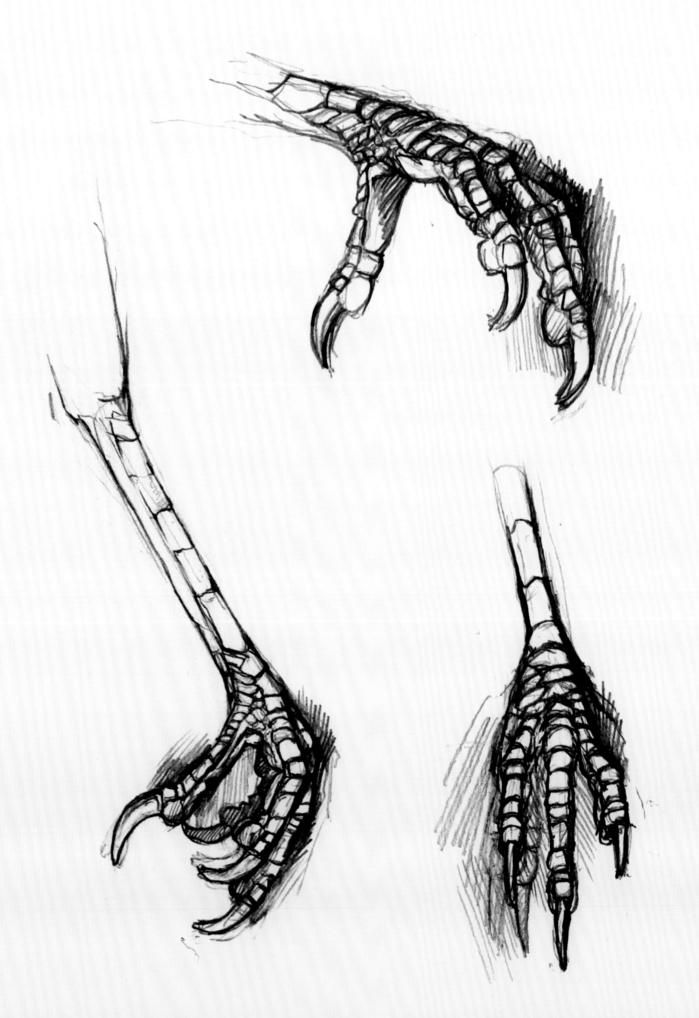

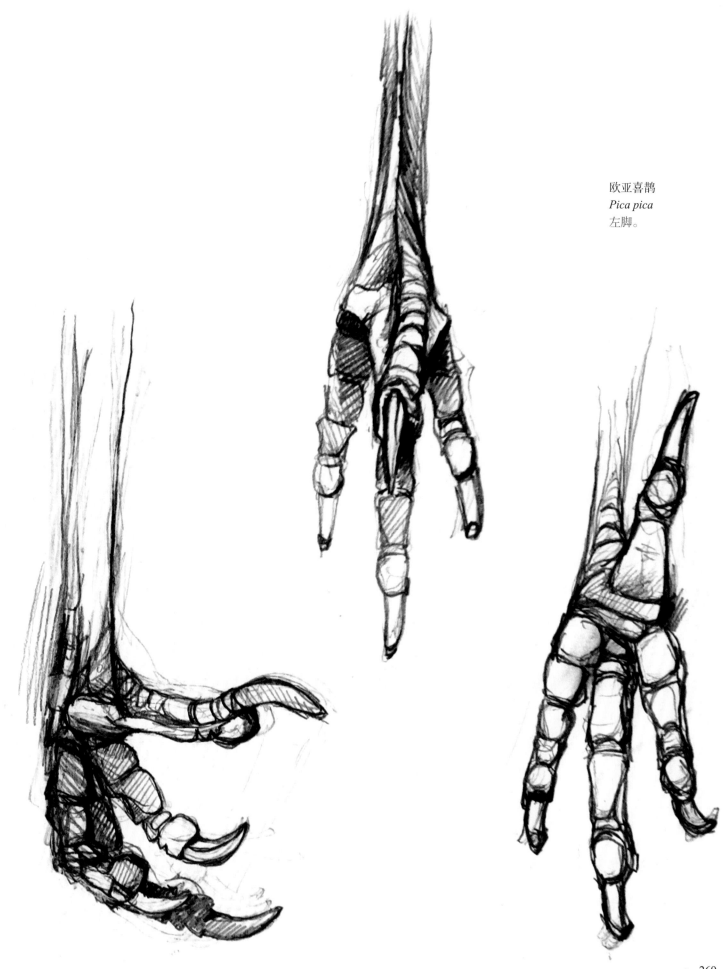

欧亚喜鹊
Pica pica
左脚。

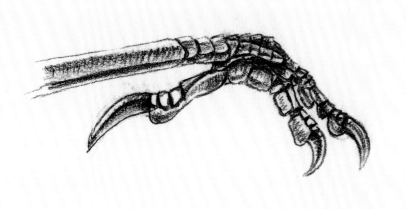
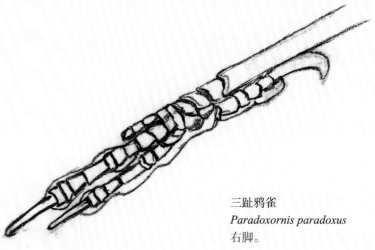

三趾鸦雀
Paradoxornis paradoxus
右脚。

典型的栖站足为三根脚趾朝前，后趾朝后，与前三趾相对（也称为对趾足）。后趾与其他脚趾的长度相当，并且位于同一水平面上，而不是位于跗跖上高于其他趾。不过其中每一点都有例外，比如三趾鸦雀名副其实地只有三根脚趾，它们的外趾已经退化到只剩下一截没有爪的残肢。这是唯一一种外趾而不是内趾或后趾退化消失的鸟。虽然如此，它依然是一种雀形目鸟类，并且它们的那根脚趾是在其演化史的最近时期才失去的。

但拥有栖站足并非就表明这只鸟属于雀形目。正是鸣管——在鸟类身上相当于人类的喉头——的结构所产生的发声能力才真正地作为定义特征将这个目统一起来。如今，这一定义已经得到了分子生物学研究的有力支持，证明了所有雀形目鸟类都起源于一种共同的祖先。

鸟类不像哺乳动物那样在咽喉的喉头发声，它们发声的位置在气管的另一端，是一种被称作鸣管的结构。除了新大陆的鹫外，其他所有的鸟都拥有鸣管，包括鹦鹉或者八哥这样能模仿人类说话的鸟。鸣管的英文"syrinx"来自排箫的别称，更恰当地说，是指风通过中空的芦苇的声音。在希腊神话中，绪任克斯（Syrinx）是一位阿卡迪亚的水泽女神，为了躲避好色的潘神的求爱，她变成了一株芦苇。挫败的潘神将这根芦苇砍下，制成了以自己名字命名的排箫。鸟类的鸣管位于气管进入肺部的两支（支气管）的分支处，由鸣膜和可以伸缩的唇瓣（外唇）构成，唇瓣能够扩张突起到气流之中，当空气通过时，鸣膜和唇瓣振动发声。这种振动可以以多种不同的方式作用，并且两侧可以彼此独立地进行"演奏"，甚至可以同时发声，产生一个和谐的内部二重奏。鸣膜和唇瓣的张力由成对的肌肉（鸣肌）控制，这些肌肉的数量和位置对于分类学来说有着重要的意义。

雀形目鸟类中的绝大多数类群都是"真正的鸣禽"，它们组成了被称作"鸣禽亚目"的类群。它们被认为是所有鸟类中最为先进的，在鸣管中有多对鸣肌进行作用，能够发出最为复杂的声音。

雀形目的其余类群中，还有一个次发达的鸣唱类群被称为亚鸣禽。它们的鸣管要简单得多，只有一对外鸣肌，这使它们与真正的鸣禽分开，但依然属于雀形目鸟类。

"鸣禽"这个词并不只是指一种鸟的鸣声听起来有多么悦耳。举例来说，人们不会把"乌鸦"与"鸣唱"联系到一起，但乌鸦的鸣管解剖结构与那些最出色的鸟类歌手是相同的。相反，许多非雀形目鸟类的叫声对于人类来说非常悦耳，但它们的叫声却仅由最基础的鸣管结构发出。

气管本身也在鸟类发声中起到一定的作用。气管在颈部的侧面与食管并行，通常会直接延伸至胸腔，在鸣管处分叉成两支进入肺部。不过，大约有60种鸟类的气管比颈部更长，并且以"盘绕"的方式塞进鸟类的身体，而且这些鸟类并不都属于一个类群，而是随机分属于大约六个不同的目。它们气管的盘绕部分可能完全置于胸腔之内，也可能位于叉骨相接合拢形成的凹窝之中；可能嵌进胸骨里面，也可能就位于羽毛之下，夹

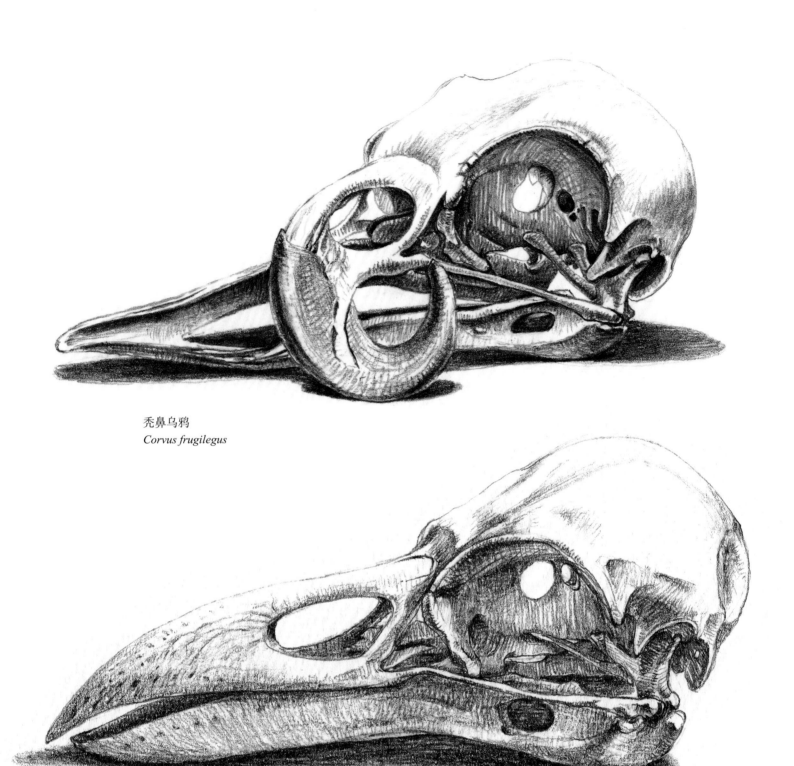

秃鼻乌鸦
Corvus frugilegus

渡鸦
Corvus corax
头骨；秃鼻乌鸦的喙严重畸形。

秃鼻乌鸦
Corvus frugilegus
由左至右：去除皮肤、去除羽毛、全身骨骼。

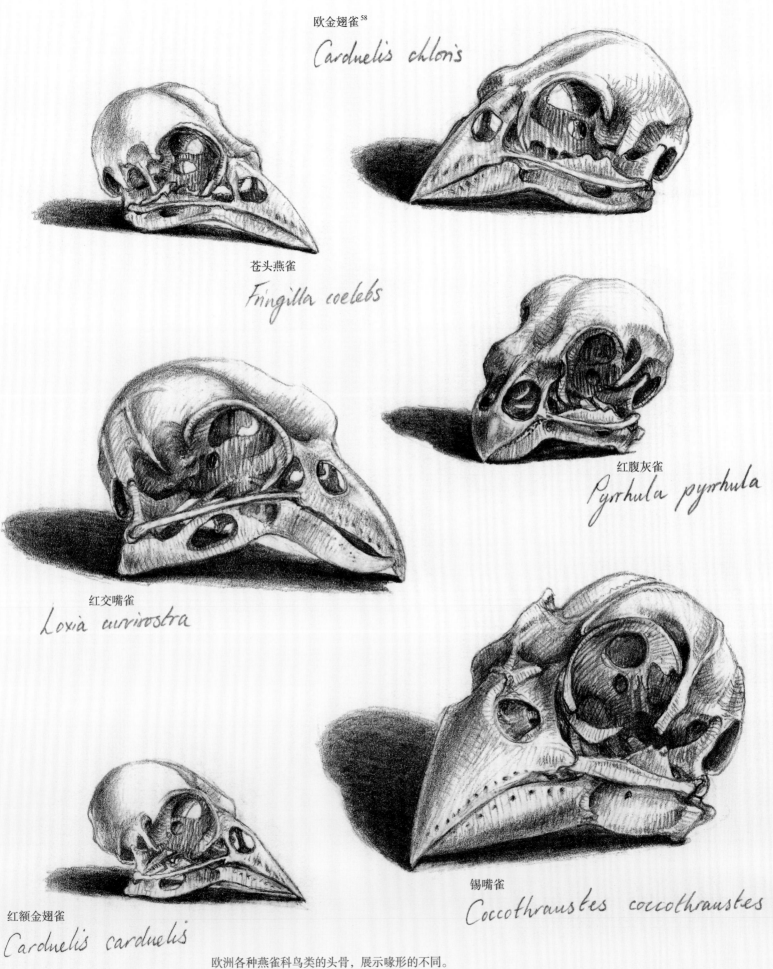

欧金翅雀[58]

Carduelis chloris

苍头燕雀

Fringilla coelebs

红交嘴雀

Loxia curvirostra

红腹灰雀

Pyrrhula pyrrhula

红额金翅雀

Carduelis carduelis

锡嘴雀

Coccothraustes coccothraustes

欧洲各种燕雀科鸟类的头骨，展示喙形的不同。

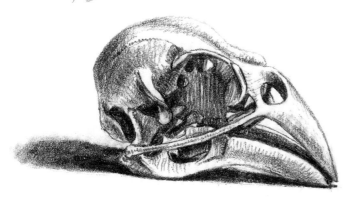

大仙人掌地雀
Geospiza conirostris

拟䴕树雀
Camarhynchus pallidus

莺雀
Certhidea olivacea

大地雀
Geospiza magnirostris

Geospiza fuliginosa

小地雀

植食树雀
Camarhynchus crassirostris

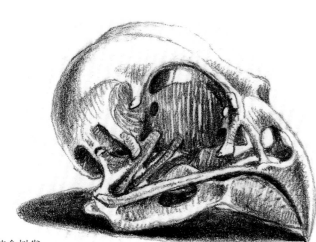

仙人掌地雀
Geospiza scandens.

各种达尔文雀的头骨，展示喙形的适应辐射。

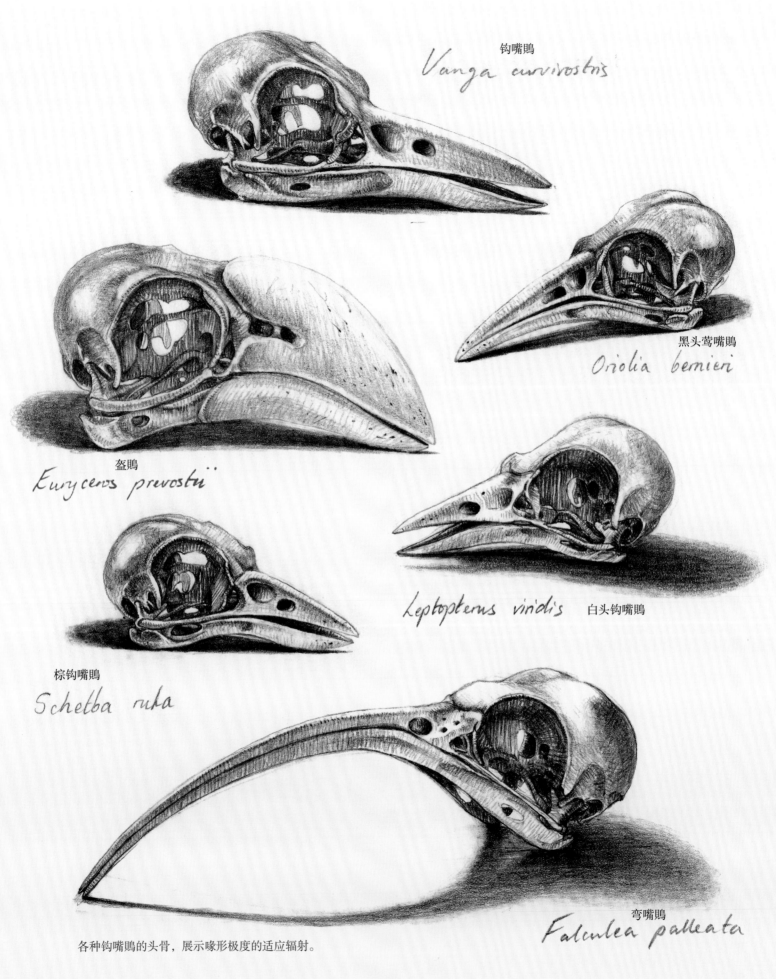

钩嘴鵙
Vanga curvirostris

黑头莺嘴鵙
Oriolia bernieri

盔鵙
Euryceros prevostii

Leptopterus viridis 白头钩嘴鵙

棕钩嘴鵙
Schetba rufa

弯嘴鵙
Falculea palleata

各种钩嘴鵙的头骨，展示喙形极度的适应辐射。

在肌肉和皮肤当中。对于气管如此盘绕的原因已经有很多种解释，但很少能够对上面所有四种方式都给出令人满意的解释。不过，一个可能的解释是，声音在通过较长的气管时能被放大，超出这些鸟外观大小所能发出的音量。在雀形目中，只有极乐鸟中体形最大而且最不显眼的种类辉极乐鸟和号声极乐鸟拥有这种气管盘绕的现象，可以说它们的气管盘绕是所有鸟类中最为惊人的。据推测，它们以声音上的优势弥补了羽毛部分的视觉冲击力的缺乏。

现代分类学一直致力于反映真正的演化路径，将关系最为密切的类群按照它们演化顺序排列组合在一起。这是一个非常诱人又难以企及的目标，我们对鸟类了解得越多，似乎距离实现这一目标就越远。简单的形态学特征有时候确实能够反映出真实的关系，但也会掺杂一些误导分类学家的障目之叶。雀形目中已经到处都是趋同演化的例子，而且毫无疑问地还有更多的例子等待被研究揭示。所以不足为奇的是，这个目之中的各个科属之间到底如何进行准确排列将一直是个争论不休的课题。

内耳形态的各异，足部肌腱的不同，腭的结构的分歧，以及极为重要的鸣管的差别，只是传统上和目前还被用于辨别鸟类间真正的亲缘关系的几个解剖学判断标准。如今这些特征会与行为学、分子生物学以及生物化学分析结合使用，但往往得出相互矛盾、无法令人满意的结论。对于雀形目鸟类、非雀形目鸟类，及其分类关系还远远没有定论，并且在未来相当长的一段时间里，这种状况必定还会持续下去。

号声极乐鸟

Phonygammus keraudrenii

这只鸟去除皮肤，并呈展示炫耀的姿势，展现了其极度盘绕的气管。

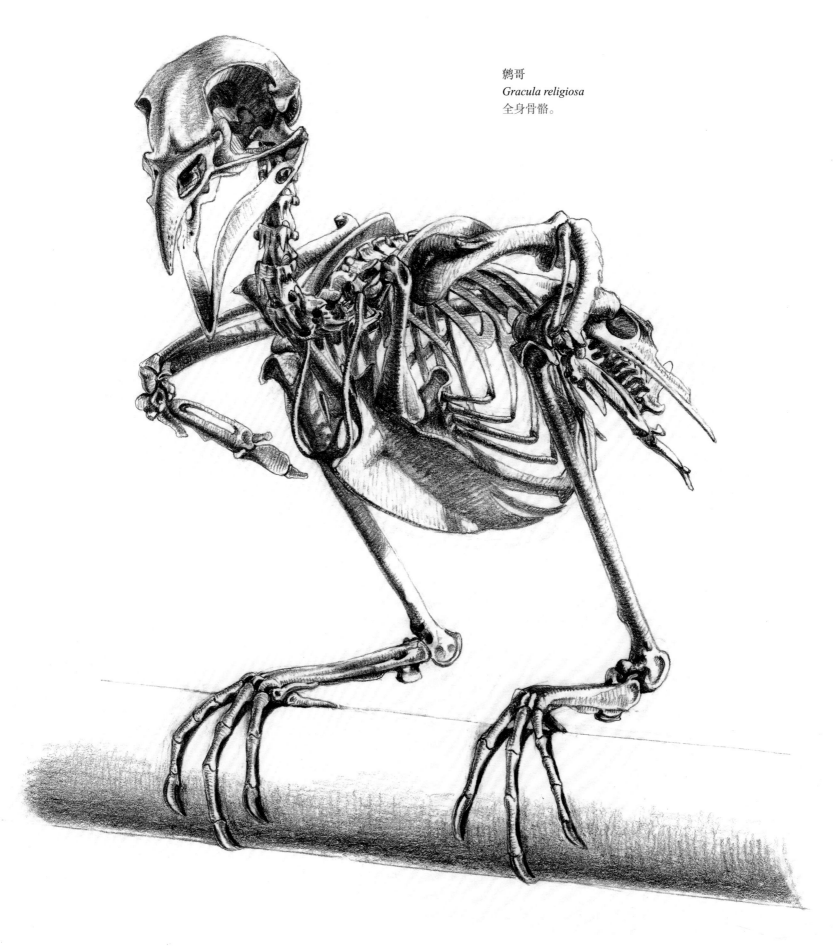

鹩哥
Gracula religiosa
全身骨骼。

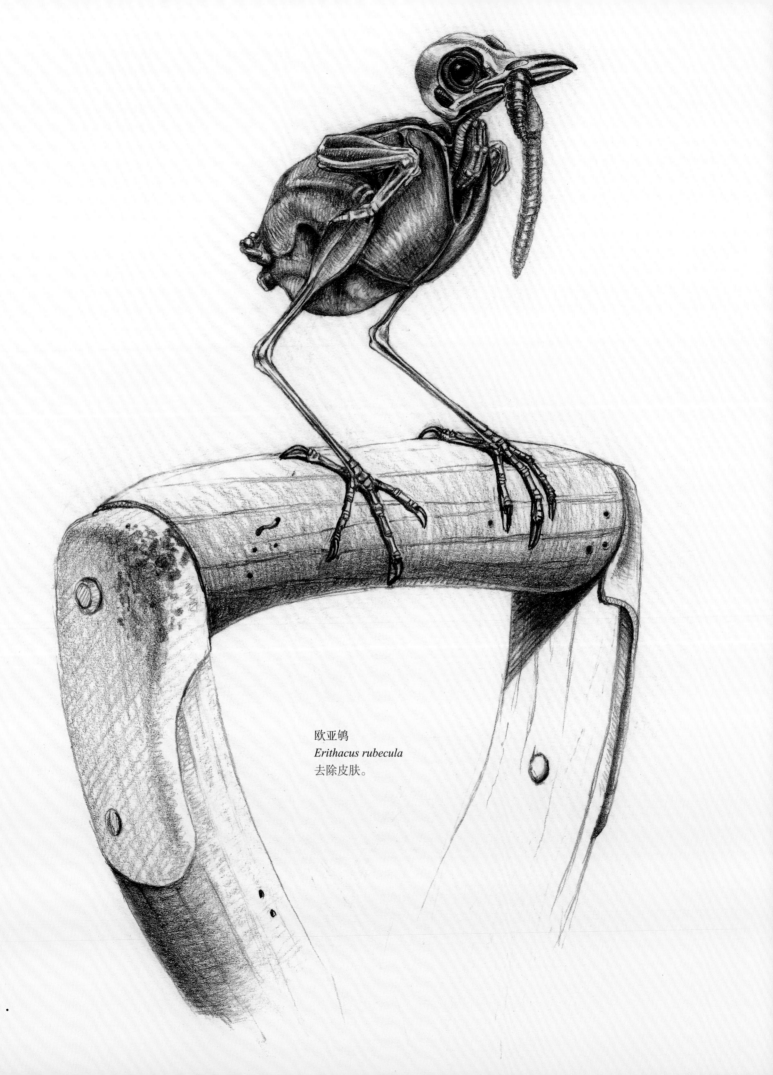

欧亚鸲
Erithacus rubecula
去除皮肤。

欧亚鸲
Erithacus rubecula
去除羽毛。

欧亚鸲
Erithacus rubecula
全身骨骼。

尾注

1 著名鸟类画家奥杜邦制作的一种金属丝支架，能将新鲜的鸟类尸体支撑起来，方便整姿以绘制。

2 RACE，即"宗""族群"，在鸟类分类中与亚种同义，本书译文中统一使用"亚种"一词。

3 平胸鸟类在鸟类分类中列为"平胸总目"，现存的平胸鸟类除了鸵鸟、鸸鹋、美洲鸵、鹤鸵外，还包括鹬鸵（几维鸟）和鹬。

4 称作"胸小肌"或者"上喙肌"。

5 胚胎学研究一般认为小翼指演化自原始四足类的第二指，并非真正的拇指。下面提到的第二指和第三指实际上为第三指和第四指演化而来。但也有其他研究认为胚胎学的研究观点有误，鸟类的手指确实是第一指至第三指。

6 小翼羽。

7 通常长在腕部，称作角质距或者翅距，主要见于一些水雉、麦鸡和雁鸭类。

8 2014年12月发表的基于全基因组测序的鸟类演化新系统树认为，新大陆的鹫与旧大陆鹰科的亲缘关系依然比同鹳的更为接近，因此放在鹰形目而非鹳形目下，列为独立的美洲鹫科。

9 2014年发表的鸟类演化新系统树中，原先的隼形目已经被拆分成鹰形目和隼形目，新隼形目仅包括原先的隼科，与新隼形目亲缘关系最近的是鹦形目和雀形目。这里指旧隼形目。

10 鱼没有外耳但拥有听觉，但水面上的声音并不总能传入水中，并可能被水流声等干扰。

11 原先为灰林鸮，后被分为 *Strix aluco* 与 *Strix nivicolum* 两种，前者中文名更改为黄褐林鸮，后者保留"灰林鸮"作为中文名，但也被称作"喜马拉雅林鸮"。

12 典型树栖鸟类的脚为三趾朝前，一趾朝后。

13 *Eos bornea* 的同物异名。

14 即两根锁骨。

15 这个类别包含两类：彩色的被称为翠鸟或者翡翠，黑白色的被称为鱼狗。

16 盔犀鸟的盔突内部为密度较大的骨质纤维，外层有一个致密的角质外壳，使其总体比较重。

17 新的鸟类系统演化树中，犀鸟与戴胜被置于独立的犀鸟目中。

18 目前国际鸟类学家联合会（IOC）的世界鸟类名录中将其独立列为地犀鸟科。

19 已知的蜂鸟科鸟种已经超过350种。

20 目前雁形目还包括仅有鹊雁一个物种的独立的科鹊雁科。

21 也叫图拉斗鹅，名字来自俄罗斯图拉州。

22 水手对南半球副热带高压南侧南纬40度至60度附近常年盛行五六级以上的大风的区域的称呼，另外还有"尖叫六十度"。

23 多钩长线系统主要是为了捕捞金枪鱼，这些带诱饵的钩子沉底之前会吸引这些海鸟潜水啄饵，被钩住或被渔线缠住而死亡。

24 指用腐烂碎鱼肉混合成的饵料，原文词"chum"可能来自苏格兰的一种食物，也有说法认为这个词来自大马哈鱼。

25 最近的研究认为鹲应该划分为独立的目，它与日鹲的亲缘关系最近。而军舰鸟与鲣鸟、鸬鹚和蛇鹈被置于鲣鸟目中。现在的鹈形目包括了鹈鹕、鹭、琵鹭和鹮、鲸头鹳，以及锤头鹳。

26 中间粗，两头尖。

27 蛇鹈通常被称为"darter"，意为"标枪鸟"，而中文名蛇鹈更加对应它们的别名。

28 这对大海雀的尸体被杀死它们的三名渔夫以9镑的价格卖给了商人。

29 鸟类的胸肌中，控制向下扇翅的胸大肌位于上层，而胸小肌也就是上喙肌在下层。

30 这两类属于反嘴鹬科。

31 红鹳摄入的类胡萝卜素主要为虾青素，虾青素在甲壳动物中通常与蛋白质结合不显出红色，蛋白质被代谢掉后，类胡萝卜素再与脂蛋白结合进入血液循环被扩散到羽囊，在细胞中以脂滴的形式积累，最终作为色素提供给羽毛。

32 将鱼吸引到阴影处或者减少水面反光，黑鹭的这一行为最为典型。

33 目前鲸头鹳、锤头鹳、鹮、琵鹭、鹭都和鹈鹕一起被置于鹈形目中。

34 鹦鹩属的黑头鹦鹩也被称为林鹩。

35 鸟类在岛屿上演化至失去能力的原因有多种观点，现在一般认为岛屿上资源相对有限，但缺少地面上的捕食者，偏向于地面觅食的鸟类不用飞也能获得食物，而维持飞行机能对它们来说消耗能量巨大，而且起飞有可能会被空中的捕食者猛禽捕猎，因此在这样的环境中失去飞行能力是一个相对更优的演化方向。

36 巨水鸡有亚化石存留，这个物种可能比南秧鸡体形还要大，这个物种衰落一般认为是在全新世时森林入侵高山草地造成的，此外它们可能曾遭到毛利人的大量捕杀。

37 这个科下面只有一属一种。

38 新的鸟类演化系统树中，鹭鹤和日鳽一起被单独置于日鳽目之中。鳍趾鹬仍然在鹤形目中。

39 蛎鹬科的鸟类喙的差别主要依据不同的物种而区别，这也是因为不同物种的食性的差别造成的，那些喙像刀一样的种类主要取食方式是撬开或者砸开贝壳，而那些喙末端比较尖的更偏向于探寻并挖出环节类蠕虫。同一种蛎鹬中喙形状的差别很大程度上是后天取食方式的偏好而造成的磨损不同。

40 中间为最主要的一部分，包括了龙骨突，两侧为一对后外侧突，很多种类的后外侧突还分成两叉。

41 雌孔雀为"peahen"。

42 古典时代，是对古希腊罗马文明时期的一个广义称谓，一般认为开始于公元前8世纪—公元前7世纪古希腊最早有文字记录的时期，一直到公元300—600年，基督教兴起，古典文化和罗马帝国衰落。

43 根据不同的研究，家鸡的驯化可能发生在8000—4000年前，驯化的地点涉及南亚和东南亚的几个地点。虽然家鸡驯化自红原鸡，根据近年的基因研究表明，它们可能也混入了其他几种原鸡的基因，其中黄色皮肤的基因来自灰原鸡，由于原鸡属的几个物种彼此之间能够杂交，因此家鸡驯化过程中与其他野生原鸡物种出现过杂交是正常的。

44 称作羽区或者羽迹。

45 相当于羽毛的毛囊。

46 最近的研究认为它们是鹤形目与鸻形目的近亲，并且单独被列为麝雉目。

47 鸟类的盆骨自身体中线往两侧分别是髂骨、坐骨与耻骨，坐骨与靠近身体中间的髂骨愈合成一片，而耻骨也与坐骨部分愈合，而三骨共同连接处的髋臼就是与后肢的关节处。而鸵鸟这类平胸鸟类的这三枚骨并没有愈合成一片，只有前端在髋臼处连在一起，髂骨、坐骨和耻骨的后端则不一定相连，中段有巨大闭合或者开放的间隙，称作髂坐骨间孔和坐耻骨间窝。

48 耻骨与坐骨在多数鸟类身上不联合主要是为了大型硬壳卵在产出时不受阻碍。美洲鸵也非常特别，它们的耻骨的后端与坐骨后端是愈合在一起的，并且两侧的坐骨也在身体中线联合。

49 鸵鸟的肩带骨上还有突出的一截乌喙骨，并且弯曲成一个环，形成一个小"窗洞"。

50 目前认为沙鸡和拟鹑是亲缘关系相近的姐妹类群，而两者又与鸠鸽类亲缘关系接近，这三个类群共同组成了鸽形总目。

51 指巢中的卵或者没有离巢的雏鸟遭到捕食。

52 贾汗吉尔（1569—1627），印度莫卧儿帝国的第四位皇帝。

53 万舍的作品创作于1628—1633年，是少有的根据活的渡渡鸟所绘制的渡渡鸟彩色画像。

54 "Solitaire" 意为"孤独的、独居的",因此罗德里格斯渡渡鸟也被称作"孤鸽"。

55 基督教新教加尔文教派在法国的称谓,法国宗教战争中的对抗天主教的新教一派。

56 这种鸟也已经灭绝。由于过去曾有记载提到岛上的渡渡鸟,并且还有17世纪绘制的白色渡渡鸟的画作,这种鸟在19世纪中期被错误地认为是渡渡鸟的近亲。20世纪后期,新化石的发现使得这种鸟被重新认识,如今被列为白鹮属的一员,被称为"留尼汪白鹮"。

57 鸽乳也称为嗉囊乳,帝企鹅和红鹳也能够分泌嗉囊乳。

58 目前学名已经更改为 Chloris chloris。

59 目前学名已经更改为 Platyspiza crassirostris。

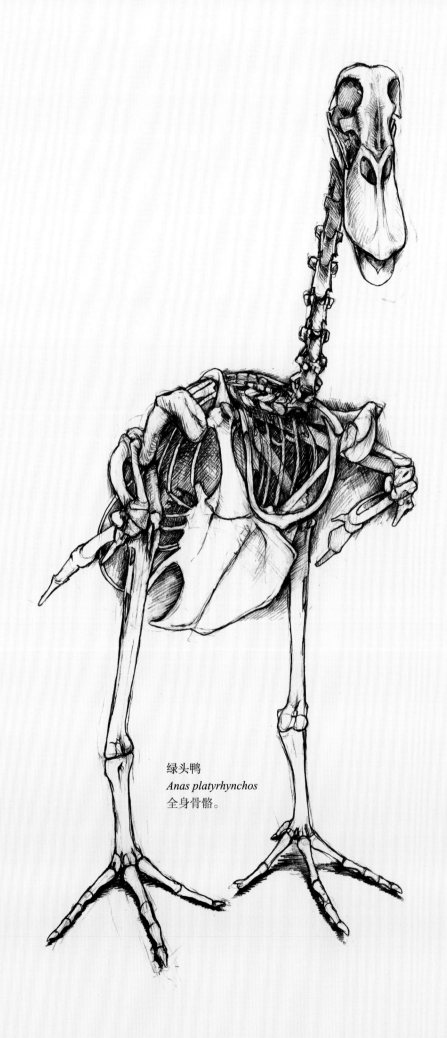

绿头鸭
Anas platyrhynchos
全身骨骼。

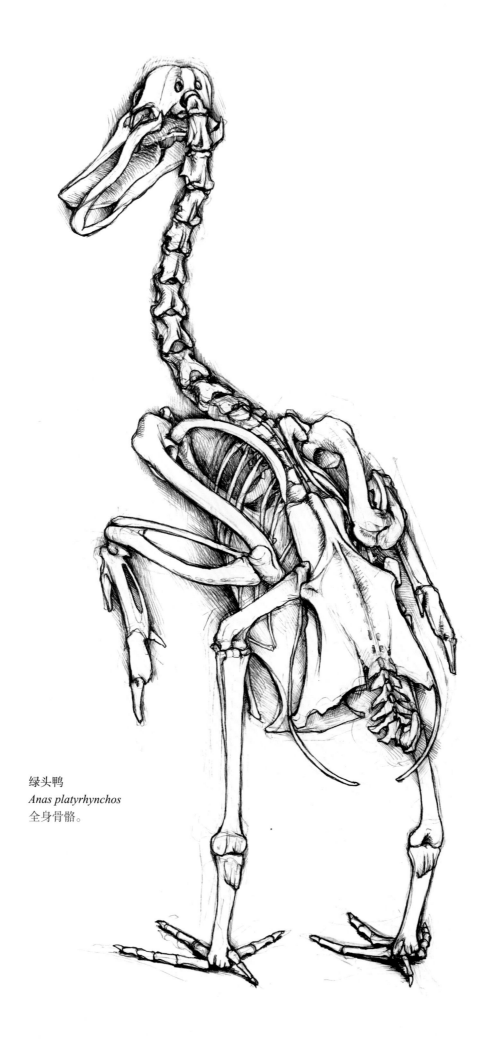

绿头鸭
Anas platyrhynchos
全身骨骼。